国家出版基金项目
NATIONAL PUBLICATION FOUNDATION

"十三五"国家重点出版物出版规划项目

西方应用心理学前沿译丛　总主编　游旭群

【挪】莫妮卡·马丁努森

【美】大卫·亨特　著

游旭群　译

# 航空心理学与人因

*Aviation*

*Psychology and*

*Human Factors*

Monica Martinussen

David R. Hunter

浙江教育出版社·杭州

**图书在版编目（ＣＩＰ）数据**

航空心理学与人因 / （挪）莫妮卡·马丁努森
(Monica Martinussen)（美）大卫·亨特（David R. Hunter）
著；游旭群译. -- 杭州：浙江教育出版社，2019.6
（西方应用心理学前沿译丛）
ISBN 978-7-5536-9139-8

Ⅰ. ①航… Ⅱ. ①莫… ②游… Ⅲ. ①航空心理学—
研究 Ⅳ. ①V321.3

中国版本图书馆CIP数据核字(2019)第130562号

引进版图书合同登记号 浙江省版权局图字：11-2015-306

**航空心理学与人因**

HANGKONG XINLIXUE YU RENYIN

[挪]莫妮卡·马丁努森（Monica Martinussen）[美]大卫·亨特（David R. Hunter）著

游旭群 译

| | | | |
|---|---|---|---|
| **责任编辑** 葛 武 | | **美术编辑** 韩 波 | |
| **责任校对** 江 雷 | | **责任印务** 陆 江 | |
| **出版发行** 浙江教育出版社（杭州市天目山路40号 邮编：310013） | | | |
| **图文制作** 杭州林智广告有限公司 | | **印刷装订** 浙江海虹彩色印务有限公司 | |
| **开　本** 787 mm×1092 mm 1/16 | | **印　张** 17 | |
| **插　页** 4 | | **字　数** 268 000 | |
| **版　次** 2019 年 6 月第 1 版 | | **印　次** 2019 年 6 月第 1 次印刷 | |
| **标准书号** ISBN 978-7-5536-9139-8 | | **定　价** 58.00 元 | |
| **联系电话** 0571-85170300-80928 | | **网　址** www.zjeph.com | |

## 在服务于国家和社会重大战略需求中成长：
## 中国应用心理学发展的必由之路

我们所处的时代需要应用心理学。当今，随着经济和社会发展，处于重要转型期的国家和社会对心理学的应用有着迫切的需求。从国家层面来看，许多重大举措都离不开作为哲学社会科学重要学科之一的心理学。例如，建立社会矛盾化解机制，离不开心理学对弱势群体的人文关怀和心理疏导；健全社会心理服务体系，离不开心理学在培育积极向上的社会心态方面发挥作用；推进国家治理体系和治理能力现代化，离不开心理学在社会治理中的实践；推进现代化国防建设，离不开心理学对军事心理和工程心理等问题的研究。从个人层面来看，从个人心理健康的维护到个人潜能的发挥，从商家产品设计的优化到员工工作效能的提高，从家庭子女的教育到个人未来职业的规划等，生活中的方方面面都需要应用心理学的知识。任何重大战略或社会现实问题都离不开人，而心理学的主要研究对象就是人，因此，社会现实与心理学有着无法割裂的天然联系。从这个层面来看，我们心理学人处在一个最好的时代。心理学特别是应用心理学要回应国家和社会重大战略需求，这是心理学人的责任和担当，是每一个心理学人应该努力思考和认真对待的问题。

现实世界是心理学成长的土壤，只有根植于土壤，心理学这棵幼苗才能成长为参天大树。回顾心理学的发展历程，心理学发展最好的时期都是心理学的应用做得最好的时期。心理学的理论需要在社会实践中应用进而不断完善。心理学很多理论都是在实验室实验基础之上发展起来的，而实验室得到的结论能否推及人们的现实生活却不得而知。只有能预测现实生活的心理学理论才是真正好的理论。另外，心理学也在应用中拓展新的研究领域和研究范式，增添新的活力。人们在应用心理学知识解决实际问题时，可能发现有新的现实问题用现有理论无法解释。于是，心理学家又对新的问题展开科学研究，开辟新的研究领域，开发新的研究方法。正是这样一个从理论到现实再到理论的积极循环，让心理学不断修正和自我完善，不断拓展，发展成为今天的样子。所以说，心理学的生命力在于应用，任何时候，这一点都不为过。

我在应用心理学领域从事教学科研工作三十多年，见证了中国应用心理学的发展。以前，心理学是一门"冷门学科"，很少为人所知。但如今，心理学特别是应用心理学成为热门学科，越来越多的人认识到心理学的重要应用价值。国内高校纷纷成立或者复建心理学系，应用心理学培养的应用型人才规模越来越大，从业人员不断增多。应用心理学的学科影响力在不断扩大，研究领域不断拓展，发表的研究报告的数量逐年攀升。中国心理学会下属的属于应用心理学的专业委员会不断细分，产生了临床与咨询心理学专业委员会、工业心理学专业委员会、军事心理学专业委员会、法律心理学专业委员会、工程心理学专业委员会、社区心理学专业委员会等。这与时代的发展分不开，更与应用心理学人的努力有关。

尽管中国应用心理学取得了长足进步，但还存在一些问题。首先，中国应用心理学应对国家和社会重大战略需求的能力还不足。尽管在中国心理学会等学术团体及专家的倡导下，心理学工作者认识到满足国家和社会重大战略需求是非常重要的，但是要完全自如地应对这种需求，还存在知识准备、研究方法和成果转化等方面的诸多不足。其次，应用研究直接照搬西方研究成果较多，真正扎根中国大地，服务于中国现实问题的应用研究少之又少。西方心理学的概念和应用是根植于西方社会现实提出来的，例如，美国心理学界对种族刻板印象研究非常透彻，研究成果和范式非常多，其原因在于他们所处的社会是一个多种族的社会，种族刻板印象或歧视是其一种普遍的社会现象。因此，完全照搬西方的概念，将其应用于中国的社会现实，是不太恰当的。但是，我们缺乏必要的自信，大多数概念和理论都是借鉴西方的，很多研究都跟随西方，这样的研究成果很难对中国人的社会实践产生深远的影响。最后，有国际影响力的应用研究还比较少。由于我们大多数心理学工作者跟随西方心理学界，真正独立做自己的应用研究较少，所以真正在国际上有较大影响力的研究还较为欠缺。

这是中国应用心理学当前面临的主要问题。如果长期这样下去，中国应用心理学得不到社会公众的认同和支持，就好比幼苗离开了土壤，这对于应用心理学甚至整个心理学的学科发展极为不利。我们该如何走出当前的困境？应用心理学快速发展的关键在于人才。因此，从现在开始，应用心理学界迫切需要培养一批高素质的应用心理学人才，这是一条可脱离当前困境的可行之路。何谓高素质应用心理学人才？我想，应用心理学人才首先要具备深厚的中国传统文化底蕴和人文素养，同时还要关照中国社会现实，深刻理解中国的世道人心。其次，要扎实掌握多元心理学方法和技术。应用心理学面临的问题是复杂的社会现实问题，往往需要采用多元方法和技术来共同指向同一现实问题。应用心理学人才应能根据所研究的问题，学习国际前沿方法和技术，同时结合传统的方法，全面揭示所要研究的问题。例如，采用虚拟现实的方法来研究飞行员空间定向问题，采用大数据的方法来研究社会情绪变化问题。最后，要具有一定的国际视野。我们倡导应用心理学要为中国现实服务，但并不是说要安于一隅。中国应用心理学科研工作者应该更多地去国际舞台展示中国应用心理学的特色，提高中国应用心理学的话语权，为世界上其他国家和民族提供中国方案与中国智慧。

基于我国社会对应用心理学的迫切需求和高素质应用心理学人才培养的需要，浙江教育出版社组织国内多位专家翻译"西方应用心理学前沿译丛"，主要目的在于培养中国应用心理学的年轻一代，增强他们服务于国家重大战略、服务于社会的能力。学习西方和为中国社会现实服务是不矛盾的，人们常说，他山之石，可以攻玉。通过这套书，人们能够更好地了解国际应用心理学前沿，更为深刻地了解这些前沿问题从何而来，为什么是前沿的科学问题；能够学习西方应用心理学是如何关照西方社会现实的，同时培养我们自己关照中国社会现实的信念；能够学习西方应用心理学的前沿方法和技术，将这些方法和技术应用于探索中国社会亟待解决的社会问题，从而产生较大的社会效益。

"西方应用心理学前沿译丛"对当今令人关注的应用心理学领域进行了介绍和整合，第一辑包括《法律心理学：研究与应用》《工作与职业心理学》《脑与商业活动——卓越领导者的神经科学》《金钱心理学》和《航空心理学与人因》5本。其中，《法律心理学：研究与应用》运用专业的心理学知识和研究发现来解析日常生活中真实的法律案例，通过阅读这本书，读者能够学习到很多专门领域的知识，包括家庭法律心理学、警察和公共安全心理学等；《工作与职业心理学》基于前沿的研究，详细阐述了职业心理学的过去、现状和未来，还勾勒出职业心理学的八个关键研究领域（这本书对于即使没有任何职业心理学先验知识的读者来说也是适用的）；《脑与商业活动——卓越领导者的神经科学》根据最新的脑科学研究进展，对领导者如何与员工相处提出了新的策略；《航空心理学与人因》阐述了心理学如何应用于航空系统设计、飞行员选拔和训练、航空安全和乘客行为等方面，对于想要了解航空心理学的读者有着独特价值。

总览整套"西方应用心理学前沿译丛"，这套书具有许多特色。第一，紧跟时代前沿，代表了西方应用心理学最新研究成果。商业、法律、职业、金钱和航空航天都是这个时代最受人关注的主题，这套书紧跟时代潮流，总结了相关心理学领域的最新成果。第二，基础研究与应用研究的结合较为完美。应用心理学不只是应用，也离不开基础研究。基础研究是应用研究的根基，只有通过基础研究，阐释现实世界的客观规律及其发生机制，打下坚实的根基，才能有深度地洞察现实世界，才能给应用提供有效的指导。这套书的大部分作者，既有在所在领域从事基础科学研究的经历，也有实践的经历。例如，《金钱心理学》的作者阿德里安·富尔汉姆(Adrian Furnham)是英国的组织和管理心理学家，同时也拥有自己的管理咨询公司；《航空心理学与人因》的两位作者，均在飞行员的心理选拔领域做了不少研究，而且两位分别在挪威空军和美国联邦航空管理局工作过，其中一名作者还曾是飞行员。他们的基础研究和实践经历，能够为他们的写作提供丰富的养料，使得书中的内容既具有科学性，又具有实践性。第三，这套书整体上通俗易懂，可读性强。尽管这套书讲述相对复杂的专业知识，但它们跟实际生活联系紧密，写法上也通俗易懂，适合不同层次的读者学习。综合上述三个特点，这套书不仅适合高等院校应用心理学专业的本科生、研究生、教师阅读和学习，也适合对法律心理学、金钱心理学、商业心理学、航空心理学等领域感兴趣的社会各界人士阅读。

"西方应用心理学前沿译丛"的顺利出版，首先要感谢我的同事和朋友们，包括南开大学的乐国安教授，华东师范大学的刘永芳教授、郭秀艳教授，暨南大学的叶茂林教授。他们都是活跃在当今应用心理学界的中青年心理学家，都是应用心理学界科研和社会实践中的专家。他们年富力强，经验丰富，严谨认真。感谢他们在从事繁重的教学科研工作的同时，为这套书的翻译出版花费了无数心血！同时，这套书的顺利出版，也得益于浙江教育出版社领导的高瞻远瞩，及时引进；感谢浙江教育出版社的编辑们，他们的专业技能和严格要求为这套书的质量提供了保障。

时光不语，静待花开。我想，所有人为这套书的高质量出版所做出的努力，今后一定会有回报。在不久的将来，中国应用心理学界人才辈出，扎根于中国大地，关照中国社会现实，在服务于国家重大战略和社会需求中不断成长，同时科研成果具有世界影响力。这是我们最愿意看到的。

是为序。

游旭群

陕西师范大学

2019年6月

# 译者序

TRANSLATOR'S PREFACE

随着现代航空业的发展，飞机设备的安全性能得到质的改善，因飞机设备故障导致的飞行事故率大大降低。但在同时，飞行员的心理、操作失误等人为因素成了飞行事故的主要原因。航空心理学的目标正是消除人为因素对航空安全的影响。因此，近20年来，航空心理学在世界范围内的航空安全研究中受到相当高度的重视。我国作为全球航空产业发展势头最迅猛的国家，航空产业发展呈积极态势，这也对我国的航空心理学研究提出了新的挑战和要求。尽管我国航空心理学研究取得了长足进步，但与欧美发达国家相比还存在一定的差距，在服务于国家对航空安全的需求上还存在短板。要弥补这一差距和短板，需要借鉴国外先进理念和资料，培育航空航天心理学高素质人才，最终提升航空心理学研究水平和服务航空安全的能力。他山之石，可以攻玉。正是基于这样的考虑，我们将当前这本经典的航空心理学书籍翻译成中文，希望以此促进更多的读者关注航空心理学，并且能够参与到我国的航空心理学研究当中来。

正如书名"航空心理学与人因"一样，本书主要介绍了这两方面的内容。之所以将航空心理学与人因的问题放在同一本书中介绍，一方面在于它们之间有着紧密的联系，而另一方面它们又是不同的两个学科。就像作者莫妮卡·马丁努森和大卫·亨特提到的那样，在很多场合下航空心理学与人因都存在混用的情况。而本书的主要目的也是希望通过对航空心理学和人因的内涵、研究方法以及应用进行系统的介绍和对比，以帮助大家更好地认识和理解航空心理学与人因之间的关系。

本书作者莫妮卡·马丁努森和大卫·亨特都是世界范围内著名的航空心

理学家。其中，马丁努森博士的研究成果被广泛应用于包括挪威在内的欧洲众多国家的飞行员选拔和训练过程当中。而亨特博士作为美国空军和美国联邦航空管理局的特聘专家，开发了大量有关飞行员个体航空安全方面的心理测量工具，例如危险态度量表、内外控倾向量表、风险知觉量表以及风险容忍量表等。这些研究工具在全球范围的航空安全研究中被广泛使用并取得了很好的效果。因此，无论是在研究方面还是在应用方面，上述两位作者在航空心理学研究领域都颇具影响力。

　　本书的内容包括引言（第一章），研究方法和统计（第二章），航空心理学、人因以及航空系统设计（第三章），人员选拔（第四章），训练（第五章），应激、个体反应和绩效（第六章），文化、组织和领导力（第七章），航空安全（第八章）和结束语（第九章），共九章。事实上，通过概览上述结构后将不难发现，本书与其他航空心理学书籍的最大不同点在于更加侧重对航空心理学研究的应用性的介绍。当然，这也是莫妮卡·马丁努森和大卫·亨特在创作本书时的主要出发点之一，他们希望这本书不应只是为那些航空心理学的研究者而写，更是为整个航空领域的研究者和广大的航空爱好者而写。因此，在翻译过程中，我和我的团队也尽量将莫妮卡·马丁努森和大卫·亨特的这份初衷保留下来，我们对大量的专业术语做了更简洁明了的解释，并在一些部分加入了我们自身对于原著的理解和感悟，我们希望更多跨学科的读者能够在不受专业限制的情况下更轻松地读懂和理解本书介绍与探讨的知识。由于时间有限，如有翻译或解读不当之处还恳请广大读者批评指正！

　　诚挚感谢为本书的出版而付出努力的罗扬眉、李瑛、李苑、郭亚宁等陕西师范大学航空心理学课题组的师生。同时，这本书的顺利出版，与浙江教育出版社的吴颖华、葛武等编辑的认真负责的工作是分不开的，在此一并致谢。

　　最后，我坚信，我国航空心理学在未来一定会得到蓬勃发展。未来我国航空心理学研究的人才队伍会不断壮大，科学研究水平会不断提高，服务于国家航空安全需要的能力也会不断提升。我们现在的一切工作，就是要让航空心理学的美好未来尽快到来。

游旭群

陕西师范大学

2019年6月

# 原书序
FOREWORD

1854年11月7日，在法国里尔大学的一场演讲中，法国著名科学家路易·巴斯德（Louis Pasteur）曾提出在观测科学领域"机遇只偏爱有准备的头脑"，其实航空领域同样如此。如果把这句话反过来说也成立，即灾难会偏爱那些毫无准备的头脑。这句话对飞行员更具警醒作用。飞行员必须做好最充分的准备才能够在航空这样高要求的领域生存。这意味着他们需要具备更为综合的知识。具体地说，飞行员不仅需要掌握天气状况，掌握航空动力学、推进、导航等各种技术，同时还需要对最脆弱又最具韧性、最不可靠又最具适应性的人类自身有充分的认识。航空心理学就是在这方面展开研究。

本书主要涉及应用心理学方面的内容，着重介绍如何将心理学原理和技术应用到特定的情境和航空领域中。除了可以让心理学专业的学生了解如何将学科知识应用于航空之外，还可以帮助航空专业的学生了解如何应用心理学来解决他们所关心的问题。我们试图在全书中平衡这两种视角和需求。很多心理学书籍是由心理学家写给同行的，而写给飞行员的很少，本书的主旨正是要重视这些曾被忽视的部分。

本书不仅着力于使航空专业的学生意识到心理学的益处，并将它们切实地应用于改善航空运营等方面的工作中，同时还力求向飞行员提供日常操作中有用的信息。除此之外，本书也希望让飞行员了解消费心理学的内容，以便更好地评估和创造航空心理学领域的未来产品。

同时我们想向那些阅读了一部分或完整手稿，并为我们提供宝贵意见的同事和学生表达我们的感激之情，特别是谢尔·姆乔斯博士（Dr. Kjell Mjs）

和军事心理学家利夫·阿尔马斯–索伦森（Live Almas-Srensen）。这本书首次由Fagbokforlaget出版社在挪威出版发行，书名为*Luftfartspsykologi*（2008）。特别感谢马丁·瑞迪尼根（Martin Rydningen）在本书的挪威语翻译版中给予的帮助。

莫妮卡·马丁努森（Monica Martinussen）

大卫·亨特（David R. Hunter）

# 目 录
CONTENTS

## 第三章　航空心理学、人因以及航空系统设计

## 第四章　人员选拔

## 第五章　训练

# 第六章　应激、个体反应和绩效

# 第七章　文化、组织和领导力

## 第八章　航空安全

## 第九章　结束语

# 第一章

# 引言

## 1.1 什么是航空心理学

鉴于本书的目标群体不仅有心理学专业的学生，还有航空专业的学生，所以非常有必要在本书的开始部分介绍一些基本概念。概念的设定能够为我们的讨论和研究设定一些范围。本书的题目包含了两个核心术语："航空心理学"和"人因"。之所以同时包含这两个术语是因为它们经常被交替使用，但这样的做法对两个学科中的任何一个都是欠妥当的。尽管在"第三章 航空心理学、人因以及航空系统设计"这一章中，会涉及一些传统的人因学领域知识，但整本书主要的关注点仍是航空心理学。因此，我们将根据我们定义的"人因"和"航空心理学"内涵进行更深入的讨论。

心理学常被定义为研究人类行为和心理过程的一门科学。尽管心理学也常常研究动物的行为，但是对动物行为的研究往往只是一种手段，最终目的还是为了更好地理解人类的行为。在心理学如此广袤的领域内，存在着诸多分支。全世界最大的心理学专业组织——美国心理学会（American Psychological Association，APA）就有50多个分会。其中，每个分会都代表了一个独立的心理学研究领域。这些分会的研究内容又包括了临床心理学不同维度以及心理学各种各样的研究问题，如消费行为、学校心理、康复心理、军事心理以及成瘾等。所有的这些心理学分支都是想理解人类行为和心理是如何影响某个特定问题或如何被该问题影响的。

显然，心理学涵盖面极广。毫不夸张地说，任何行为或者心理都是心理学家的潜在研究课题。为了能更好地理解本书的内容，让我们先思考一下我们所认为的"航空心理学"。航空专业的学生无疑更容易理解"航空心理学"这一术语的前半部分，即"航空"这个词。但是，心理学中的"航空"究竟是指什么呢？为什么我们认为将航空心理学和其他的心理学区分出来是恰当的甚至是迫切的呢？

首先，让我们立即抛弃对心理学的普遍理解。我们所认为的航空心理学不包含我们的童年经历或情绪发展带来的心理变化，我们认为这些属于临床心理学或者心理分析领域。虽然临床心理学是心理学中一个重要的分支，但它与航空心理学的关联性却很低。当然，这并不是说航空系统中的飞行员或其他工作人员就不会受到困扰一般人群的心理弱点或痛苦的影响。我们也不能说临床背景下的心理问题就不会影响到航空环境下人们的工作。恰恰相反，无论是飞行员、维护人员、空中交通管制人员还是其他辅助人员，他们心理的各个维度，都不可避免地会影响他们的行为表现，使其表现得更好或者更糟。

我们希望将航空心理学从传统临床心理学所关注的心理治疗中分离出来。航空心理学本身可能会关注一些不良行为问题，如过度饮酒或与人格障碍有关的混乱意念等。但是，航空心理学关注这些问题的目的是知晓和预测这些心理问题对航空活动产生的影响，而不是治愈这些不良行为问题。

在实际研究中，航空心理学采取的是更加基础的方法。我们不仅关注个体在各种心理问题困扰下的行为和想法，同时也关注个体的一般行为倾向。从最大范围角度来看，心理学是对所有人的行为进行研究的学科。心理学研究者常常会追问，在某种特定条件下人们会表现出特定的行为方式，但在另一种条件下，人们为什么会表现出不同的行为方式？以前的生活经验、内部认知结构、技能、知识、能力、偏好、态度、感知等众多心理因素（我们会在后面讨论）是如何影响行为的？心理学提出这些问题，同时心理学作为一门科学又提供了探寻问题答案的方法。这能够帮助我们更好地理解和预测个体的行为。

我们将航空心理学定义为对个体参与航空相关活动的研究。航空心理学的目标，就是理解和预测在航空情境下个体的行为表现。如果能够做到对行为进行预测，即便不够精确，也是极有意义的。如果能够准确地预测飞行员对于飞行仪表的解读行为，我们就可以通过改进仪表设计来避免飞行员在飞行活动中产生错误反应，进而降低飞行风险；如果能够准确地预测一个维修技师在面对一个新指令时会如何操作，我们就可以通过减少他在每个维修行动上所花的时间，从而提高生产率；如果能够预测空管休息间隔时间的长度对于飞行流量过载时行为表现的影响，将有助于提高航空安全指数；最后，如果能够预测一个组织安全文化的公司重组的结果，就能帮助我们判断哪些地方容易出现冲突，以及哪些地方安全易受到损害。

从理解和预测航空情境下个体的行为这个总体目标出发，航空心理学主要包含三个具体目标：第一，在航空情境下减少人的失误；第二，提高航空生产力；第三，提高航空工作人员及其乘客的整体舒适度。为了实现这些目标，需要很多来自不同群体的人员进行协调配合，包括飞行员、维修技师、空管人员、航空机构管理者、行李员、燃料车司机、厨师、气象学家、调度员以及机舱人员等等。在实现航空安全、航空效率和航空舒适这三个目标上，这些人员都扮演着重要的角色。然而，鉴于篇幅的原因，我们无法将上述所有群体的研究都囊括在一本书中。本书的主要目标是飞行员群体，同时还研究一些与飞行员群体有关的其他群体的航空活动。当然，越来越多的研究开始关注空管、机务人员，以及航空活动中的其他从业人员等。

我们将在下文中指出心理学领域内众多其他分支的贡献。这些分支包括工程心理学以及与之紧密相关的人因学、人事心理学、认知心理学和组织心理学。在很大程度上，这些分支罗列的顺序也很好地匹配了它们对发展航空心理学所做的贡献：从非常基础的飞行员与飞机间的人机交互（工程心理学和人因学）到最优地选拔和训练飞行员（人事和训练心理学）；认知心理学通过让我们更好地理解个体是如何完成新的任务，帮助我们制订更为科学的训练及学习计划，从而使整个教学训练过程与个体的认知结构更匹配，以达到更好的效果；最后，组织心理学能够帮助我们更好地理解在组织中组织结构和氛围是如何影响航空安全行为等问题的，它们或通过组织成员之间对所培育行为的期待来影响航空安全，或通过公司经理所落实的报告和管理来施加影响。

航空心理学大量借鉴了心理学中其他领域或分支的研究思路。同时，其他分支也从航空心理学的研究中有所收获并取得了较大的进步，特别是在应用心理学领域。这主要是由于航空心理学起源于军事航空。飞行员的活动历来是军事领域高度关注的问题。对军事飞行员的训练，价格昂贵且过程漫长。所以，自从"一战"以来，飞行员选拔及训练就引起了相当大的关注，飞行员选拔能够有效地减少训练失败——这是人事和训练心理学的起源。

同样地，从某些角度来说，飞机高昂的制造成本以及飞行员失误所导致的航空事故，也促进了工程心理学和人因学的发展。我们所处的计算机时代，关注的是人与机器自动化系统交互的问题。从飞行指挥系统的引进到近年来先进的玻璃座舱的兴起，这些已经成为航空心理学领域数十年的研究热点课题。人机交互领域中的大多数研究都是在航空背景下发展起来的，特别是与先进的系统、先进的显示器、控制系统关系均密切。当然，越来越多的成果也将很快应用在汽车的制造中。

另外，有关机组人员相互影响以及机组内不同成员对于潜在风险感知的影响因素和训练干预模式方面的研究也越来越多，这一领域的研究被统称为机组资源管理（Crew Resource Management，CRM）。在一系列灾难性事故后，CRM的概念和技术在美国国家航空航天局（National Aeronautics and Space Administration，NASA）的推动下有了进一步的发展。并且，整个航空产业领域也达成共识，即机组应成为一个更加高效的工作团队。CRM是基于航空心理学领域的研究而提出来的，目前，这一概念已经被应用于更多其他领域和群体，例如空中交通控制中心、医疗手术室、军事指挥和控制等团队。这些内容我们将在后面章节详细阐述。

## 1.2 什么是研究

在探究航空心理学领域之前，我们有必要深入了解普通心理学领域。如前所述，心理学是一门关于行为和心理过程的科学。我们称其为科学，是因为心理学家们采用了科学的方法来发展关于行为和心理过程的知识。心理学家们往往通过科学的方法来发现真相，使用实证的方法来检验理论，以修正或者拒绝那些不能证实的理论。美国心理学会把科学方法定义为"收集和解释客观信息，并最大限度地减少错误，产生一般性规律的一系列程序"。

关于科学哲学"公认观点"的讨论，参见波普尔（Popper, 1959）和拉卡托斯（Lakatos, 1970）的观点。根据这一观点，科学包含超越事实的大胆理论。科学家们一直试图证伪这些理论，但却永远无法证实。对于科学哲学在心理学的应用的讨论，参见克莱曼和哈（Klayman & Ha, 1987）、普尔莱克（Poletiek, 1996）和达尔（Dar, 1987）的研究。

更简单一些，科学方法包括一系列标准化的步骤，公认的研究程序：

1. 确认问题并提出假设（有时称为理论）。
2. 设计能检验这一假设的实验。
3. 通常使用实验组和对照组来完成实验。
4. 评估实验结果是否支持假设。
5. 报告研究结果。

例如，心理学家观察到许多飞行员学员在训练过程中训练失败（研究问题）。心理学家可能会形成一个假设，这个假设包含其他的观察或信息，比如学员之所以失败是因为他们疲劳，而疲劳的原因是缺乏睡眠。随后，心理学家形成正式陈述的假设，训练的成功率与睡眠时间之间有着直接的比例关系（假设）。最后，心理学家设计实验来验证假设。

在一个理想的实验中（飞行员训练机构不太可能批准），被试将被随机分为两组。一组将给予 $X$ 个小时的睡眠，另一组将给予 $Y$ 小时的睡眠，并且，$Y$ 小于 $X$（实验设计）。在整个训练课程中，跟踪并记录每一组受训学员的失败次数（执行实验）。可以使用统计方法来分析结果（评估结果），以确定是否如心理学家的假设一样，$X$ 组的失败比例小于 $Y$ 组。

如果两组之间的失败率差异同假设一致，符合一般公认的统计显著性标准，那么心理学家会得出结论，认为研究结果支持假设，并在报告中注明这一结果（报告结果）。如果从实验中收集的数据不支持假设，研究者不得不根据实验结果来否定或者修订假设。

与其他领域的研究一样，心理学研究也必须符合一定的标准才能称得上科学。研究必须满足以下特征：

1. 可证伪性。假设或理论必须能够被证伪。如果假设不能被检验，就不符合科学标准。

2. 可重复性。研究应能被其他研究者重复研究，并得到相同的结果。基于这个原因，研究报告应该提供足够的细节，以便其他研究人员可以重复实验。

3. 精确性。必须尽可能准确地陈述假设。例如，如果我们假设更多的睡眠能够提高飞行员完成训练的概率，但应做一些限定［即飞行员需要的睡眠时间（如8小时），超过这个数字则不适用］。我们的假设应该明确地陈述这种关系。为了提高精度，变量的操作性定义应该精确地陈述如何测量该变量。提高精度有助于其他研究人员重复实验。

4. 朴素性。研究者应采用最简单的解释来描述观测结果。这个原则有时被称为奥卡姆剃刀原则，指的是如果两个解释同样说明一个观测结果，则采纳较为简单的那一个。

## 1.3　心理学的目标

描述：更加准确、彻底地说明心理现象的特点和参数。例如，人类短时记忆的研究，必须十分准确地描述信息的保持和回忆量之间的函数关系。

预测：基于人们过去和现在的心理特点知识，可以预测人们将来的行为。在许多航空心理学活动中，预测有着至关重要的作用。比如，根据飞行员的心理测试得分，进而准确预测谁会完成飞行员训练。同样地，基于心理测试得分，预测谁更有可能发生飞行意外。这能为相关人员提供有价值的信息。

理解：这意味着能够说明变量之间的关系——简单地说，懂得"怎么样"和"为什么"，就会缩短非心理学家和心理学家的差距。我们一旦理解，就能够进行预测和施加影响。

影响：我们一旦知道了一个人为什么会在训练中失败或者发生事故，就有能力采取措施去改变这个结果。从前面的例子来看，如果我们知道增加受训学员的睡眠，能够提高他们在训练中成功的可能性，那么毫无疑问，我们希望改变训练时间表，以保证每个受训学员得到充足的睡眠。

心理学可以分离出几种不同的研究取向。这些取向反映了研究主题，并在很大程度上决定了研究方法和材料的使用。这些取向包括：

1. 行为主义取向：研究环境如何影响行为。

2. 认知取向：研究心理过程并关注人们如何思考、回忆、推理。

3. 生理取向：关注内部的生理过程，以及它们如何影响行为。

4. 社会取向：研究我们如何与他人互动，并强调了社会行为中的个体因素，如社会信念和态度。

5. 发展取向：主要研究的是情绪发展、社会发展和认知发展，以及这三个维度之间的交互作用。

6. 人本主义取向：关注个体经验，而不是一般意义上的人。

这里所阐述的六种取向实际上具有同质性。尽管一些心理学家只选用其中一种研究取向（生理心理学家大概是最典型的例子），但是大部分心理学家秉持的是折中的观点——只要适合研究目的，就借用这六种取向的概念、方法和理论。因而，我们很难将航空心理学家的研究方法归类到任一取向当中。

## 1.4 模型与心理建构

在其他学科（如化学、物理或数学）中，人们已能精确地描述已存在的事物、行为、条件和结果，这是符合科学规范的。例如，在化学中，用化学方程式就可以描述两个或两个以上元素或化合物之间的反应。氢气和氧气生成水可表示为：$2H_2 + O_2 \xrightarrow{\text{点燃}} 2H_2O$。即两个氢分子与一个氧分子结合形成两个水分子。

这个简单但又非常有效的公式，能让化学家们理解并且准确判断出两个元素在结合时会发生什么。同时，它也提供一个非常精确的定义，以便将来的科学家能够再次检验它的可靠性。例如，有的科学家可能会问：有没有关于重水（$H_3O$）是如何生成的示例？很明显，这个模型的产生对于化学领域是非常重要的，也标志着该领域的一系列研究目标的达成。这些都发生在心理学出现之前。尽管我们还不能认为心理学已达到与物理学一样的专业化水平，但是在确立变量之间的关系时，心理学已在量化并确定心理变量间的关系方面取得了巨大的进展。但就目前而言，越是复杂的心理现象，心理学对其变量间明确关系的探究就越少。

在早期，心理学家将很大一部分的工作集中于心理物理学的研究，包括最小可觉差（just noticeable differences, JNDs），这个概念表示的是，在听觉（视觉）方面能够觉察出音调（质量）之间最小差异的能力。在德国的莱比锡，恩斯特·韦伯（Ernst Weber, 1795—1878）发现了测量内部心理事件的方法并且将最小可觉差加以量化。他根据观察的结果得出了一个公式，叫作韦伯定律，即最小可觉差与当前呈现的刺激强度成正比（Corsini, Craighead, Nemeroff, 2001）。

通过不懈的努力，研究者发现了更多能够精准描述心理现象的模型。其中包括费茨定律（Fitts, 1954）。该定律是指在物体大小恒定时，移动时间（如手的移动）是距离的对数函数；当距离恒定时，移动时间也是物体大小的对数函数。费茨定律可表示为：

$MT = a + b \log_2 (2A/W)$

其中，$MT$是移动时间；$a$，$b$是参数，视具体情境而变；$A$是距离；$W$是物体大小。

还有一个例子是席克定律（Hick's Law），指一个人做出决策的时间与可供选择的数量之间的函数关系（Hick, 1952）。该定律认为，如果有$n$个可能的选择，那么从这些选择中做出决定的平均反应时间为：$T = b \log_2 (n + 1)$。

这个定律可以通过许多带开关的灯泡的实验展示出来。当一个灯泡随机亮起来时，个体必须尽可能地按下相应的按键。通过记录反应时间，我们可以发现，被试的平均反应时间是灯泡数量的对数函数。尽管这两个定律揭示关系时似乎有点烦琐，但席克定律和费茨定律却被广泛用于航空或非航空情境中的菜单与子菜单的设计中（Landauer & Nachbar, 1985）。

### 模型是什么

一方面，模型是现实的简化表征。它可以是物理学、数学或逻辑学对一个系统、实体、现象或过程的表征。当我们谈到一个心理学模型时，通常指的是对于一系列心理建构间关系的表征，或者是对心理建构如何影响行为的表征。模型也可以非常简单，仅仅表示事物间可能存在的关联性。

可参见图1.1。

　　另一方面，模型也可以非常复杂，能对所涉及的建构关系进行具体的、定量的描述。例如，天气模型就是一种复杂模型，它用数学模型来说明飞行员是如何结合天气信息做出相应反应的。

　　另外，还有涉及人类信息加工或航空决策的其他模型，主要是关于人类如何加工信息，以及如何做出决策。我们能根据一个好的模型，来预测模型某一部分的改变如何影响其他部分。

从心理学的研究中不难发现，人类对简单刺激的感觉反应，能够用非常精准的模型来建构。例如，早期关于记忆的研究，非常具体地确定了记住某项目的可能性与其序列位置间的相关关系（Ebbinghaus, 1885；Wozniak, 1999）。

除了特别具体、定量的模型外，心理学家还发展了一些描述变量间的定性或功能关系的模型。某些模型主要是描述性的，仅表明一个概念的存在，并没有对变量间的关系做出具体的预测，或者只表明了一个建构的存在，但没有说明该建构以某种一般的方式去影响另一个建构或行为。另一些模型提出了结构的特定组织或特定的信息或事件流。实证研究可以检验这些模型所预测的关系和过程，以证明它们是有效的，这是此类模型很有价值的一个特征。航空心理学最感兴趣的模型[①]应该涉及以下一些方面：

1. 总体任务表现。

2. 技能获得和专业发展。

3. 人类信息加工。

4. 事故原因。

5. 决策（特别是航空决策）。

① 实际上存在很多这样的模型，此处只是抽取了一些当前可用的模型。更多的信息，可以参见傅里（Foyle, 2005），威肯斯（Wickens, 2003），以及威肯斯和霍兰（Wickens & Holland, 2000）。关于人类绩效模型的更多综述可以参见雷登（Leiden, 2001），包括任务网络、认知和视觉模型。爱莎克（Isaac, 2002）报告的表1也提供了关于模型的全面清单。

## 1.5 人类绩效模型

爱德华（Edwards, 1988）提出的SHEL模型，是目前使用较广泛的绩效模型之一，后由霍金斯（Hawkins, 1993）修正。SHEL模型包括以下四个要素：

1. S—软件（software）：程序、手册、清单和文字软件。

2. H—硬件（hardware）：物理系统（飞机、船、操作器）及零部件。

3. E—环境（environment）：其他三个要素（人、硬件和软件）所运作的环境，包括工作环境、气象、组织结构和氛围。

4. L—人（liveware）：与飞行活动有关的人员（飞行员、乘务员、机械师等）。

SHEL模型强调软件（S）、硬件（H）和人员（L）三个要素之间的相互关系，以及它们在环境（E）中的运作，内容如图1.1所示。

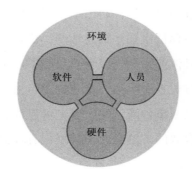

图1.1　SHEL模型

从总体上看，SHEL模型在理论层面上非常实用，但是它的教学意义大于实际意义。也就是说，SHEL模型能够帮助心理学和人因学学科之外的人们，认识到模型中各要素之间的交互作用和依赖关系。但它并没有对这些交互作用的本质进行描述，也没有对模型中链接失效可能产生的后果进行量化预测。很明显，SHEL模型是针对复杂情境的简单模型。就其本身而言，该模型仅具一般描述功能，解释力有限。

尽管它很简单，或许正因为它简单，SHEL模型却已经成为人因学中的一个非常流行的模型，用以解释与这四种要素相关的某些概念。比如，全球事故信息网（Global Accident Information Network, GAIN, 2001）就在"人因学"章节中采用SHEL模型，以阐释要素间持续的交互作用。英国民航局（Civil Aviation

Authority, CAA）在航空维护的人因学出版物中也引用了该模型。SHEL模型也常用于航空航天以外的领域，特别是医疗领域（Bradshaw, 2003；Molloy & O'Boyle, 2005）。

## 专家型飞行员的发展

一名飞行员如何从新手成长为专家？大家普遍认为专家比新手更安全（这一假设没有被质疑过，因而不能被完全接受），这一问题无疑引起了心理学家浓厚的兴趣。相应地，一些模型用来阐释飞行员从新手成长为专家的过程。其中，有些模型来自与专业知识发展相关的普通心理学研究领域，而有些模型具有非常高的特异性，只适用于航空领域。

来自一般专业知识发展的研究模型指出，从新手到专家需要经历五个发展阶段，这五个阶段反映了个体不断提高内化、抽象化和应用规则的能力（Dreyfus & Dreyfus, 1986）。

新手（novice），学习基础知识、专业术语和规则，以及如何把它们应用于评价良好的环境中。

高级初学者（advanced beginner），开始通过反复的实践应用，总结出自己对规则的理解。开始了解如何在与教材最初示例相似的特定情境中，使用所学的概念和规则。

胜任者（competence），意味着对规则的理解程度足够深入，知道这些规则的适用条件，以及如何将其运用于新情境。

熟练者（proficiency），对规则有精确的、内化的感受。

专家（expert），产生越来越多对规则的抽象表征，并且能够将新情境与内化的表征对应起来。

这一模型主要是描述性的，从新手到专家除了有一个提高内化、抽象化和应用规则的能力的过程，该模型没有具体说明状态间是如何转换的，且不能回答某些问题。比如，如何促进飞行员的发展过程？如何评价每个阶段飞行员的能力？

根据费茨（Fitts, 1954；Fitts & Posner, 1967）的观点，获取技能有三个阶段：

认知阶段（cognitive phase），对主要的文字信息慢速地、持续性地学习。

联想阶段（associative phase），在操作当中发现和减少错误，以及联想增强。

自动化阶段（autonomous phase），在消耗较少注意及其他认知资源的条件下能够自动地、快速地做出反应。

可以说，这个模型与德雷福和德雷福斯所提出的模型一样，主要是描述性的。而安德森（Anderson, 1982）为技能习得的三阶段模型提供了一个更加量化的模型（ACT-R）。这一量化模型可以用来进行具体的量化预测和说明，因此它比简单的、描述性的模型更加严谨。此外，该模型在一开始被运用于运动学习，现在该模型也可运用于认知技能习得（VanLenh, 1996），从而增强了它的适用性。

## 1.6  人类信息加工模型

人类信息加工模型中最有名的当属威肯斯和霍兰（Wickens & Holland, 2000）提出的模型，该模型借鉴了前人研究，如记忆（Baddeley, 1986）、认知（Norman & Bobrow, 1975）和注意（Kahneman, 1973）。威肯斯模型不仅包括了具有离散特性的信息加工过程，例如工作记忆和长时记忆，也包括了具有连续特性的反馈过程。同时，该模型中的注意资源部分值得关注，这意味着该模型是一个资源有限的系统，人类需要在进行任务时分配这一资源。因此，注意具有选择性。

显然，这个模型更复杂，因为它阐明了各成分之间相互作用的关系，而先前的模型更多的只是描述性的。这种复杂性及对细节的阐述使模型便于后人进行实证检验。这些优点也使它成为一个可以用于解释、预测人与复杂系统间交互作用关系的有效工具。

## 1.7  事故原因模型

里森（Reason, 1990）提出的模型是解释事故原因的主要模型，有时也被称为"瑞士奶酪（Swiss-Cheese）模型"。这个模型在航空安全领域影响甚广，我们会在与"安全"有关的章节中详细讨论，在这里只做简要介绍。里森模型可以被描述成一个过程模型，它介于德雷福和德雷福斯的纯描述模型和威肯斯的高度结构化模型之间。里森模型不仅阐述了事故容忍与预防的过程，还假设了事件的具体层次和出现时间，以及导致这些不利事件的条件。

　　除了研究个体，许多模型也会研究组织间的关系、组织内的信息流和行动。研究者们将这些研究方法称为"安全管理系统"，这个术语不仅被国际民航组织（International Civil Aviation Organization，ICAO，2005）的采纳，还被所有西方主要监管机构采纳，这些机构包括美国联邦航空管理局、英国民航局（2002）、加拿大运输部（Transport Canada, TC, 2001）和澳大利亚民航安全管理局（Australian Civil Aviation Safety Authority, CASA, 2002）。

# 1.8　飞行决策模型（ADM）[①]

12

　　杰森和贝内尔（Jensen & Benel, 1997）的研究发现，有半数致命的飞行事故与不良的决策有关。自此之后，大量研究者对飞行员如何做出决策以及决策过程如何受影响产生浓厚的兴趣，从而促进了许多基于专家意见的规范模型的发展。例如，"我是安全的"助记手段，有助于帮助飞行员通过IMSAFE字母来记忆6种要素：疾病（illness）、药物（medication）、压力（stress）、酒精（alcohol）、疲劳（fatigue）和情绪（emotion）。

　　DECIDE模型（Clarke, 1986）同时考虑描述性和规范性。换言之，这个模型不仅描述了个体采取一系列行为决策的步骤，而且可以作为训练决策过程的教学工具。DECIDE模型包含了下列步骤：

　　1. D—探测（detect）：决策者探测需要注意的变化。

　　2. E—判断（estimate）：决策者判断变化的显著性。

　　3. C—选择（choose）：决策者选择一个安全的结果。

　　4. I—确定（identity）：决策者确定控制变化的行为。

　　5. D—执行（do）：决策者做出最佳选择的行为。

　　6. E—评估（evaluate）：决策者评估行为的效果。

---

[①]　奥黑尔（O'Hare, 1992）提供了对ADM多重模型的深入评论。

在对DECIDE模型评估的过程中，杰森（Jensen, 1988）通过事故案例法，向10名飞行员讲授了DECIDE模型，然后让一半飞行员组成实验组接受训练，另一半则作为控制组。训练结束后，在模拟飞行的过程中，飞行员需要在三种预料之外的情境中做出决策，并接受评估。结果表明，实验组中所有选择飞行的人（五分之四）最终都安全着陆。控制组中所有选择飞行的飞行员（五分之三）最终都坠落。尽管样本太小不利于统计分析，但结果表明，讲授这一最优决策的结构化方法的模型还是有用的。

结合本研究和俄亥俄州立大学的其他研究结果，杰森和他的合作者（Jensen, 1995, 1997；Kochan et al., 1997）提出了飞行判断的一般模型（图1.2）和飞行专家的总体模型（图1.3）。

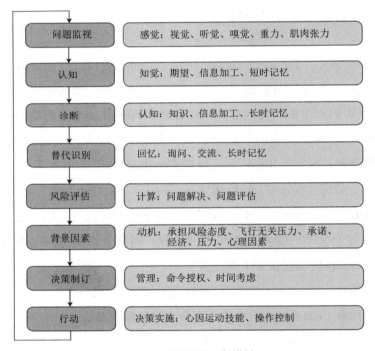

图1.2  飞行判断的一般模型

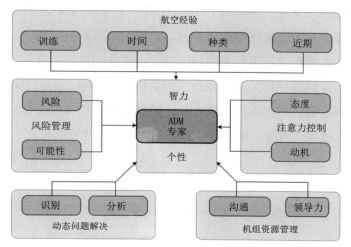

图1.3　ADM专家模型

　　飞行专家的总体模型是基于飞行决策的四个研究设计的。这些研究始于对飞行员进行的一系列非结构访谈。而这些飞行员是通用航空领域的专家，有着丰富的经验，并持有荣誉证书。访谈用于确定和收集这些专家飞行员的特征，通过持续的研究进一步确认其显著特征，最后以飞行员口语报告呈现合理的通用飞行方案告终。结合早期的访谈，最终研究结果表明，与有能力的飞行员相比，专家飞行员倾向于：（1）更及时地找到更优质的信息；（2）做出更具前瞻性的决策来解决问题；（3）方便地与所有可用的资源进行沟通（Kochan et al., 1997）。

　　亨特（Hunter, 2002）提出了ADM过程的不同构想，表明决策受下列因素影响：

1. 飞行员的知识。

2. 飞行员的态度和人格特质。

3. 飞行员有效发现和使用信息的能力。

4. 可用信息的质量、数量和形式。

5. 飞行员解决多重需求的能力。

6. 飞行员可能的反应库。

7. 航空器和系统的性能。

8. 可获得外部支持。

9. 早期决策的结果。

13

14　　亨特将这些元素整合在事件序列中，对一般的执行模型（图1.4）产生影响。这一模型继承了杰森模型的某些方面，但对细节划分设置了更高的标准，这种高标准使得模型能够进行更精细的试验。例如，亨特的模型表明，再认从解释中分离，并且这些加工阶段受到飞行员特征的影响。知识（记忆）同时涉及再认与解释阶段，然而在飞行员方面，例如人格特质和风险容忍影响解释过程，而非再认过程。因此，可以设计实验来检验此模型的预测。

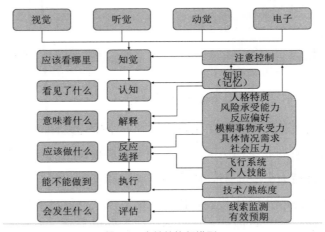

图1.4　亨特的执行模型

亨特、马蒂努森和威金斯（Hunter, Martinussen & Wiggins, 2003）通过不同的方法来理解飞行员如何决策。他们使用线性模型技术，对美国、挪威和澳大利亚飞行员与天气相关的决策加工进行了研究。在这个研究中，要求飞行员飞行三种不同的路径，并对27个天气场景进行舒适度评定。研究者用这些数据建立每个飞行员的回归方程[①]，并描述每个飞行员是如何整合天气条件（云幂、能见度、降水量和类型）来进行舒适度评定的。

亨特等研究者根据飞行员在研究中结合使用的信息权重，推断出不同组的
15　飞行员使用了一致的天气决策模型的结论。对于组内来说，他们更多采用的是补偿性模型而不是非补偿性模型。也就是说，飞行员们赋予较高权重的变量（如上升限度）可补偿较低权重的变量（能见度）。这意味着在现实中，会受

---

① 回归方程是使用分配给每个显著特征的权重，显示信息如何联合的数学方程。方程的一般形式为 $Y = b_1x_1 + b_2x_2 + \cdots + c$，例如 $b_1$，$b_2$ 等，即每个特征的权重。大多数统计的介绍类文本包含对线性回归的讨论。更进一步可读性的对方法的描述，请参考里希特（Licht, 2001）。

到信息组合方式的影响，飞行员在有潜在危险的条件下（低能见度、高上升限度）依旧会起飞。

　　通常情况下，对复杂行为进行解释时，心理学模型更多采用的是定性分析，而不太用定量分析的方式。例如，选择反应行为时采用的是精确的量化方程，而解释人类的信息处理过程时更多采用的是定性模型。然而，亨特与其同事得到的这项研究结果证明，在某些时候，我们可以对相对复杂的行为和刺激建立定量关系。

　　虽然线性建模提供了一种强大的技术来支持建立定量模型，但现在出现了一种更强大的统计建模技术，即结构方程建模。心理学家可以指定变量以及变量之间的定量关系，然后再对模型的准确性进行检验。虽然结构方程模型的知识超出了本书的范围，但它使得研究人员可以创建模型。正如威肯斯、延森和亨特等的实验一样，我们可以在这些过程和条件中赋予具体的数值关系，然后对这些数值参数进行统计检验，对模型假设的有效性进行实证检验。感兴趣的读者可以查阅洛伊科维和马库莱德斯（Raykov & Marcoulides, 2006）的结构方程模型导论。结构方程模型有三种常用的软件：Lisrel、AMOS和EQS。我们也可以找到一些结构方程模型应用在航空领域的例子，如飞行学员心理工作负荷（Sohn & Jo, 2003），战斗机飞行员的心理工作负荷和性能（Svensson et al., 1997），以及对美国海军航空选拔的心理特性分析测试（Blower, 1998）。

　　所有的这些模型从不同视角出发，提出了对现实的看法。可以说，没有一个模型是绝对真实的；相反，它们都只提出一个简化的抽象的现实。我们和西悉尼大学的马克·威金斯曾对飞行员与天气相关的决策进行建模。虽然数学建模过程产生了可靠的结果，但是我们绝对不会认为因人们的头脑中存有小型计算器，才可以做出这样的决策。我们反而更加愿意相信，在决策过程中发生的任何事情，都可以使用数学模型进行较为准确地预测。

　　理解这些模型的区别很重要，因为在本书中，我们将讨论许多心理建构模型，并且会描述一些表明心理结构和某些感兴趣的结果之间关系的研究。例如，我们可能会探讨智力与成功完成训练之间的关系。或者，我们可以研究一个人的内控性（他或她认为自己控制自己命运的程度）与事故之间的关系。智力和内控性均是心理建构，也是一个便于对潜在的心理特质和能力进行假设的

16

标题。心理建构是一个用来解释某些科学家感兴趣的现象的抽象理论变量。本书中介绍的主题、结构问题，尤其是结构测量等，也是很多文章和书籍的主题。更多相关信息，请参见坎贝尔和菲斯克（Campbell & Fiske,1959）的测量结构。此外，关于当代结构定义的问题，请参阅梅耶和沙洛维（Mayer & Salovey, 1993）对情绪智力的研究。

读者应该了解这些心理建构的模糊性质，以及心理学家们设计的用来描述结构和外部事件之间的关系模型。这些建构提供的见解和由模型做出的预测，可能是有用的，即使心理建构或模型的效用并不能确保其物理现实[①]。读者不应把建构当成纯粹的"心理呓语"，或把模型看作是复杂世界的过度简化。实际上，两者都可以作为一种熟悉的术语框架，帮助我们了解世界。

在我们结束关于模型、建构和理论的讨论之前，还需要强调一下皮尤和巴伦（Pew & Baron, 1983）对费茨定律的评论，认为模型和理论是广泛适用的。他们指出：

"区别模型和理论之间的差异是没有意义的。我们认为，模型是连续的，模型的一端是各不相同的松散的言语类比和隐喻，另一端则是封闭的数学方程，而大多数模型就是处于两端之间。费茨定律可能就处于这个连续体中。作为一个数学表达式，它来自封闭的概率理论。然而，当处在心理行为领域中，它就变成了一种隐喻。"

## 1.9   小结

在这一章中，我们介绍了心理学的相关概念及目标，阐述了航空心理学的一些领域。我们也概括了一些人类行为的主要模型，这些模型能够帮助我们进一步了解个体在航空情境下的行为。

航空心理学代表了各种研究取向，以及心理学内部诸多分支学科的融合。在接下来的章节中，我们会更加深入地阐述整个航空系统的设计和发展，飞行

---

① 这种情况不仅仅存在于心理科学中。如尼尔斯·玻尔1995年提出的原子模型并非正确，但有许多特性大致正确，这就使其可用于一些讨论中。目前，被普遍接受的原子的理论被称为量子力学；玻尔模型是拥有简单特性的近似的量子力学。也许在100年内，量子力学模型将被视为一个逼近现实的模型。

员的选拔和训练，同时，从心理学角度出发，该如何进一步提升航空安全。就像整个航空领域的众多研究团队一样，航空心理学家的终极目标是要提高航空的安全性、高效性和舒适性。航空心理学家的从业人员运用心理学的工具和技术去描述、预测、理解以及影响整个航空系统，从而更好地实现这些目标。

## 参考文献

Anderson, J. R. 1982. Acquisition of cognitive skill. Psychological Review 89:369–406.

Baddeley, A. D. 1986. Working memory. Oxford, UK: Oxford University Press.

Blower, D. J. 1998. Psychometric equivalency issues for the APEX system (special report 98-1). Pensacola, FL: Naval Aerospace Medical Research Laboratory.

Bradshaw, B. K. 2003. The SHEL model: Applying aviation human factors to medical error. Texas D.O. January: 15–17.

CAA (Civil Aviation Authority). 2002. Safety management systems for commercial air transport operations. CAP 712. Gatwick, UK: Civil Aviation Authority, Safety Regulation Group.

Campbell, D. T., and Fiske, D. W. 1959. Convergent and discriminant validation by the multitrait–trait-multimethod matrix. Psychological Bulletin 56:81–105.

CASA (Civil Aviation Safety Authority). 2002. Safety management systems: Getting started. Canberra, Australia: Author.

Clarke, R. 1986. A new approach to training pilots in aeronautical decision making. Frederick, MD: AOPA Air Safety Foundation.

Corsini, R. J., Craighead, W. E., and Nemeroff, C. B. 2001. Psychology in Germany. In The Corsini encyclopedia of psychology and behavioral science, 2nd ed., 633–634. New York: Wiley.

Dar, R. 1987. Another look at Meehl, Lakatos, and the scientific practices of psychologists. American Psychologist 42:145–151.

Dreyfus, H., and Dreyfus, S. 1986. Mind over machine: The power of human intuition and expertise in the era of the computer. New York: Free Press.

Edwards, E. 1988. Introductory overview. In Human factors in aviation, ed. E. L. Weiner and D. C. Nagel, 3–25. San Diego: Academic Press.

Fitts, P. M. 1954. The information capacity of the human motor system in controlling the amplitude of movement. Journal of Experimental Psychology 47:381–391. (Reprinted

18

in Journal of Experimental Psychology: General 121:262–269, 1992.)

———. 1964. Perceptual skill learning. In Categories of skill learning, ed. A.W. Melton, 243–285. New York: Academic Press.

Fitts, P. M., and Posner, M. I. 1967. Learning and skilled performance in human performance. Belmont, CA: Brock–Cole.

Foyle, D. C., Hooey, B. L., Byrne, M. D., Corker, K. M., Duetsch, S., Lebiere, C., Leiden, K., and Wickens, C. D. 2005. Human performance models of pilot behavior. In Proceedings of the Human Factors and Ergonomics Society 49th Annual Meeting, 1109–1113.

GAIN. 2001. Operator's flight safety handbook. Global Aviation Information Network. Chevy Chase, MD: Abacus Technology.

Hawkins, F. H. 1993. Human factors in flight. Aldershot, England: Ashgate Publishing Ltd.

Hick, W. E. 1952. On the rate of gain of information. Quarterly Journal of Experimental Psychology 4:11–26.

Hunter, D. R. 2002. A proposed human performance model for ADM. Unpublished manuscript. Washington, D.C.:Federal Aviation Administration.

Hunter, D. R., Martinussen, M., and Wiggins, M. 2003. Understanding how pilots make weather-related decisions. International Journal of Aviation Psychology 13:73–87.

IACO (International Civil Aviation Organization). 2005. ICAO training page. Retrieved September 15, 2007, from http://www.icao.int/anb/safetymanagement/training%5Ctraining.html

Isaac, A., Shorrock, S. T., Kennedy, R., Kirwan, B., Andersen, H., and Bove, T. 2002. Short report on human performance models and taxonomies of human error in ATM (HERA). Report HRS/HSP-002-REP-02. Brussels: European Organization for the Safety of Air Navigation.

Jensen, R. S. 1988. Creating a "1000 hour" pilot in 300 hours through judgment training. In Proceedings of the Workshop on Aviation Psychology. Newcastle, Australia: Institute of Aviation, University of Newcastle.

———. 1995. Pilot judgment and crew resource management. Brookfield, VT: Ashgate Publishing.

———. 1997. The boundaries of aviation psychology, human factors, aeronautical decision making, situation awareness, and crew resource management. International Journal of Aviation Psychology 7:259–267.

Jensen, R. S., and Benel, R. A. 1977. Judgment evaluation and instruction in civil pilot training (technical report FAA-RD-78-24). Washington, D.C.: Federal Aviation Administration.

Kahneman, D. 1973. Attention and effort. Upper Saddle River, NJ: Prentice Hall.

Klayman, J., and Ha, Y. W. 1987. Confirmation, disconfirmation, and information in hypoth-esis testing. Psychological Review 94:211–228.

Kochan, J. A., Jensen, R. S., Chubb, G. P., and Hunter, D. R. 1997. A new approach to aeronautical decision-making: The expertise method. Washington, D.C.: Federal Aviation Administration.

Lakatos, I. 1970. Falsification and the methodology of scientific research programs. In Criticism and the growth of knowledge, ed. I. Lakatos and A. Musgrave, 91–196. New York: Cambridge University Press.

Landauer, T. K., and Nachbar, D. W. 1985. Selection from alphabetic and numeric menu trees using a touch screen: Breadth, depth, and width. Proceedings of CHI 85, 73–78. New York: ACM.

Leiden, K., Laughery, K. R., Keller, J., French, J., Warwick, W., and Wood, S. D. 2001. A review of human performance models for the prediction of human error (technical report). Boulder, CO: Micro Analysis and Design.

Licht, M. H. 2001. Multiple regression and correlation. In Reading and understanding multivariate statistics, ed. L. G. Grimm and P. R. Yarnold, 19–64. Washington, D.C.: American Psychological Association.

Mayer, J. D. and Salovey, P. 1993. The intelligence of emotional intelligence. Intelligence 17:433–442.

Molloy, G. J., and O'Boyle, C. A. 2005. The SHEL model: A useful tool for analyzing and teaching the contribution of human factors to medical error. Academy of Medicine 80:152–155.

Norman, D., and Bobrow, D. 1975. On data-limited and resource-limited processing. Cognitive Psychology 7:44–60.

O'Hare, D. 1992. The "artful" decision maker: A framework model for aeronautical decision making. International Journal of Aviation Psychology 2:175–191.

Pew, R. W., and Baron, S. 1983. Perspectives on human performance modeling. Automatica 19:663–676.

Poletiek, F. H. 1996. Paradoxes of falsification. Quarterly Journal of Experimental Psychology Section A: Human Experimental Psychology 49:447–462.

Popper, K. R. 1959. The logic of scientific discovery. New York: Harper & Row.

Raykov, T., and Marcoulides, G. A. 2006. A first course in structural equation modeling. Mahwah, NJ: Lawrence Erlbaum Associates.

Reason, J. 1990. Human error. New York: Cambridge University Press.

19

Sohn, Y., and Jo, Y. K. 2003. A study on the student pilot's mental workload due to personality types of both instructor and student. Ergonomics 46:1566–1577.

Svensson, E., Angelborg-Thanderz, M., Sjöberg, L., and Olsson, S. 1997. Information complexity—Mental workload and performance in combat aircraft. Ergonomics 40:362–380.

Transport Canada. 2001. Introduction to safety management systems (TP 13739E).Ottawa: Author

VanLenh, K. 1996. Cognitive skill acquisition. Annual Review of Psychology 47:513–539.

Wickens, C. D., and Holland, J. G. 2000. Engineering psychology and human performance, 3rd ed. Upper Saddle River, NJ: Prentice Hall.

Wickens, C. D., Goh, J., Hellebert, J., Horrey, W., and Talleur, D. A. 2003. Attentional models of multitask pilot performance using advanced display technology. Human Factors 45:360–380.

Wozniak, R. H. 1999. Classics in psychology, 1855–1914: Historical essays. Bristol, England: Thoemmes Press.

# 第二章

## 研究方法和统计

## 2.1 序言

　　研究的目的是获取新知识。为了能使研究结果可信，科学的方法就显得尤为重要。研究者应该尽可能详细地对使用的研究方法和工具进行描述，以保证自己的研究可以被重复。换句话说，研究须具备的一个重要原则就是可重复性，即这个研究的结果可以在其他研究中得以验证。研究方法有很多，但最重要的是研究者所选用的研究方法必须适合他所探索的问题。有时实验法是个不错的选择，有时测量才是最合适的。

　　研究的思路来源有很多。许多研究者将他们的研究集中在某一领域或方向，通过持续跟进某些尚未解决的问题或有待探索的领域来获取思路。还有一些研究者的思路源于自己的生活或者工作，甚至有时源于他们解决某个问题的过程。

　　研究可以分为许多类型，如基础研究和应用研究。基础研究的核心目的在于理解和解释一个未知现象，而且不需要知道这些结果有何用。应用研究的目的和价值更重视研究结果的实用性。大部分情况下，这两种研究的界限不是很清晰。就基础研究而言，它虽然是应用性研究以及产品和服务研发的基础，但它并不是左右应用性研究发展的关键。例如，关于个体大脑如何感知和加工信息方面的基础研究，并不能为飞机仪表的设计和飞行员的选拔提供直接的帮助。

　　研究应该是自由和独立的。这意味着研究者能够自由地选择研究方法以及交流结果，无须接受任何形式的审查。当然，在某种程度上，一个研究者能否自由地选择研究问题，取决于这个研究者在哪里工作。然而，研究中常见的现实问题就是缺乏资金资助。即使研究者在一个项目上有好的思路和恰当的方法，但是这个项目可能得不到任何资助。

## 2.2　研究过程

研究过程通常由一系列步骤组成（图2.1），这包含了问题的提出到最终结论。第一步往往是形成研究思路，并对这个主题进行文献综述。随后进一步细化研究想法，同时提出相应的研究问题和研究假设。这些研究问题大致可以分为两类，一类是描述性的研究问题，例如通过研究调查飞行恐惧的普遍性；另一类是探索性的研究问题，即通过研究去发现某些现象和问题的原因，例如定制化的课程是否能够真实有效地帮助个体缓解飞行恐惧。

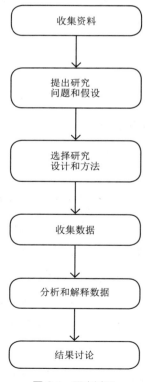

图 2.1　研究过程

　　第二步就是根据研究问题选择合适的方法。除了研究问题或研究假设外，很多其他因素都会影响研究方法的选择。例如，可行性、传统和伦理问题。在某些学科中，一些方法比其他方法更常用，而采用何种研究方法往往取决于研究者所受的研究训练。换句话说，在研究中，除了研究问题的性质外，还有很多因素影响研究方法的选择。

　　研究过程的第三步便是数据收集。数据可以是定量数据，这种数据是通过测量或用统计方法计算得来的；数据也可以是定性数据，这种数据通常包含一些词语或文本。但绝大部分航空领域的研究是基于定量数据的研究，所以本章的内容也将集中在对定量数据的收集、处理和解释上。

## 2.3　文献回顾和研究问题

　　心理学的学术刊物有很多，其中有一些会刊登与航空主题有关的文章。例如，由泰勒—弗朗西斯出版集团（Taylor & Francis Group）在美国出版的《国际航空心理学杂志》（the International Journal of Aviation Psychology）[①]，还有由美国联邦航空局（Federal Aviation Administration，FAA）出版的可在线阅读的《国际应用航空研究》（International Journal of Applied Aviation Studies）。此外，还有一本由宇航医学协会（Aerospace Medical Association）出版的《航空航天医学》（Aviation，Space，and Environmental Medicine）[②]。除此之外，某些刊物也会刊登航空心理学或工业组织领域的文章，如《人因学》（Human Factors）、《应用心理学杂志》（Journal of Applied Psychology）和《军事心理学》（Military Psychology）等。读者可以在图书馆查到上述刊物的文章。读者还可以通过这些杂志的网站进行检索，但是这需要付费。另外，近年来美国联邦航空局出版了很多免费的在线论文。总之，使用搜索引擎的常规文献检索功能，会筛选出很多航空或者和工业与组织心理学相关的文献和报告，但是读者需要评估其来源的可信度以及信息的质量。

　　在出版之前，科学论文都需要接受同行评审系统的筛选。这就意味着两到

---

① 该杂志现更名为 "the International Journal of Aerospace Psychology"（《国际航空航天心理学杂志》）。——译者注
② 该杂志现更名为 "Aerospace Medicine and Human performace"（《航空航天医学与人类行为》）。——译者注

三个相关领域的研究者，会对这篇文章进行出版前的审阅。作者随后会收到来自审稿人和编辑反馈的意见。通常情况下，在出版前都会要求对投稿论文进行不同程度的修改。而当投稿论文的质量远不符合期刊发表标准时，作者可能连修改和重新提交的机会都没有。学术期刊的评级和分档，往往由该刊物的录稿率和引用率决定。

在各种学术会议中，也常常报告航空心理学领域的研究。其中，较大规模的学术会议组织当属欧洲航空心理学会（European Association of Aviation Psychology, EAAP）。欧洲航空心理学会是一个已经成立50余年的航空心理学研究组织，它所组织的学术会议每两年举行一次。另外，国际航空心理学研讨会（International Symposium in Aviation Psychology）也是每两年举办一次，其举办地位于美国俄亥俄州代顿。同时，澳大利亚航空心理协会（Australian Association for Aviation Psychology）每三年在悉尼组织一次学术会议。会议将出版与航空心理学进展有关的会议论文集，通常包含一些在会议上展示过的短小的论文。这些论文集通常会统一提供给与会人员。当然，会议官方网站上有时也会提供检索和预览服务。在研讨会上，研究者一般会预先报告他们近期的研究成果，所以研讨会能够为研究者提供一个收集该领域最新资讯的机会。

## 2.4 研究难题

研究不能回答所有的问题，即使一些问题能够运用科学的方法进行检验，也有必要将研究限定在所要解决的问题上。有一种研究方法被称为描述性研究。描述性研究主要用于描述一个现象或事物之间是如何共变的。例如，对空中交通管制员压力评估的研究，以及机组人员选拔测试的研究，都属于描述性研究。除了这种描述性的研究方法外，假设研究可以研究更具体的问题。例如，如果研究者想调查空管人员的工作压力，可以假设空管人员在缺乏社会支持与工作压力上存在相关。这样的研究通常是基于已有的理论或研究提出来的。

如果调查研究发现两个变量间存在相关关系，如社会支持和压力之间存在相关，这并不足以说明两个变量之间存在因果关系。当然，它们之间有可能存在因果关系，但不能通过相关关系来确定因果关系。如果希望知道社会支持和压力之间是否存在因果关系，我们还需要知道社会支持是否发生在压力体验之前，并且最好能够了解社会支持是怎样减缓压力的。社会支持和压力之间相关的真正原因，可能是存在第三个影响研究的共同变量。如果研究者希望通过研究来揭示变量间的因果关系，那他所提出的研究问题或者研究假设，以及所采用的研究方法和研究设计，就与描述性研究有所不同。通常情况下，实验研究是探索因果关系的最佳途径。

## 2.5 变量

变量是指研究的个体或现象所包含的某些维度或属性。变量可以有不同取值，主要取决于研究中所测量的对象。例如，它可以是个体的年龄或飞行时间。有时候，我们可能会对个人特征感兴趣，如人格特质等。例如，个体的外倾性人格特质，或个体是否完成了机组资源管理的课程。研究者所操纵的变量称为自变量（例如，个体是否接受过培训）。研究者操纵自变量后所关注的结果变量称为因变量（例如，个体在经过培训后沟通能力显著提升或操作失误显著下降）。

变量和变量之间在测量的方式上各有不同。一些变量便于测量，如个体的年龄可以以年为单位来测量；个体的薪水可以以美元或欧元为单位来衡量。年龄和薪水都是连续变量，因为它们是等距变量。很多心理学变量通过五点或七点计分量表进行测量，这类测试要求个体依据对题项的同意程度进行评定。有时量表中所采用的计分点较少，这也会使得研究者们产生该变量是否能够作为连续变量的争议。因为在分析这些数据时，不同的变量类型所采用的统计方法也有所不同。

还有一些变量是类别变量。例如，性别可以分为男性或女性。但是，男性化（masculinity）可作为一个连续变量进行测量。数字也可以用作类别变量，主要用于分组或起到标签的作用。例如，男性用1表示，女性用2表示。用数字只是表示这些类别是不同的。当然，也可以用字母来代替。换句话说，变量可以有很多数值，但这些数值所指代的信息取决于变量的类型及测量的对象。

## 2.6　描述性研究方法和测量

研究往往需要对变量进行测量和分类。然而，一些变量容易测量，而另一些变量则很难测量。例如，智力、焦虑和人格等都是测量起来较为困难的心理学变量。这就需要研究者在测量前对这些变量进行操作化定义。除了访谈法和观察法之外，心理测验法也是测量这类变量的方法。

### 2.6.1　心理测验

心理测验是一种测量某事物数量或大小的标准化程序。心理测验中会存在一些问题，也包含大量需要借助仪器或电脑进行的操作。心理测验有多种用途，包括临床诊断、人事选拔以及科学研究等。不管是出于什么目的，一个高质量的心理测验主要包含三点：信度、效度和规范性。本章接下来的部分会对此三点进行详细阐释。

目前，有很多针对心理测验和测验使用者的规范。欧洲心理学会制定了心理测验指导纲要（测验使用的国际规范），可以在欧洲心理学会或国际心理测验专委会的网站上找到。美国心理学会（American Psychological Association, APA, 1999）多年前就制定了《教育和心理测验标准》。该书除了介绍心理测验的信度和效度外，还向读者提供了以有效、专业、符合伦理道德规范的方式使用心理测验的方法。

### 2.6.2　经典测量理论

在心理学研究中，我们通常假定个体测验分数（即所谓的观察分数）由两部分构成。一部分是被试的真实分数，另一部分是误差。具体的表达公式为：观察分数=真实分数+误差。如果同一个被试在同等受测条件下多次接受测试，那我们就期望能够得到若干个相近但不完全相同的测验分数。因为观察分数会随着时间发生轻微变化。当测验的误差较小时，多次测验的差异就不大。此外，我们还假定该误差是非系统的，即误差并不依赖于个体的真实分数。这种测量模型被称为经典测量理论（Magnusson, 2003），它是当今众多心理测验的出发点。

项目反应理论（Embretson & Reise, 2000）是近年发展起来的理论，它代表了心理测验的另一种取向。它的出发点是自适应测验，即任务难度根据个体能力水平调整。该理论所依托的研究假设是，个体正确作答的概率反映了个体能力或潜在特质的水平。项目反应理论需要有比经典测量理论更强的假设，该理论有时能更详细地进行项目分析。该理论的缺点在于，相比经典测量理论统计分析，它缺乏一个用户友好的软件来完成分析。但在未来的几年里，仍会有越来越多依托项目反应理论而开发的测验。

### 2.6.3　信度

在经典测量理论中，信度被定义为两个平行测验（两个相似但不完全相同的测验）间的相关关系。相关系数是表示两个变量间共变程度的统计量。关于相关系数的内容将会在本书"2.8 统计"这一节详细讨论。换句话说，如果我们采用两个平行测验对同一组被试进行两次测试，且误差控制在合理的范围内，那么理论上这两次测验就具有较大的相关性。然而，通过平行测验来检测信度系数的方法通常耗时且困难重重，所以有必要用其他方法来检验信度系数。

重测信度是另一种评估信度的方法。它是用相同测验对同一组被试进行二次测验（可间隔数月）。除此之外，还有一种常见的信度评估方法就是分半信度，即把测验均分成两个部分，所有被试均接受两部分的测验，然后通过计算每个被试分别在两个分测验中所得分数的相关系数来对该测验的信度进行评估。然而，这种方法只能够对一半测验的信度进行评估。当然，也可以通过公式进一步评估整个测验的信度。

还有很多测量信度的方法是将一个完整测验分成两部分。这取决于问题或题项是如何划分的。目前常用的一种信度就是克伦巴赫系数。该系数是对某测验所有可能的分半信度系数进行平均后的结果。不同类型的信度为该测验提供了不同信息。重测信度反映了测验跨时间的稳定性，而分半信度和克伦巴赫系数代表测验的内部一致性程度。相关系数越大，代表信度越高，最好达到0.7或0.8。但在某些特殊的情况下较低值也可以接受。同时，测验的题目数是影响测验信度的另一个关键因素：测验的题目数越多，信度就越高。此外，对所有被试采用清晰且界定良好的标准化程序也很重要，特别是施测环境和评分程序的标准化。

## 2.6.4　效度

结构效度是最重要的一种效度。结构效度指该测验能够测量到研究者所要测量事物的程度。例如，"智力测验测量的是个体的智商还是个体的学业成就？"这其实就是结构效度所关心的问题。然而，如何能够很好地回答这个问题或者对该测验的结构效度进行有效的检验却并不简单。目前有很多方法能检验结构效度。例如，研究者编制了一个新的智力测验，那就可以通过检验这个测验和已经被普遍使用且效果较好的其他智力测验的关系，进而检验该测验的结构效度。

除了结构效度外，还有一种效标关联效度。效标关联效度指该测验可以预测效标的程度。此外，如果该测验可以测量个体当下的某种效标，这种效度就称为"同时效度"；反之，如果该测验可以预测个体在未来的某种效标，这种效度就称为"预测效度"。预测效度所关注的是个体在该测验的所得分数是否能够预测其未来的工作表现。所以，研究者也常通过计算个体测验得分与未来工作表现来评估该测验的预测效度。

第三种效度类型是内容效度。它是指该测验的题目对整个测验内容范围的代表性程度。与内容效度有关的问题是："测验题目是否涵盖了所有内容范围"或"没有测试哪些内容"。

以上三种效度类型可能看起来差异很大，并且整个效度评价体系也受到了很多的质疑和批评（Guion, 1981; Messick, 1995）。其中最重要的反对观点就是认为测验本身的有效性没有价值，而应关注研究者根据测验分数得出结论的有效性。梅西克（Messick, 1995）认为，测验的效度检验，应进一步扩展到对测验分数的解释，以及对测验社会效果的评估上。这其中应包含对于某特定测验是否具有负面社会效果的评估。例如，在工作或教育选拔中，某些特殊群体由于不能通过某项测验而未被选拔。

## 2.6.5　测验常模和文化适应

除了信度和效度外，测验最好能够标准化，如建立常模。建立常模意味着我们能够得知一个大样本被试的分数，这使得个体的测验得分可以与这个大样本的平均得分进行比较。有时可通过对随机样本的施测得到常模，而其他时候，则需要根据测验属性的不同，选取某些特殊的施测群体，从而构建参照标准。想象一下，如果一个人完成某项智力测验，并根据其正确反应得到一个分数，仅靠这个分数本身，我们并不能知道其智力水平的高下。测验结果只有与同一国家的其他同龄群体在相同测验条件下（每个人所接受测验问题的顺序、指导语、计分程序均相同）的平均成绩进行对比，才能知道这个人在此项智力测试中的智力水平怎样。

　　为了能够对测验分数进行比较，常模非常重要。如果一个国家想要引入一个从未在本国施测和建立常模的测验，那就有必要在新的情境下对该测验进行翻译和适用性修订。例如，如果希望一个在美国编制的测验在挪威得到应用，那么首先需要把它翻译为挪威语。通常检验测验翻译准确性的方法就是，首先请一位翻译人员将原本的英文测验翻译成挪威语版，之后再请另一位翻译人员将翻译好的挪威语版测验重新翻译成英文。此程序可以揭示测验使用前在翻译上存在的问题。此外，即使我们能够进行很好的翻译，该测验在使用前还需要进行信度和效度检验，以及建立新的常模。

## 2.6.6　问卷法

　　问卷调查是从大样本中获取数据的有效途径。比起访谈，它更容易使个体在匿名情况下表达出真实感受。一份问卷包括几个部分或章节（例如，背景信息部分包括年龄、性别、教育程度和经历）。一份问卷会根据目的而设计一些特定形式的题项，也可能包含一些已有的量表，如用来测量个体人格特征的外倾性量表。问题既可以是开放式的，也可以是封闭式的。在五点评分或七点评分的方法中，个体可选择某一选项来表明态度。如果一份问卷包含已有的量表，如测量个体对工作场所的满意度，那么保持该量表原有的形式和结构尤为重要。因为对于该量表，任何形式的修改都有可能破坏其心理测量学属性，并且有可能导致本次收集到的数据，无法同其他研究中的结果和结论进行比较。

　　编写好的题目是一门艺术，设计者往往需要经过大量的工作才能完成一份优秀的问卷。在编写问卷题目的过程中，应注意尽量避免使用程式化的问题、

28

模棱两可的表述、专业术语及其他过于专业化的语言，应采用简练的语言编写题目。看起来吸引人，并且问题清楚的问卷，回收率（完整作答并且将问卷返还的概率）会较高。此外，问卷的长度也会影响问卷的回收率，所以应尽量保证问卷短小精悍。这也要求问卷的设计者需要对每一个题目仔细思考，以确定其是否有存在的必要。芬克和柯塞科夫（Fink & Kosecoff, 1985）的文章对于问卷编制和调查提出了很多不错的建议。

研究者都希望得到尽可能高的问卷回收率。有些方法论书籍里曾建议，一个问卷调查研究的回收率应至少保证在70%以上。然而在现实情况中，即使在问卷发放后研究者提醒每一位被试，需尽可能完整作答并将问卷返回，仍然很难实现这样的回收率。一项研究对于1985至2005年间临床和咨询领域的调查进行了元分析，结果表明，308个问卷调查研究的回收率只有49.6%（Van Horn, Green, Martinussen, 2009）。该研究还发现，在研究人员向被试发出首次提醒后，问卷回收率平均提升了6%。回收率在这20年间（1985—2005年）随时间的流动而不断地下降。

## 2.6.7  网络

29

很多调查都是通过网络进行的，并且有多种程序可以用来创建基于网络的问卷。其中一些程序的使用需要付费，而另外一些应用则可以通过申请免费下载。例如，有一个免费软件叫Modsurvey，由乔尔帕尔米乌斯在瑞典开发。网络调查的研究者可以通过发送电子邮件招募被试，或者以大众所熟知的多种方式发布调查网站地址。网络调查问卷的回收率是很难保证的。这是因为相比住宅地址，个体电子邮件的地址变更频繁，研究者很难知道到底有多少人实际收到了邀请。假如研究者通过其他途径发布招募信息时，也难以确定究竟有多少人真正收到了这个招募信息。

网络调查变得愈加流行，因为它高效，同时也节省了印刷费、邮费和数据录入费等。但网络调查并不是适用于所有调查主题和面向所有被试群体的最佳方法。因为并非每一个人都有一台电脑，也并非每一个人都喜欢这样的方式。

## 2.6.8　访谈法

访谈法能够用于人才选拔或数据收集。访谈法或多或少都需要事先进行结构化。也就是说，访谈问题的结构化程度和排序可以预先确定。当研究一个新领域或主题时，访谈问题最好采用开放式；还有一些情况下，某些特定问题的设置应是结构性的或者封闭性的，即应提供问题的表述和答案。如果访谈的问题事先经过认真地斟酌和准备，那将有利于受访者更好地作答。在进行长时间访谈时，使用录音设备也是非常有必要的，有利于访谈者在访谈结束后再对访谈的内容进行梳理和记录。显然，访谈法较问卷调查法会花费更多的时间。但是，当研究一个复杂的课题或者开创一个全新的研究问题时，访谈将是一项非常合适的研究方法。此外，在开发一个问卷前，对有代表性的目标样本进行访谈也是个明智的选择。

在访谈开始前，通常需要制定访谈大纲。如果需要多个访谈者时，每一位访谈者都应该接受必要的培训，以确保所有的访谈以同样的方式展开。在访谈过程中，访谈者应时刻注意，以洞察一切有可能的误差来源，同时，访谈者应避免一些有可能影响受访者的行为。

## 2.6.9　观察法

同访谈法一样，观察法也或多或少是结构式的。在一个结构式的观察中，被观察的行为是提前确定的，需要记录的内容也有清晰的规则。例如，教员评估飞行员的模拟驾驶行为时，需要预先确定记录的驾驶行为，以及该行为是积极的还是消极的表现。观察者可以是情境中的一部分，被观察者甚至不知道观察者在观察，这叫隐蔽观察。

观察法有一个明显的问题，那就是被观察者的行为有可能会受到观察者的影响。一个经典的实验案例就是霍桑实验。该研究的目的是通过观察美国生产电话设备的工厂工人的效率，探讨灯光、休息时间及其他工作条件的变化是否能够提升工人的工作效率。研究结果发现，无论怎样调整工作条件，即无论是增强还是减弱工厂的照明水平，工人的工作效率都得到了提高。对这一结果的解释是，工人发觉自己成为被观察者或被注意者，从而导致工作效率受到影响。20世纪20年代的这项研究发现，人们如果发现自己正在被观察，可能会改变个体的行为，这一现象称为霍桑效应。大多数心理学导论的教材都会提及此项研究。

但是，该项研究一直受到批评，因为研究者并未充分地考虑到参与研究工人的一些其他方面的特征。其中一个因素是，与其他工人相比，参与该项研究的女性工人得到工作效率反馈，并且还得到了经济报酬（Parsons, 1992）。因此，尽管这项研究已经过去了60多年，仍需要被重新审视和解读。但是，无论在霍桑的工厂中真正发生了什么，我们可以确定的是：个体的行为表现会因为其意识到自己被观察而有所改变。有一个可以解决霍桑效应的方法，就是进行隐蔽观察。当然，该方法会涉及一些伦理道德问题，特别是当观察者混入被观察者群体中时。如果在公共场所对比较大的群体进行观察，而不是对某一单独个体进行观察，一般而言，就不会出现伦理问题。例如，观察人们在接受安检时的行为，这就不涉及道德伦理规范的问题。

通常在观察的初期，被观察者很可能会意识到另一个人的存在。当一段时间后，随着被观察者习惯了另一个人的存在，并忙于手头的工作，这种被观察者因为观察者的存在而导致行为受到影响的情况将会逐渐减少。

## 2.7   实验、准实验和相关研究

在一项研究中，研究计划是十分重要的，它涉及如何进行研究以及如何收集数据。这个计划有时也称为研究设计。在本节接下来的部分，会介绍三种研究设计。

### 2.7.1   实验

很多人对实验的印象是身着白大褂的研究人员在实验室工作。然而，实验并非仅此一种情况，而且实验背后的逻辑远比实验的形式更为重要。实验的一个非常重要的特征就是控制组的设定。所谓控制组，就是指未接受实验处理或干预的被试组。控制组需要与接受了实验干预的实验组进行对比，两组之间的差异就揭示了实验干预的效用和结果。因此，需尽可能保证实验组和控制组被试的同质性，以尽量减少个体差异带来的误差。达到这一效果的最好方法，

就是将被试样本随机分配到两种实验条件下。

实验的另一个重要特征就是研究者可以操纵实验情境。有时，几个实验组会接受不同的实验处理。例如，一项研究包含两种训练，接受这两种训练的小组都将同没有接受训练的控制组进行比较。或者，同一自变量有不同的水平，如可以比较同一种训练干预短期课程与长期课程的差异。

## 2.7.2　准实验

准实验是一种界于实验与相关研究之间的研究设计。此设计的意图在于尽可能地模仿实验。但是准实验与真实验的最大区别在于有没有对被试进行随机分组。因为并不是任何实验条件都能做到将被试随机分配到控制组和实验组当中。例如，有时先参加实验的被试可能被分配到实验组当中，而随后参加的被试则被分配到控制组当中。那么，研究者将不得不考虑这种分组导致的差异。

针对准实验样本非随机分配的问题，最好的解决办法就是在正式实验开始前对两组被试进行前测，以确定这两组在一些重要变量上是否存在差异。如果两组存在差异，将很难得出两组被试实验结果的差异是由于实验干预所导致的结论。同时，还有其他一些类型的准实验，例如不设置任何控制组或对照组的准实验。其中一个较为典型的例子就是前后测设计，即对同一组被试在实验干预前后分别进行测试。

## 2.7.3　相关研究

由于现实条件和道德伦理规范的限制，很多时候研究者无法顺利地开展一项实验研究。例如，很难设计一个实验去操纵员工从他的领导那里得到了多少社会支持。因为这种行为在大多数人眼中是不符合职业道德的，但在自然情境下研究这个现象是可行的。对员工工作条件的研究多采用相关研究，其意图在于更好地揭示不同类型的工作要求，例如工作量和工作倦怠。当取得这些变量的数据后，变量间的关系也将通过多种统计技术去分析和挖掘。并且可以对个体工作倦怠及其相关变量进行建模，从而更好地研究工作倦怠的产生及影响因素，以及进一步探索在多大程度上，人格或其他与工作特征有关的因素，可以预测个体的工作倦怠。

## 2.8 统计

结果的处理是研究过程的一个重要部分。如果研究仅包括少量被试，那么很容易就能得到主要结果。然而，大部分研究包括大量的被试和变量，这无疑需要借助工具来进行概述。假设我们向1000位客舱机组成员分发问卷来测量他们对工作环境的看法，如果没有统计技术，将很难描述这些员工的观点。

统计可以帮助我们处理下列事情：

1.抽样（如何选择样本，以及需要多少样本）。

2.描述数据（图表、变异和典型反应）。

3.根据总体参数得出结论。

在大多数情况下，我们没有机会去研究总体（如所有的飞行员和乘客），所以需要抽取小样本来研究。多数统计方法和程序假定随机选择被试，即所有被试最初都有均等的被选择机会。此外，还有其他抽样方式，如分层抽样，先将总体进行分层，然后在每层中随机选择被试。抽样方法最初应用于对所感兴趣问题的问卷调查中，如支持某一团体的人数，或对环境问题持积极态度的程度。应用统计是为了解决如何抽样的问题，至少是为了确定研究需要的样本量。

在数据收集好后，下一步是如何描述结果。描述结果有很多种方法，具体采用哪种方法取决于拟研究的问题和数据类型。结果可以用百分数、等级、平均数或者相关程度（相关系数）等形式来呈现，也可用图表来概括数据。

最后一步是从样本到总体的推论。研究者通常不满足于描述特定的样本，而是期望得到关于总体的结论。总体的结论是基于样本的结果而得到的。获得结果的一种方法就是假设检验，即采用样本的结果对总体的假设进行检验。

另一种方法是基于样本结果对总体结果进行估计。假定我们想了解飞行恐惧者的比率。在进行一个测量飞行态度的研究后，我们将会获得一个精确的数字，即被试中恐惧飞行的人数比例。在没有更好地估计时，我们有理由相信，在样本中观察到的恐惧飞行的人数比例和总体人群中的比例相近。此外，我们还可以提出一个区间，该区间可能是反映飞行恐惧者比例的真实区间。我们将这些区间称为置信区间。如果样本量较大，置信区间就会较小，即样本越大，结果越精确。

## 2.8.1　描述统计

反映数据集中趋势最常用的指标是算数平均数，一般用于连续量表的统计中。算术平均数通常用字母*M*来表示。另一个指标是中位数，即所有观察值高低排序后的中间值。当分布为偏态时，比如存在极端值时，中位数是一个不错的选择。众数是描述集中趋势的第三个指标，即数据中频数最多的数值。对于连续型变量，则没有必要使用众数来反映集中趋势。

除了测量分布的集中趋势，测量数据的变异同样重要。如果我们计算算术平均数，通常使用标准差来测量变异。大体说来，标准差就是与均值的平均偏离。如果结果为正态分布，即为钟罩型，将高于均值的一个标准差和低于均值的一个标准差合并，此区域占了观察值的 $\frac{2}{3}$。高于和低于均值的两个标准差内的部分，包含95%的观察值。算术平均数和标准差的计算公式分别为：

$$\overline{X} = \frac{\sum\limits_{i=1}^{N} X_i}{N}$$

$$SD = \sqrt{\frac{\sum\limits_{i=1}^{N} (X_i - \overline{X})^2}{N-1}}$$

其中：

*N*=样本量

$X_i$=测验得分

$\overline{X}$=测验得分均值

表2.1显示的是10人模拟数据的例子。假定人们需要对飞行恐惧进行1—5评分，在这个例子中，得分越高，感觉越不舒服。此外，我们也记录了年龄和性别信息（这些数据是杜撰的）。假设我们想要描述这组数据的人口学变量和飞行恐惧水平，年龄和恐惧为连续型变量，可以用算术平均数和标准差对该数据的集中趋势和变异进行测量。如果采用统计程序来分析数据，每个人的数据应呈现在一行中。每列数据代表研究中的不同变量。表2.2是采用科学和医学广泛使用的统计工具（社会科学统计包，SPSS）统计得到的数据。

表 2.1  构造的数据集

| 个体 | 飞行恐惧 | 年龄 | 性别 |
|---|---|---|---|
| 1 | 5 | 30 | 女 |
| 2 | 4 | 22 | 女 |
| 3 | 4 | 28 | 男 |
| 4 | 3 | 19 | 男 |
| 5 | 3 | 20 | 女 |
| 6 | 2 | 21 | 女 |
| 7 | 2 | 22 | 男 |
| 8 | 1 | 24 | 男 |
| 9 | 1 | 23 | 男 |
| 10 | 1 | 21 | 男 |

表 2.2  SPSS 输出结果

| 描述性统计 | | | | | | | |
|---|---|---|---|---|---|---|---|
| | $N$ | 范围 | 最小值 | 最大值 | 总和 | 平均数 | 标准差 |
| 飞行恐惧 | 10 | 4.00 | 1.00 | 5.00 | 26.00 | 2.6000 | 1.42984 |
| 年龄 | 10 | 11.00 | 19.00 | 30.00 | 230.00 | 23.0000 | 3.49603 |
| 有效的$N$ | 10 | | | | | | |
| 成列删除 | | | | | | | |

| 性别 | | | | | |
|---|---|---|---|---|---|
| | | 频率 | 百分比 | 有效百分比 | 累积百分比 |
| 有效 | $F$ | 4 | 40.0 | 40.0 | 40.0 |
| | $M$ | 6 | 60.0 | 60.0 | 100.0 |
| | 总计 | 10 | 100.0 | 100.0 | |

此外，表中也显示了每个变量得分的最大值和最小值。对不同性别的变量而言，计算平均得分是不恰当的，最好是描述研究中包括多少男性和女性被试。如果样本量够大，那么测量得出性别的百分比会更加精确。

研究者也可能对探索年龄和飞行恐惧的关系感兴趣。因为这两个变量都是连续的，皮尔逊积差相关可以作为联结强度的指标。相关系数反映了两变量的关系强度。其标准测量在-1.0到1.0之间发生变化。数字显示了关系的强弱，符号代表关系的方向。系数为0代表两个变量之间没有相关，而-1.0或1.0显示两个变量完美相关：所有的点形成一条直线。大部分心理学变量观察到的相关会低于1.0。表2.3显示的是弱相关、中等相关和强相关。

表2.3　SPSS 输出结果：平均数的t检验差异

| 组间统计 | | | | | |
|---|---|---|---|---|---|
| | 性别 | N | 平均数 | 标准差 | 标准误 |
| 飞行恐惧 | 女 | 4 | 3.5000 | 1.29099 | 0.64550 |
| | 男 | 6 | 2.0000 | 1.26491 | 0.51640 |

| 独立样本t检验 | | | | | | | | | |
|---|---|---|---|---|---|---|---|---|---|
| | | | 平均数t检验 | | | | | | |
| | 方差同质性检验 | | | | | | | 95%置信区间 | |
| 飞行恐惧 | F | Sig. | t | df | Sig双尾检验 | 平均数 | 标准误 | 上限 | 下限 |
| 相等变异假定的 | 0.000 | 1.000 | 1.823 | 8 | 0.106 | 1.50000 | 0.82285 | -0.39750 | 3.39750 |
| 同质变异未假定的 | | | 1.815 | 6.477 | 0.116 | 1.50000 | 0.82664 | -0.48715 | 3.48715 |

　　当相关为正时，表示的是一个变量的值增大（减少），另一个变量的值也增大（减少）。负相关意味着一个变量的值增大（减少）和另一个变量的值减少（增大）有关。相关关系实际上描述的是数据近似一条直线时的关系程度。如果两个变量有曲线关系，相关系数就不是很好的指标。因此，在计算相关系数前需要明智地用数据绘制出散点图。

　　计算皮尔逊积差相关的公式为：

$$r = \frac{\sum_{i=1}^{N}(X_i - \overline{X})(Y_i - \overline{Y})}{(N-1)S_x S_y}$$

其中：

$S_x$，$S_y$ 为两变量的标准差

$\overline{X}$ 和 $\overline{Y}$ 为均值得分

$N$ 为样本量

　　在图2.2的例子中，散点图显示飞行恐惧随年龄增长而增加的相关趋势（正相关）。根据结果，相关系数为0.51，显示了变量间的强相关。此外，如何对相关系数的显著性进行检验，并在结果中报告内容，我们将在随后进行讨论。

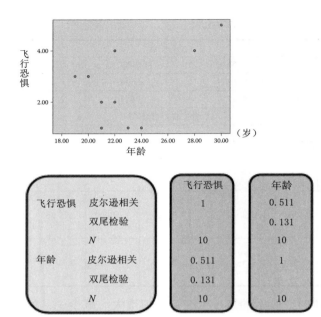

图2.2　相关：散点图和计算

有时，我们想考察两变量相关强度之外更多的信息。例如，我们可能想知道当年龄每增加1岁（或10岁）时，飞行恐惧会增加多少。采用回归分析方法，我们可以通过计算年龄和飞行恐惧之间关系的方程，来解释它们之间的关系。回归分析方程有一个或多个自变量。回归分析的目的是尽可能地预测自变量的变异对因变量的影响。

相关系数是一系列分析的起点，包括因素分析。因素分析的目的是用更少的因子，来解释发现众多变量的相关模式。假定我们要用一系列存在相关关系的能力测验来测试一组人群。一些测验之间可能具有强相关，另一些测验之间可能不相关。采用因素分析，就能得到更少的因素来解释相关矩阵的模式。例如，测验被分为两组：一组测量数学能力，另一组测量口语能力。因素分析的结果可以区分这两个潜在因素，并对它们相互之间错综复杂的测验进行命名，我们就可以说测验测量两种能力，即语言能力和数学能力。

因素分析有两种主要的策略：探索性因素分析和验证性因素分析。探索性因素分析主要由统计程序根据数据之间的特定关系得到因素结构。在验证性因素分析中，研究者定义因素数目和结构。将该模型与实际数据比较以考察数据与模型的一致性。

回到我们的数据，我们想要确定是否存在性别差异。基于表2.3中的SPSS输出结果，我们可以看到，与男性飞行恐惧的结果相比，女性的飞行恐惧得分更高。有时我们很难评估这种差异的大小。这显然依赖于我们对所采用的量表的了解程度。另一种方法是将平均数之间的差异转换为更相似的度量，比如标准差的形式。这些标准分被称为效应量（$ES$），计算公式为$ES = (\overline{X} - \overline{Y})/SD_{\text{pooled}}$。

在这个计算公式中，效应量等于平均数间的差异除以联合标准差。在本例中，组间的标准差近似相等，$SD_{\text{pooled}} = 1.3$，效应量就是（3.5–2.0）/1.3 = 1.15。可以认为这是一个较大的差异，它意味着男性和女性的差异超过1个标准差。此外，差异的置信区间较大，在–0.398到3.398之间变化。计算置信区间是为了更好地确定女性和男性在总体中的真实差异。

这个置信区间的范围也包括0，这意味着我们不能排除男性和女性在总体中的差异为0的可能性。

## 2.8.2 推断统计

我们描述了变量，而且计算了样本中变量的关系。下一步是基于样本的结果对总体下结论。首先，测试几个有趣的假设。其中一个是，我们在样本中发现年龄和飞行恐惧之间存在正相关关系。问题是：总体中是否也存在这种相关？

问题以虚无假设的形式来进行表征。在本例中，虚无假设是总体相关为0。备择假设（$H_1$）认为相关大于0或小于0。计算一个数值（统计检验量）帮助我们决定当前结果是否支持虚无假设或备择假设。

图2.2中的数值表明了我们之前观察相关所得的概率，或者总体的真实相关为0（$H_0$为真）的概率。本例中该概率为0.13，这比我们通常所能接受的概率更高，这种概率一般小于0.05，甚至小于0.01。我们事先确定了显著水平，通过选择一个既定的显著水平，来统计严格程度。用另一个稍微不同的方式表达：我们有多少证据来拒绝虚无假设？在本例中，我们不能拒绝虚无假设，因为0.13>0.05。当然，作为一项研究，本例中的样本量非常小（仅10人）。

如果我们想测试女性和男性的差异是否显著，我们也需要形成一个虚无假设。本例中的虚无假设是总体中女性和男性均值的差异为0（$H_0$：女性在总体中的均值—男性在总体中的均值＝0）。换句话说，这两个平均数是相等的。此外，如果虚无假设被拒绝的话，我们需要备择假设，即平均数之间的差异不为0。

有时候我们基于已有发现或理论选择一个特定的备择假设方向。假定当前研究显示，女性在焦虑和抑郁的测量上的得分高于男性，我们就可以根据此结果形成备择假设，即差异远远大于0（$H_1$：女性在总体中的均值得分—男性在总体中的均值得分>0）。在本例中，可以进行单尾显著性检验；如果我们事先没有一个特定的假设，那么两种可能都存在，这称为双尾检验。这是一种经常使用的更保守的方法。大多数统计程序都使用双尾检验来作为默认选项。

表2.3呈现的是一项显著性检验。表的最上部分呈现了男性和女性的均值得分。女性得分均值为3.5，而男性的得分约值为2.0，比女性低。差异是否足够大，以达到显著？表2.3呈现了$t$值（$t = 1.82$）和相应概率（0.106）。这些运算都是基于总体的真实差异为0的假设（$H_0$为真）。该概率比通常的显著性水平（0.05）要高，因此接受虚无假设。检验的先决条件是，当样本量较大时，至少要保证两组的方差是相等的。这个表格也显示当两组方差不相等时的检验结果。

根据假设和数据的类型而选择不同的显著性检验的方法。在本例中，恰当的检验为独立样本的$t$检验，因为被检验的两组是互相独立的。如果采用一个不同的设计，如同一批人被测验两次，恰当的显著性检验方法是相关样本$t$检验，该检验方法和独立样本$t$检验稍有不同。当研究多组时，多组比较可以使用方差分析。但是，这些方法的显著性检验的基本原则都是相似的：

1. 形成假设$H_0$和$H_1$。

2. 选择显著性水平（0.01或0.05）。

3. 进行计算。$H_0$假设的结果为真的概率为多少？

4. 结论：$H_0$是否可以被拒绝？

### 2.8.3　I型和II型错误

在进行显著性检验时，可做出四个决策——两个正确的和两个错误的。正确决策会因虚无假设为假时被否定，或者因虚无假设为真时而被接受。错误决

策会因虚无假设为假时被保留（Ⅱ型错误），或者因虚无假设为真时被拒绝
（Ⅰ型错误）。犯Ⅰ型错误的概率由显著性水平决定。如果研究者想要避免此
类型的错误，就应该选择更严格的显著性水平。为了避免犯Ⅱ型错误，需要足
够数量的被试，才能发现组间的差异或者真实相关关系。

不确切地说，显著性是效应量与样本量共同作用的结果。如果我们研究的
关系很强（高相关），小样本就已经足够。如果关系很弱（较小的相关），就
需要较大的样本来检测这种关系。有时候我们很难在研究开始前决定必需的样
本量要多大，因为我们不知道效应量的大小。如果已经发表相似的研究，这些
结果就可以用来计算所需的样本量。在表2.4中，计算了小、中和大效应所需样
本量的估计值。当然，有足够的统计检验力是非常令人满意的。这意味着正确
决策因虚无假设为假被否定的概率很高（如0.80）。

表 2.4　所需的样本量

| | 效应 | $N$（单尾检验） | $N$（双尾检验） |
|---|---|---|---|
| 相关 | | | |
| 小效应 | $r = 0.10$ | 600 | 770 |
| 中效应 | $r = 0.30$ | 60 | 81 |
| 大效应 | $r = 0.50$ | 20 | 25 |
| 组间差异 | | | |
| 小效应 | $ES = 0.20$ | 310 | 390 |
| 中效应 | $ES = 0.50$ | 50 | 63 |
| 大效应 | $ES = 0.80$ | 20 | 25 |
| 注意：显著性水平=0.05；统计检验力=0.80 | | | |

不同的软件程序都可以用来进行这些计算。表2.4中所用的是一个叫作
"Power and Precision"的程序（Borenstein, Rothstein, Cohen, 2001）。当执行计
算后，有必要说明效应大小、显著性水平（单尾或者双尾检验），以及期望的
统计检验力。

## 2.9　设计和效度

每一项研究设计都有优势和劣势，研究者在选择研究设计前，需要仔细考
虑每一个选项和可能的方法性问题。此外，还需要考虑可行性、伦理，以及经
济因素等。重要的是，对研究设计的选择会影响到效度。对于效度的一个简短

的解释是，它与我们究竟有多相信研究的结论有关系。

　　与研究设计有关的效度有很多，比如统计效度、内部效度、结构效度和外部效度。简言之，统计效度与获得的显著性效应有关，内部效度是关于因果关系的，结构效度是用来测量结构的，外部效度与研究结果与是否能推广到其他时间、地点以及人群等有关。效度体系首先由库克和坎贝尔（Cook & Campbell）在1979年引进，修订版于2002年出版（Shadish, Cook & Campbell, 2003）。该体系主要用于探究因果关系，尽管一些效度可能适用于描述性的研究。

## 2.9.1　统计效度

　　这种类型的效度与我们对研究统计结论的认可程度相关。实验组和控制组间有显著性差异吗？这种差异的大小是否达到了一定程度？为了研究这些问题，我们通常进行显著性检验。统计效度存在几种风险，比如低统计检验力，很少一部分被试表现出了该研究的典型结果。如果存在组间统计显著性差异，就可以继续讨论其他形式的效度。因此，统计效度是其他类型效度的先决条件。如果实验组和控制组没有显著性差异，那么，将讨论推论到其他被试就没有任何意义。

## 2.9.2　内部效度

　　内部效度与因果关系有关联。基于本研究可以得出因果关系的结论吗？能较好确定因果关系的方法是带有控制组的实验设计。将被试随机分在两种条件下，这允许我们将任何观察到的组间差异都归结于实验本身。当没有控制组而使用前测或后测（被试在实验前测试或实验后测试）设计时，内部效度会被削弱，因为不能排除产生或者引起变化的其他原因。例如，航空公司请员工参与培训，这会掺杂一些其他因素，可能会影响所观察到的效应。前测、后测的时间跨度越长，其他因素就越有可能导致这些变化。前测或后测设计在某些情况下是合理的，例如，在一个更大的干预实验研究之前，把前测作为一个初步研究。

　　即使一个真实验设计是最优的，有时也可能会采用其他设计（如准实验设计）来进行效度研究。

### 2.9.3　结构效度

如果已经说明了统计和内部效度，那么接下来将会涉及检验结构效度和外部效度。结构效度关注的是是否可以由测量变量得到的因果关系推论到整个理论结构。假定我们让空中交通指挥员接受机组资源管理训练，研究者感兴趣的是这种训练是否会增加该组人员的工作投入。研究者通过实验设计发现，接受训练后与训练前在工作投入上存在显著差异。那么可认为该研究的统计和内部效度比较好，并且没有其他混淆因素影响内部和统计效度。然而，问题是研究的结果是否能推论到理论结构。也就是说，该研究结果是否能够推广到总体的机组资源管理训练和工作投入这两个理论结构中。这牵涉到实际用于测量工作投入的特定测量工具。

此外，我们必须确保机组资源管理训练是根据课程计划和特定内容来进行的，因为我们想要得出的结论是机组资源管理特定训练产生效果，而不是其他课程。其他课程会包含很多有效的成分。为了进一步研究，我们也可以用那些只聚焦在航空安全而不关注合作与沟通的其他训练课程，而大多数机组资源管理课程却包含合作与沟通。如果两种类型的课程都能有效增加工作投入，那么机组资源管理训练中的某些特定内容就不是有效的成分，而是参加训练本身就有效。另一个可能的结果是，两种训练存在差异，导致参加机组资源管理训练组在工作投入上的得分更高，而控制组和其他组（安全课程）在工作投入上的得分则低。这样我们就能确切地说，有效的是特定的机组资源管理课程，而不是其他课程。

与研究设计有关的结构效度与测试的结构效度相似。其不同在于测试中的结构效度常常与测量该结构程度有关。然而，在讨论研究设计的结构效度时，我们希望得到的结论是有关变量之间的因果关系，而不是对一个结构的测量是否有效。

### 2.9.4　外部效度

外部效度指我们在多大程度上能将结果推广到其他群体、其他情境或不同

42

时间的程度。例如，参与训练的效果能随着时间而持续吗？训练可以应用于不同的航空公司和其他的职业人员吗？通常，不是所有的问题都可以在一个单一的研究中得到回答，这是由于：

1. 研究可能只局限于一类群体。
2. 研究可能只在一个单一组织或国家实施。
3. 研究结束后对被试进行多久追踪研究的局限。
4. 实验只能在实验室中进行。

例如，我们研究一组人在两种条件下（高或低奖励）需要多久来疏散飞机上的乘客。我们观察到了组间的差异，问题是这样的差异是否能应用到真实的紧急情况中。一些因素很可能是相同的，但是也存在差异。一个设计良好的内部效度（实验室情境的随机化控制实验），但外部效度可能不高（我们很难将研究发现应用到真实生活情境中）。这是一个悖论。换言之，我们难以保证一个设计在所有效度上都是最优的。

为了证明可以将研究发现应用到不同环境、人以及时间中去，有必要改变不同方面进行更多的研究。元分析方法是一种有效而系统地比较几个研究的方式。

## 2.10　元分析

43

元分析是将研究同一问题的几个研究结果合并起来进行统计分析的技术。假定一个研究者感兴趣的是空间能力的心理测验能否用于选拔飞行员，如何研究这个问题？一个解决办法是执行所谓的初步研究。这个初步研究关注的就是这个问题。例如，测量一组参加飞行训练的人的空间能力，然后将结果与绩效结合起来。如果研究者的假设是正确的，那么测验分数越高的人绩效也会越好。

研究这个问题的另一种方法就是回顾其他先前关于该问题的研究。对于大多数的主题，或多或少已有相关研究成果发表。研究的总量很大，故而很难知道总的结果。此外，这些研究可能在样本和测量工具上是不同的，因此很难通过简单阅读这些文章来知道所有的信息。

元分析是另一种对研究进行叙述性回顾的方法。该方法将所有的研究进行编码，根据每一篇文章或报告得到总的测量效应（如*ES*或*r*）。在本例中，测验结果和训练指导者的评分可能存在相关关系。元分析计算所有研究的平均相关，接下来就是探究研究之间的变异。在一些研究中，可能发现强相关，但是在另一些研究中并不会发现测验结果和绩效之间的关系。

元分析包括与初步研究相似的几个研究进程：

1. 提出一个研究问题。

2. 查找研究。

3. 对研究进行编码。

4. 元分析计算。

5. 报告结果。

## 2.10.1 文献检索和研究编码

元分析的文献检索始于在可用的电子数据库中进行文献检索。这些数据库包括主要收集心理学文献的心理科学光盘（PsychInfo），以及包含美国《医学索引》（*Index Medicus, IM*）的"国际性综合生物医学信息书目数据库"（Medline）。有大量不同的数据库可供选择，这取决于你所研究的领域。使用正确的关键词来找到所有相关的研究至关重要。除了在数据库内检索，还可以使用以技术报告或会议展示形式发表的研究，通常这些资料可以在网络上找到。例如，通过相关组织的网站。此外，还可以进一步研究参考文献上所列的文章。一般来说应收集所有可能的研究，但是有时候也会只对最近的研究进行元分析，或只对某一个特定职业群体的研究进行元分析。

这之后就是编制编码表。这个编码表应该包括从最初研究中得到的所有信息，如被试的选择、年龄、性别、效应、测量工具、信度和其他的研究特征。编码阶段通常是元分析中最耗时的部分。如果需要编码很多研究，就需要多个编码者协同工作。此时就需要考察两个或多个编码者的信度了。

## 2.10.2 研究中的统计误差来源和元分析计算

亨特和施密特（Hunter & Schmidt, 2003）描述了一些影响观察相关大小

44

（或效应大小）的因素或情况。其中一个因素是测量缺乏信度。缺乏信度的测量工具会导致观察到的相关，低于那些采用更可靠工具的测量所观察到的相关。这些统计误差会导致研究之间存在差异，而这种差异是由除抽样误差外的其他因素导致的。在进行元分析时，效应大小应当进行统计误差校正；此外，研究之间的观察变异应当进行抽样误差校正。这些误差来源的一部分会在第四章进行详细介绍。目前，我们将这一部分的论述限制在"最简单"的元分析中，即只考虑抽样误差。

平均效应大小通过样本大小加权平均数来进行计算。因此，基于大样本的研究会比小样本的研究有更高的权重。计算平均效应大小的公式为：

$$\bar{r} = \frac{\sum N_i r_i}{\sum N_i}$$

$$\overline{ES} = \frac{\sum N_i ES_i}{\sum N_i}$$

其中

$N$ =样本量

$r$ =相关

$ES$ =效应量

研究之间的真实变异用效应大小的观察变异和抽样误差变异之间的差异表示。所谓抽样误差，是指因抽取某个样本而不是整体导致的随机误差。

研究之间的总体变异的公式为：

$$\sigma_\rho^2 = \sigma_r^2 - \sigma_e^2$$

其中：

$\sigma_\rho^2$ =相关的人口学变异

$\sigma_r^2$ =相关的观察变异

$\sigma_e^2$ =取样误差导致的变异

## 2.10.3   元分析的例子

假定我们想要对空中交通管制员的一项能力和工作绩效之间的关系进行概

括研究，表2.5反映了17项研究报告中相关系数和相应的样本大小。数据是虚构的，但也不是完全不切实际。我们要做的最重要的部分是计算相关系数的加权平均来测量测验的预测效度。此外，我们也对研究之间是否存在变异，或者说，预测效度在多大的程度上可以推广到所有的研究中去感兴趣。

表2.5　相关系数数据集

| 研究 | N | r |
|---|---|---|
| 1 | 129 | 0.22 |
| 2 | 55 | 0.55 |
| 3 | 37 | 0.44 |
| 4 | 115 | 0.20 |
| 5 | 24 | 0.47 |
| 6 | 34 | 0.40 |
| 7 | 170 | 0.22 |
| 8 | 49 | 0.40 |
| 9 | 131 | 0.20 |
| 10 | 88 | 0.37 |
| 11 | 59 | 0.28 |
| 12 | 95 | 0.26 |
| 13 | 80 | 0.42 |
| 14 | 115 | 0.25 |
| 15 | 47 | 0.38 |
| 16 | 30 | 0.40 |
| 17 | 44 | 0.50 |

图2.3的计算显示，平均效度是0.35（未加权），比样本大小加权时稍低一些（0.30）。这意味着样本大小和相关系数之间存在负相关。在一定程度上，小样本的研究与相关系数的相关度比大样本研究更高。如果我们根据抽样误差校正观察变异，剩余变异接近0（如图2.3所示的结果输出：0.01110 — 0.01092 = 0.00018），这也就是说研究之间不存在真实的变异。因此，平均相关是一个能很好测量该测验预测效度的指标。

46

| | |
|---|---|
| 子研究数 | : 17 |
| 相关数 | : 17 |
| 子研究的平均数个数 | : 76 |
| 相关的平均数个数 | : 76 |
| 案例数: | : 1302 |
| R 平均数（权重）: | : 0.30260 |
| R 平均数（简单） | : 0.35059 |

| | |
|---|---|
| 观察变异 | : 0.01110 |
| 标准差 | : 0.10538 |

| | |
|---|---|
| 样本变异 | : 0.01092 |
| 标准差 | : 0.10449 |

| | |
|---|---|
| 95%CRI下限点 | : 0.27580 |
| 95%CRI上限点 | : 0.32939 |
| 90%可信度值 | : 0.28510 |

| | |
|---|---|
| 人口变异 | : 0.00019 |
| 标准差 | : 0.01367 |

| | |
|---|---|
| 观察变异解释的百分比 | |
| 取样误差 | : 98.32% |

| | |
|---|---|
| 95%置信区间（同质情况） | |
| 下限点 | : 0.5293 |
| 上限点 | : 0.35227 |

| | |
|---|---|
| 95%置信区间（异质情况） | |
| 下限点 | : 0.25250 |
| 上限点 | : 0.35269 |

用Metados执行的分析 （Martinussen & Fjukstad, 1995）

图2.3　基础的元分析计算

### 2.10.4　对元分析方法的批评

目前，传统的元分析使用稍有不同的技术来概括和比较研究。这些技术的差异主要在于如何进行以及是否采用推断统计来检验研究之间的差异。亨特和施密特（Hunter & Schmidt, 2003）提出一项强调估计研究之间变异的程序。

已发表研究和未发表研究之间也许存在系统性偏差。因此，已发表的研究是否就是所有研究的代表性样本，这是需要关注的问题。我们有理由假定那些有显著性结果的研究比没有显著性结果的研究更容易得以发表。因为元分析很大程度上基于已发表的研究，可以说我们在某种程度上高估了实际效应。统计方法可以计算那些未发表且没有显著效应的研究数量，这样做可以使得所发现的平均效应降低到不显著水平。如果统计方法计算出来的研究数量特别大（这个数量是已发表论文的10倍），但不太可能存在这么多的未发现效应的研究，那么总体效应是可信的。

有一个对元分析的批评指出，它将不可比的研究放在一起或者分类太过于宽泛。当需要对使用哪一种分类或方法进行编码决策时，需要考虑到所研究的问题。例如，如果我们所关心的是减少创伤后应激障碍（PTSD）疗法的效果，那么将不同类型的治疗方法合并起来是可行的；然而，如果研究者感兴趣的是发现认知行为疗法是否比其他疗法更好，如团体治疗，那么很显然就需要对每一个疗法进行分类。这个问题就是所谓的"苹果和橘子"问题。将苹果和橘子合起来是否是一个好主意取决于其目的。如果一个人想要做水果沙拉，那么这就是一个非常好的主意；如果一个人只喜欢苹果，那么最好避免用橘子。

## 2.11　研究伦理

除科学的标准外，研究应当遵守很多规章制度，如研究伦理。研究伦理包括如何对待被试、研究者和其他研究者之间的关系，以及研究者与公众的关系。国际惯例和国家法规对研究伦理做了相关规定。每个国家或一些较大的组织，都有自己的伦理委员会来评估所有项目。其中一个国际协定是《赫尔辛基宣言》（*Helsinki Declaration*），其中包括对人类实施的生物医学研究的规定。

根据该宣言，研究应当由可以胜任的研究者（如博士）依照公认的科学原理来实施，保障被试的福利、完整和隐私权，并且应在研究开始时获得参与研究的被试的知情同意。

通常，尽管项目的正式批准程序在每个国家稍有不同，但在研究监管上有很多基于基本原则的共识。例如，应尽可能保证被试不会感到不舒服或者痛苦，这要求研究者必须对研究的潜在利益进行仔细权衡。这基于两个出发点，即社会对知识的需要和被试的福祉是需要权衡的。被试必须是自愿参加研究的，而且当被试处于不利的处境或者相对于研究者而言处于特殊位置时（如下属或客户），应对被试进行特殊照顾。

研究伦理中的一个重要原则是知情同意。这意味着被试应该知晓与研究相关的情况，如研究目的、使用方法、花费时间、是否不舒服及其他因素。被试也应当得到相关反馈信息，以及如果需要额外信息时的联系人。需要强调的是，被试的参与是自愿的，且是保密的。如果有涉及实验或访谈的研究，人们通常需要签订知情同意书。如果研究是一项匿名的调查，那么通常不会附知情同意书，人们提交问卷时可以默认为他们同意参加本研究。另外，也应该告知被试，他们有在研究的任何时候退出，并且有删除自身数据的权利。

在一些研究中，特别是社会心理学方面的研究，研究者会向被试隐瞒研究的真实目的。例如，一个或者多个研究助手在实验中扮演被试，用于检验被试是否会受他人言行的影响。最著名的例子是米尔格拉姆在20世纪60年代开展的服从实验研究。他故意误导被试关于实验的真实目的。研究呈现的是学习和记忆的实验，而实验的真实目的是研究服从。被试按照要求通过电击来惩罚实际上是研究助手的人。许多人对尖叫呼救的人仍继续施以电击。在这种情境下，被试出现了不同的压力反应，并出现明显的不适，但仍然继续实施电击。

这些研究违反了本节概述的一些主要伦理原则。包括缺乏知情同意权；即使被试不想再参加实验了仍被迫继续参加；尽管研究者随后告知了研究的目的，但却让被试处于极度的不适中。

这样的实验放在今天是不可能被批准的，而且研究者需要足够强的理由来说明为什么有必要向人们故意隐瞒研究目的。如果研究没有提醒被试关于整个研究目的的信息或者保留了一些信息，可能需要在实验结束后向被试作出解释。药物实验通常的程序是向一组实验组提供某种药物，而给另一组（控制组）提供的是安慰剂。如果提前告知人们被分派到哪一组，就很难开展临床试验研究。因此，通常的做法是告知被试，他们有被分派到实验组或安慰剂组的可能，但不要告知他们被分派到哪一组，直到实验结束。

## 2.12　研究欺骗和作假

　　研究不诚信有多种形式，其中最严重的一种欺骗形式是篡改或者直接捏造数据。媒体已报道过几个这样的例子，其中既有心理学也有其他学科的科学家杜撰了全部或者部分数据。另外一些不诚信的形式是保留部分数据，而选择呈现符合研究假设的数据。此外，其他形式的学术不诚信行为包括剽窃其他研究者的想法或文字却没有引用说明或者致谢，或将他人的研究结果做误导性论述。

49

　　要证实研究者的结果，原始数据一般需要一直保存到文章发表后至少10年，如果其他研究者对结果有任何怀疑，这些数据应该是可用的。许多国家设有委员会，能随时调查欺诈和学术不诚信行为。

## 2.13　总结

　　在克里米亚战争期间，由于较差的卫生条件，死在战地医院的英国士兵比直接死在战场上的士兵多得多。弗洛伦斯·南丁格尔发现了这些问题，并采取一些措施来改善战地医院的卫生条件。为了使健康管理机构知道卫生干预的好处，她使用如饼状图等统计资料，来证实不同条件变化下的医院的死亡率（Cohen, 1984）。她也证实了通过统计能客观地测量并分析社会现象，以及统计是一个非常重要的为医院改革提供有力证据的工具。

　　通过本章的主题研究，我们了解了怎样获得新知识，以及我们在科学研究过程中（如获取方法、设计、分析和得出结论等过程中）有哪些注意事项。当研究一个现象并呈现研究结果时，研究方法和统计是重要的工具。没有方法和统计，我们很难呈现一个令人信服的研究结论，弗洛伦斯·南丁格尔的例子在今天依然适用。

## 推荐阅读

Hunt, M. 1997. How science takes stock. The story of meta-analysis. New York: Russel Sage Foundation.

Lipsey, M. W., and Wilson, D. B. 2001. Practical meta-analysis. Applied social research methods series, vol. 49. London: Sage Publications.

Murphy, K. R., and Davidshofer, C. O. 2005. Psychological testing. Principles and applications, 6th ed. Upper Saddle River, NJ: Pearson Education.

Wiggins, M. W., and Stevens, C. 1999. Aviation social science: Research methods in practice. Aldershot, England: Ashgate Publishing Ltd.

## 参考文献

American Psychological Association. 1999. The standards for educational and psychological testing. Washington, D.C.: American Psychological Association.

Borenstein, M., Rothstein, H., and Cohen, J. 2001. Power and precision: A computer program for statistical power analysis and conficence intervals. Englewood Cliffs, NJ: Biostat Inc.

Cohen, I. B. 1984. Florence Nightingale. Scientific american 250:128–137.

Embretson, S. E., and Reise, S. 2000. Item response theory for psychologists. Mahwah, NJ: Lawrence Erlbaum Associates.

Fink, A., and Kosecoff, J. 1985. How to conduct surveys. A step by step guide. Newbury Park, CA: Sage Publications, Inc.

Guion, R. M. 1981. On Trinitarian doctrines of validity. Professional Psychology 11:385–398.

Hunter, J. E., and Schmidt, F. L. 2003. Methods of meta-analysis: Correcting error and bias in research findings. Newbury Park, CA: Sage.

Magnusson, D. 2003. Testteori [Test theory], 2nd ed. Stockholm: PsykologifÖrlaget AB.

Martinussen, M., and Fjukstad, B. 1995. Metados: A computer program for meta-analysis calculations. Universitetet i Tromsø.

Messick, S. 1995. Validity of psychological assessment. American Psychologist 50:741–749.

Parsons, H. M. 1992. Hawthorne, an early OBM experiment. Journal of Organizational Behavior Management 12:27–43.

Shadish, W. R., Cook, T. D., and Campbell, D. T. 2002. Experimental and quasi-experimental designs. Boston, MA: Houghton Mifflin Company.

Van Horn, P., Green, K., and Martinussen, M. 2009. Survey response rates and survey administration in clinical and counseling psychology: A meta-analysis. Educational and Psychological Measurement. 69:389–403.

# 第三章

## 航空心理学、人因以及航空系统设计

理解人类行为的原因是人因研究发展历史的必然，只有理解了人类行为，我们才能够对所处的工作环境做出调整和改变，并根据评价相应地改变行为。（Dekker, 2003）

## 3.1 前言

在第一章的前言中我们已经指出，航空心理学与人因学密切相关。近年来，航空心理学、人因学和面向硬件的工程心理学之间的差异越来越小，因为研究者们所采用的研究方法及实践方式非常接近。人们通常认为工程心理学更多地关注人，而人因学则更多地关注硬件及其与操作者之间的交互问题。然而，这两个学科之间的差别实际上并不会对之后的内容产生影响。这里提到的这些术语只是为了提醒各位读者，某些我们称为航空心理学的内容，在另一些图书和期刊中被称为人因学。撇开术语的差异，航空心理学（或人因学）中的很大一部分会涉及如何设计航空机械系统。为了达到减少失误、增加绩效和提高舒适感的目标，一个机械系统必须符合操作人员的身体、感觉、认知及心理特性。系统不得要求操作者举起过重的物体或者以不可能达到的力量去控制某物；不得要求操作者阅读过小的字体，或者在强烈噪声的环境中辨认目标音；不得要求操作者进行太复杂的心算，或者记忆并准确回忆过长的控制设置、表盘读数及操作程序。同时，不能使操作者遭受来自同事间的过强的社会压力，管理者也不能对操作者提出走捷径完成任务的工作要求。

在系统设计之初，就必须将人类能力的优势和劣势考虑在内。这样系统就能够根据操作人员的素质对需求的范围和界限做调整。很多研究都探讨过人类的这些界限，比如可以将多重的物体提升至指定高度、当相同控制器并排放置时可能产生的失误数、短时记忆的容量、显示器的字体大小、不同照度下显示器的易读性，以及组织氛围对员工安全相关行为的影响等。本章的目的就是阐明如何将心理学的知识运用于航空系统的设计当中，应该应用哪些原理，以及人与复杂系统和装置互动过程中常见的失误和问题。

## 3.2 人因失误的类型

可以说，航空心理学和人因学的研究现状很大程度上得益于第二次世界大战期间研究者所付出的努力。大规模的战争使得交战双方的研究者开展了广泛的研究，旨在提升人员绩效、减少因事故和战斗而造成的损失。在航空心理学和人因学领域中，最经常被引用的就是费茨和琼斯（Fitts & Jones, 1947a）对飞行员失误原因的研究成果。

费茨和琼斯（Fitts & Jones, 1947a, 1961a）调查了大量美军飞行员，了解了他们在驾驶舱里做出的和观察到的不当操作（飞行控制、发动机控制、拨动开关、选择开关等）。他们发现，可以将失误划分为六大类：

1. 替代性失误——混淆了两种控制器，或者未能在需要时辨认出某种控制器。

2. 调整性失误——操作控制器过快或过慢，将开关移至错误位置，或者操作多种控制器时发生顺序错误。

3. 遗忘性失误——没有在合适的时间检查、解锁或使用控制器。

4. 反向性失误——朝相反方向移动控制器，获得与预期相反的结果。

5. 无意激活——在不注意的情况下，无意地操作了某种控制器。

6. 无法触及控制器——身体无法接触所需控制器，或者需要从外部扫视转移注意力，以至于发生或险些发生事故。

替代性失误占了所报告失误总数的50%。最常见的失误类型是混淆了油门区域控制器（19%），混淆了襟翼及齿轮控件（16%），以及选错了发动机控制器或螺旋桨按钮（8%）。导致这些结果的条件详见表3.1，表内是费茨和琼斯（Fitts & Jones, 1961a）统计的关于那个年代三种常见飞机的油门区域配置的数据。

53

表3.1　可能导致混淆的飞机控制器配置

| 油门区域的控制器顺序 | | | |
|---|---|---|---|
| 飞机型号 | 左 | 中 | 右 |
| B-25 | 节流阀 | 螺旋桨 | 混合 |
| C-47 | 螺旋桨 | 节流阀 | 混合 |
| C-82 | 混合 | 节流阀 | 螺旋桨 |

襟翼和起落架的控制器也面临着同样的问题，因为这两种控制器的旋钮位置相近、形状相同。所幸对于现在的飞行员而言，费茨和琼斯及其同时期其他研究人员的很多建议已经被采用。现在这六个主要仪器的配置、螺旋桨型飞机油门区域控制器的排列顺序，以及控制器的形状都已经相当标准化了。从外形看，起落架控制器的旋钮外形酷似起落架轮，襟翼的旋钮酷似机翼；现在设计的这两种控制器的距离尽可能远，同时飞行员操作起来也很便利。

虽然现在已经减少了很多失误，但有些失误仍然存在。弗茨和琼斯的研究认为"遗忘"失误占了所有失误总量的18%，现在这类失误在今天的飞机操作中依然存在。尽管起落架控件与襟翼控件的形状已有较大差别，但是飞行员们仍必须记得要在飞机降落前放下起落架。存储设备、纸质清单，以及在更先进的飞机中使用的计算机监控系统，都有助于防止飞行员出现由于遗忘所引发的差错。有趣的是，费茨和琼斯（Fitts & Jones, 1961a）建议："除非完成所有的步骤，否则不可能开始起飞滑跑。"显然要达到这个目标依然很困难：尽管预警系统会发出防止错误的警告，但飞行员仍然会尝试在不放下前缘襟翼的条件下起飞，还会尝试在没有打开扰流板的情况下降落。

## 3.3　人的特性与设计

与费茨和琼斯相比，思奈克和巴克利（Sinaiko & Buckley, 1957；1961）涉及的范围更广，他们列出了作为系统成分的几种一般人类特性：

1. 物理尺度。
2. 数据检测能力。
3. 数据加工能力。

4. 运动能力。

5. 学习能力。

6. 生理和心理需求。

7. 对物理环境的敏感程度。

8. 对社会环境的敏感程度。

9. 运动协调能力。

10. 个体差异。

　　在航空系统的设计中必须考虑这些特性。一些由这些特性驱动的系统需要已得到深入研究，并且已被应用于系统设计中。例如，自"二战"后费茨和琼斯开展工作以来，设计师们开始认识到适当标记和分开不同控制器，并把它们按照一致的方式来排列的必要性。然而，他们对一些特性的影响仍然在探索中。20多年来，研究者们（Helmreich, Merritt & Wilhelm, 1999）对机组资源管理的研究综述表明，我们正在深入认识人类对社会环境的敏感性以及调整行为的能力。最近，研究者们开始探索组织氛围、文化对机组任务表现的影响（Ciavarelli et al., 2001）。

　　与航空心理学特别相关的一个概念是个体差异。尽管思奈克和巴克利（Sinaiko & Buckley, 1975）将其列为一个单独的特性，个体差异却存在于列表中所有的特性里。人与人之间存在着巨大的差异，但研究者们却期望能够通过某种测量方法将这些特性都测量出来。航空心理学关注的核心是：测量个体差异，并确定这些差异如何影响其他关乎利益的特性，比如完成训练、事故发生可能性、着陆技能、成为一个优秀团队成员的可能性等。

　　除了研究与控制相关的失误，费茨和琼斯（Fitts & Jones, 1947b, 1961b）还对阅读、理解飞机仪表盘的失误进行了探究。与控制失误研究类似，他们将阅读理解飞行仪表盘失误分成了九大类。其中阅读多任务仪表盘失误所占比例最大（18%）。最常见的是把高度计误读1000英尺（13%）。其他失误包括反向性失误（17%）、信号理解失误（14%）、易读性失误（14%）、替代性失误（13%）和使用无效仪表（9%）。

　　费茨和琼斯（1961b）在结论中指出："从仪表阅读错误的特性来看，恰当的仪表设计可以消除绝大多数错误。"在他们的研究成果出版60年后，研究者们仍然可以得出类似的结论。如果说多数由控制器形状导致的失误都消除了，显示器的问题却依然存在，这不一定是费茨和琼斯所断定的问题。多任务仪表（最常见的是高度计）已被替换，新的仪表呈现信息的方式不同，通常以垂直式仪表呈现海拔信息。然而，在某些情况下飞行员仍然会出现操纵飞机撞向地面的事故，因为即使能正确阅读仪表，他们还是会在控制飞机垂直飞行特性的系统中出现程序错误。同样地，无线电导航需要飞行员能够辨别摩尔斯信号，但这种信号是通过听觉传递的，这就增大了理解性失误的可能。现在全球定位系统（GPS）导航已经代替了无线电导航，但又出现了它自身存在的显示问题和相应的错误。

　　每一代新的技术都为现存的问题提供了解决方法，但新技术又会产生新的问题。戴克（Dekker, 2002）已简要阐述过这一问题，他写道：“为了减少人为失误，航空领域已经采用了太多技术了。这些技术并没有减少人为失误，而是改变了它，使后果更为严重，并且延长了觉察和修复失误的时间。”

## 3.4　显示器设计的原则

　　打破这种技术和失误链的方法之一，就是置身具体技术之外，探寻可应用于所有新技术发展的支配性原则。因此，与其探索起落架控制器的最佳形状，不如总结这类设计的一般原则。以驾驶舱显示器设计为例，作为航空显示器领域的杰出研究者之一，威肯斯（Wickens, 2003）认为设计显示器时应当遵循以下七大原则。

### 3.4.1　信息需求的原则

　　一个飞行员需要多少信息呢？简要回答是“恰到好处”。如果信息太少（例如，天气预报没有准确预测出雷雨暴风天气），在飞行或做决定时，飞行员等于是在盲飞。大多数飞行员会认为信息越多越好，但是信息越少越好的观点也是合理的。拥有过多信息和拥有过少信息所具有的破坏性是同样大的。信息过多，数百个表盘和指示器会造成飞行甲板拥挤不堪（以L–1011和DC–10时代的飞机为代表）。完成危险和时间紧迫的任务时，从全部额外信息中搜寻必要的信息将导致效率低下。相反，现代飞机中已经将许多以前分离的信息源组合起来，把诸如发动机安全状况之类的整合信息，组合起来显示在简单易懂的仪表中。需要该信息时，十分容易获取。

要确定多少信息才算恰到好处，我们可以借助于"任务分析"这类技术。（Kirwan & Ainsworth, 1992; Meister, 1985; Seamster, Redding & Kaempf, 1997; Shepherd, 2001; Annett & Stanton, 2000）。虽然这些技术各不相同，有时用途也存在差异（例如，训练或人员选拔，具体内容见本书的其他章节），但这些技术之间却存在相同的取向：按顺序描述一个人所要完成的任务、实施的行为（包括身体的和认知的），以及实施这些行为所需要的信息。比如，我们可以规定需要用哪些信息来完成精密仪表进近程序，或判断几个引擎中的哪一个发生了故障。如果某位飞行员需要完成这些任务（完成仪表进近程序或处理有故障的引擎），那么他或她就能得到所需的这些信息。此外，这些信息还不能被其他信息隐藏或淹没在大量无关信息中。

## 3.4.2   易读性原则

可读的信息才是可用的。飞机飞行甲板上的信息也应在相应条件下可读。这就要求显示器上的数字必须足够大，这样飞行员才能在其正常坐姿下阅读。在某些情况下，显示信息必须也能让其他机组成员看到，比如，在飞行甲板上仅有一个这种显示器，而所有机组成员都需要用。通常情况下，设计师可以通过将显示器和控制器安置在两个飞行员之间的中央控制台上的方法，解决这一问题。

还需要考虑眩光和振动对可读性产生的影响。几乎所有的飞行员都能很快学会如何在调整无线电通信时保持手的稳定，因为即使是这一简单的任务，在哪怕是十分轻微的振动中也会变得难以快速、准确地执行。振动也会影响到显示器的可读性，通常的解决办法是使用较大的字号，以保证信息在所有操作条件下都可读。大量研究探索了这些影响人类绩效的因素，波夫、考夫曼和托马斯（Boff, Kaufman & Thomas, 1988）对此进行了总结。关于本主题的内容，读者们还可以参阅桑德斯和麦考密克（Sanders & McCormick, 1993）及威肯斯和霍兰兹（Wickens & Hollands, 2000）的文献。

### 3.4.3　集成显示/接近进兼容性原则

新手飞行员，特别是对仪表还不是很熟悉的飞行员，在浏览控制飞机及导航所需信息时无疑需要付出努力。这种努力程度的增减取决于仪表间的物理分离程度。因此，所有现代飞机的主飞行仪表都位于飞行员的正前方。这就减少了飞行员从一个仪表转向另一个仪表所需的时间。这也意味着飞行员们看不同仪表时不需要转动头部，以减少出现前庭定向障碍的可能性。

此外，显示器所显示的信息如果是集成的或比较靠近的话，飞行员的工作量也会减少。这在以前的多发动机飞机中最明显，两组、三组或四组发动机的仪表排成列，每一列对应一个发动机（更早的飞机），发动机的参数按行排列（例如油温或涡轮转速）。通过这种布置，飞行员可以快速浏览所有发动机的温度，以此来识别发动机的异常读数。

另一个例子是导航仪表。比如，在导航仪中，精密仪表进近过程中通过信标的指示灯通常位于飞行控制仪表和仪表着陆系统（ILS）显示器附近。飞行员可以直接看到指示灯，而不是将这些指示信号通过无线电通信方式呈现，这就增大了飞行员觉察到它们的可能性。这种显示非常重要，因为这些指示灯一般在通过之后就会熄灭，没有持续的指示标志表示已经发生了这么一个重要事件。

将相关信息整合到单个仪表中显示，可以通过减少飞行员在不同仪表中来回扫视的需要，以及减少飞行员对分散信息进行认知整合的潜在需要，来降低其工作负荷。关于信息整合最好的例子就是现代运输类飞机的飞行管理系统（FMS）。该系统将几乎所有控制飞机时所需的信息，以及水平和垂直方向的导航信息整合到同一个显示器中（也称为主飞行显示器）。

还有一个更简单的例子，一些通用航空的飞机将飞行指引仪安装在姿态显示器中，这也显示了集成原则。飞行指引仪为姿态指示器提供视觉线索。最简单的形式就是，这些线索可以采用简单的水平和垂直线条的形式，为仪表着陆系统（ILS）描绘方向定位和下滑道。基本上，这种排列形式把这些指示器从仪表着陆系统移动到姿态显示器中，飞行员就不需要在这两种显示器间来回扫视了。另外一种配置采用黑色的倒"V"形来呈现飞行指引仪的线索，如图3.1。

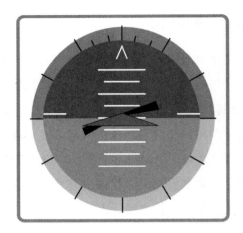

图3.1　典型的通用航空飞行指引仪

　　图3.1中，三角形代表飞机的姿态指示器。在这种情况下，飞行指引仪线索表示飞行员需要将飞机向左倾斜。如果飞行员将三角形填进黑色的"V"形里，那么他/她就做出了飞行指引仪线索指示的行为，并按照既定航线飞行〔如，着陆系统的航向台/下滑台，甚高频全向信标（VOR）的径向线，或GPS的路线〕。

### 3.4.4　图形现实主义原则

　　这一原则要求显示器应采用与其所呈现的信息类似或相同的图形化表征。应用这一原则的地方之一，就是通过在垂直方向的移动带来表征飞行高度。现代的活动地图显示器，可以在地图图像背景中显示飞机（通常用小飞机符号来显示）的位置，这也是应用这一原则的典型代表。

### 3.4.5　移动部件的原则

　　根据这一原则，显示器上的移动元素应该与飞行员心理模型中飞机的移动元素相对应，二者的移动方向也应该一致。可以说，完全违反这一原则的姿态指示仪很好地说明了这一原则。在姿态指示仪中，地平线被作为移动元素呈现，而飞机则被显示为静止元素。然而这是完全违反飞行员的心理模型的，在飞行员的心理表征中地平线是静止的，而飞机是在倾斜、爬升或下降的。研究表明，这一设置降低了效率，对新手飞行员而言，飞机移动的显示比地平线移动的显示更有效。此外，即使是已经对传统的移动地平线显示的姿态指示仪有经验的飞行员，在使用移动飞机的显示时效果也不差（Cohen et al., 2001; Previc & Ercoline, 1999）。

## 3.4.6　预见性帮助原则

对飞机的飞行未来状态进行预测（航向、高度、上升或下降的速度、向航标飞行等）是一项复杂的、认知资源消耗大的任务。在可能范围内，显示器应通过显示未来可能发生的事件来帮助飞行员完成这一任务。这样飞行员就可以在当前采取措施以达到希望的状态或避免不希望的状态。当代很多飞行管理系统可以基于当前发动机和控制设备的状态来预测飞行路径，并提供这些信息。

然而，一些简单的系统也能够提供有价值的帮助。例如我们在本章后面会讨论到的燃油表。目前大多数设计只是简单地显示当前燃油供应状态介于空/满之间的某个位置，但略复杂的燃油表还会显示其未来状态，例如基于当前燃油总量和消耗率，预测在何时和（或）何地会用完。这个简单的预见性帮助能够减少由于燃油管理不善所造成的10%的事故。

## 3.4.7　辨别力原则：状态与命令

防止相似的显示器发生混淆这类问题的出现是设计师的责任，但在工程要求中却往往会忽略这一点。比如所有发动机仪表均使用同样大小的显示器，这样，在安装显示器时只需要在面板上打开相同尺寸的钻孔，能够节省成本；但这样做，也容易使飞行员将一个仪表误当成另一个仪表，这可能带来负面后果。

含义清晰的信息对于飞机安全操作来说至关重要。如果信息的含义完全不同，但看上去非常相似，并且还显示在同一个显示器上，这就非常容易产生问题。这种情况存在于飞行管理系统中，曾导致了至少一次重大飞机坠毁事件（包括一架法国航空空客A320飞机在法国米卢斯—阿布塞姆机场坠毁）。除了威肯斯，很多其他研究者也评估了显示器的有关问题。例如，针对显示器中使用的符号，耶和钱德拉（Yeh & Chandra, 2004）提出了在评估符号可用性时需要注意的四个问题：

1. 这个符号是否易于被发现？

2. 这个符号是否具有特异性？

3. 这个符号的大小是否合适？

4. 符号的编码方式是否能够被迅速而准确地解码？

波夫等人（Boff et al., 1988）总结了20世纪80年代中期前的研究成果，这些成果可从关于人类工作绩效与设计间关系的工程数据汇编在线资源中查到。

威肯斯和其他航空系统设计人员提出的原则，与很多有关系统特性对人类绩效影响的实证研究一起，被编进政府关于飞机控制与显示系统设计的规则里。在管理军用飞机和相关系统的设计与制造的军事标准和手册中也十分详尽地列出了设计标准。实际上，很多关于人类能力的知识及其对应的系统设计标准都是由军用领域率先开始的。近期军用产品研究的例子之一，就是美国军队的人力资源与人事管理一体化（MANPRINT）项目（Booher, 1990, 2003）。

## 3.5   系统设计

MANPRINT代表"人力资源、人员和训练一体化"。但MANPRINT还应包括人因学、系统安全和关注健康危险。该计划已被编入军事规则中，体现了美国军队在系统设计时以军人为中心的设计理念，即在设计新的军用系统（例如新的直升机）时要将谁操作（飞行员）、谁维护（飞机机械师）这个新系统考虑在内。

### 3.5.1   人力资源

在MANPRINT项目中，人力资源代表操作和维护系统的人数。很显然这是军队主要关心的问题，因为在同等条件下，需要更多人员的系统，会比需要较少人来操作的系统花费更多的经费。非军用领域也是如此。例如，现代运输的设计仅要求两名飞行员，就是为了节省人员配置，因为先前的飞机需要三名（或更多）飞行员。节约人力就意味着系统设计需要做出改变。

从三名飞行员减少到两名飞行员不只是将减少的那一名飞行员的控制器和显示器移交给另一名机组成员。首先，需要仔细考虑第三个人承担的任务，以及让系统承担部分或全部任务的可能性。如果在三人机组设置中，这些任务对于安全和操作效率十分重要，那么它们在二人组设置中仍需继续存在。但是，现在它们必须被保留的机组成员或某种程度的自动化系统完成。在大多数情况下，现代飞机依赖于第三种选择即自动驾驶，来代替所减少的那名飞行员。然而这种方法本身并非完美无缺，由于增加了自动化系统，通常会增加不同的新任务，这可能比减掉的任务难度更大。后文中将详细描述这一问题。现在可以总结出一个总体原则：所有的设计都应该以理解任务为开端。让我们带着这个总结再来讨论人力资源与人事管理一体化。

　　*任务分析：完成某项任务所需的步骤（包括行为及认知过程）。*

## 3.5.2　人员

　　了解需要完成的任务使得我们可以对人力资源与人事管理一体化的第二个要素进行评估。"人员"表示系统操作人员和维护人员的资格及特点，是对操作人员和维护人员最基本的心智水平及能力的要求。当然了，复杂任务对心智的要求会多于简单任务。但操作人员和维护人员完成的任务也可能会有体力（比如在完成某些修理任务的时候任务要求将重物提升到头部以上的位置）、颜色知觉（空管和飞行员必须能够区分在无线电通信故障时所使用的信号灯的颜色）、空间推理能力（空管和飞行员要能够预测出交通冲突的可能性）等要求。

　　总的来说，有些任务所要求的操作人员和维护人员特性，就像建构飞机机身和动力装置对材料的特殊要求一样。因为，如果采用与要求不符的不合格材料，将会导致效率降低或出现错误。本书的其他章节将会介绍如何确保人员选拔和训练符合任务的要求。

## 3.5.3　训练

　　如前文所述，训练是人力资源与人事管理一体化项目的第三大要素。不论大家对于军事或兵役持有怎样的观点，不可否认的是各军种在艺术和科学的训

61

练上都有很高的造诣。尽管学员数量和训练质量因国而异，但在笔者熟悉的西方国家里，训练方式令人印象深刻。训练的难点在于使一个从没有驾驶过飞机（甚至有可能连飞机都没有坐过）的人，经过一年左右的时间，变成一个完全合格的军事飞行员，并且能够在要求比民用航空更严格的条件下驾驶更高级别的飞机。这一令人折服的成就，是通过高度结构化的方法传授前人飞行员所累积的大量知识实现的。（有关训练的系统取向，详见第五章关于训练的内容。）

当然，训练计划必须与受训者最终操作的系统相适应。如果一项训练计划只教用非定向无线电通信方式或者甚高频全向信标（VOR）导航，而未涉及全球定位系统（GPS）或者是测距装置（DME），那么这项训练计划所训练出来的人员就不能适应其他的操作系统。因此，这里还必须阐明另一个规则：训练内容的设置应考虑学员将使用的设备以及要完成的任务。

我们再一次明确，任务是训练的核心。此外，训练内容和持续时间也应与学员相符。各军种所选拔的高素质人员并不具备从事飞行员和机械师的经验（通常称为"ab initio"，意思是"从头开始"）。这就意味着学员们将在训练学院学会所有关于将来他们需要操作和维护的飞机的知识和技能，而学员们在训练之初并没有相关知识储备。与之对应的是商务航空的飞行员选拔，是从已具备飞行执照的人员中进行选拔，有的备选者甚至已有几千小时的飞行经验。我们可以认为这些学员已经具备有关飞机驾驶的基础知识，训练计划只需建立在此基础上，提供有关针对特定型号和规格飞机的训练，或有关航空公司政策和程序的训练。

人力资源、人员和训练三者间的关系现在应该非常清楚了。在设计新系统时应该考虑到每一个因素。比如，减少机组成员需要选拔能力更强、能够处理额外任务的机组成员。如果人员的能力欠佳，就需要通过增加训练来达到相同的绩效标准。缩减了机组成员层面的人因学成分，就意味着要增加机组成员以完成复杂的任务，而这一点，本可以通过更好的设计来避免。

设计、监控、警告和训练，这一活动链是考虑人的因素的系统发展过程顺序。在设计系统的早期变更计划，是最有效、最经济的。而防止操作人员失误、警告飞行员可能存在的危险，或训练飞行员而忽视系统本身存在的问题，则低效得多。此外，训练应该被视为解决问题的最后手段。

## 3.6　例子：油量表设计

如何将航空心理学中的研究成果运用到系统设计中，我们在前文中已经给出了许多抽象的说明。接下来我们来看看具体的事例，比如最常见的油量表。至少在轻型飞机的驾驶舱里，油量表可能是最简单的仪表，从航空心理学的角度可以对此发表哪些看法呢？其实有很多。

为什么要重视油量表的设计？因为与油料有关的事故和事件已经发生很多了。在美国，近10%的航空事故是油料管理诱发的，包括油料不足或油料耗尽（Aircraft Owners & Pilots Association, 2006）。此外，近20%的通用航空飞行员报告飞行过程中出现了油料不足的情况（Hunter, 1995）。发生这些事件的原因很可能是油量表的位置过低，导致飞行员没有看见、没有注意和误解了其中的信息。

应该把油量表的位置设计在哪里？飞机的操作面板的空间是有限的，设计者依据什么决定各个仪表的位置？前人的研究已经得出将主要飞行仪表按经典的"T"型排列的结论。那么在这种设置之外，多数民航当局对飞机认证的特殊要求有哪些？其他各种仪表盘（包括旋钮、指示灯和指示器）应该安装在哪个位置？

油量表应该做成多大？由于控制面板的容量决定了上面仪表的最大尺寸，继而决定了仪表上指针和显示字体的大小。应该如何标记呢？在许多轻型飞机中，油量表的显示方式与汽车中的类似：满、余3/4、余1/2、余1/4、空。乍一看，油量表提供的这种信息能够满足飞行员的需求，但是考虑到飞行员在飞行过程中从这一显示中提取有用信息时的心理负荷。我们可以问："飞行员关心油箱里还有半箱油吗？"我们认为答案是不关心。实际上，飞行员关心的是在发动机不停车的情况下飞机还能飞多久（剩余油料能飞多久），或者飞机在变成滑翔飞行姿态之前还能飞多远（剩余油料能飞多远）。通过这两个问题，飞行员可做出决策，是继续安全地飞行，还是考虑做出调整。

当然，与汽车油量表相似的设计可以解决前文提出的问题，但是却会增加飞行员的认知负荷。首先，飞行员需要将显示文字（比如"1/2"）转换成加仑。在这个转换过程中，飞行员首先看到油量表上呈现的1/2，回忆飞行员操作手册（POH）中总油量是多少，估计出现在还余10加仑油料（油料总量20加仑的一半）。接下来，飞行员需要计算出这10加仑油还能飞多久。飞行员需要计算出在现在飞行高度和功率设置条件下发动机的耗油率（也可以在POH中查找数据），然后再心算剩余油料的飞行时间。当然了，所有的这些都需要飞行员来完成，不能出现错误，而且同时还需要继续飞行、导航和进行通信。

还有其他的设计方法吗？通过前文可知，新的油表设计是可行的。第一，油量表在仪表板上的位置必须易于被飞行员注意到。它应该靠近飞行员正常扫视的主要"T"型仪表的区域内。第二，在这个位置上还应该安装能够引起飞行员注意特定情况的指示灯（比如到达特定水平的剩余油料提示）。第三，显示器上的符号和字体也必须足够大，以便在所有操作条件下都能清晰地显示信息，以排除理解性错误。第四，油量表的缩放比例应是可变的，以便容纳更多相关信息，无须飞行员付出额外的心理努力去加工。

如果系统设计是以人为中心的，那么即使是简单如油量表这样的仪表也能大大提升效率，从而减少飞行员操作失误和提高工作效率。设计的关键是从操作者的角度考虑显示器或控制器及其可用性或目标。也就是说，显示器和控制器要满足什么需要？在油量表的例子中，真正的目的是向飞行员提供有关飞机还能够飞行多久、多远的信息，而不是告诉飞行员还剩了多少加仑油料。这些信息代表着加工的第一步是给飞行员提供他们真正需要的信息，这对飞机设计者和制造者而言容易实施。飞行员有义务坚持让设计者和制造者们不走捷径设计出最优的系统和硬件供操作人员使用的原则，而不仅仅只是为制造商而建造。

## 3.7 与系统的交互作用

精细设计系统与操作者的交互作用的重要性远远超越了显示标记这种相当简单的问题。它提供给飞行员的信息还延伸到自然、序列和数量等方面。短时记忆指人类对信息的记忆和保留维持在相当短的时间内，如几秒钟到几分钟。在航空领域一个常见的例子就是记忆和回读空管员指定的新频率。以下是典型的时间序列的事件：

1. A航空交通管制发送了一条语音广播消息："飞机123，这里是呼叫中心137.25。"

2. 该飞机的飞行员回答说，"呼叫中心137.25，这里是飞机123。"

3. 该飞机的飞行员必须在记住（在短时记忆内）"137.25"这个数值的同时，伸手把收音机的频率选择器旋钮转到合适的设置。

从航空管制说出"137.25"到飞行员完成开关收音机这一动作，大约要花费5—10秒钟的时间，在此期间，飞行员必须将"137.25"这个数值保存在短时记忆中。这一过程通常不会出错，尽管飞行员偶尔会不小心输入错误的频率。这种情况很少出现的原因之一是相对于人类的能力而言，需要被回忆的信息范围和时间长度很短。上述例子的记忆范围是5位数。

已有研究表明，人类的短时记忆能力是7个数左右。针对这一现象，最著名的研究（Miller，1956）将其定义为"神奇数字7±2"。一旦记忆的容量超过了这个"神奇数字"，错误的概率也将随之迅速上升。因此，精心设计的系统避免要求人的短时记忆内的数（或其他信息形式，比如单词）超过7个。例如，电话号码很少超过7位数。此外，可以利用组块来提高记忆。"组块"是指通过对数字进行分组，使其更不易被遗忘。例如，数字以"123—4567"或"1 23 45 67"的方式出现，而不是一连串的"1234567"的形式出现。相比之下，前两种排列方式较不容易出现记忆错误。

另外两个影响信息记忆的心理现象是序列位置效应和确认偏见。首先，让我们来看看序列位置效应。当人们学习一组单词或其他信息时，可以发现他们对于第一个和最后一个项目的回忆最好。也就是说，他们对词表中的第一个和最后一个单词的记忆效果要比中间单词的好。想一想，当飞行员接收天气简报时，这种特性有多重要。研究表明，相比出现在中间的事物，个体更容易回忆起最先出现和最后出现的事物。也许天气服务正是考虑到了这一点，才将最重要的信息（可能对飞行安全起决定性作用的信息）放在简报的开头和末尾。这样能最大限度地提高飞行员回忆这个关键信息的可能性。

但是，不仅信息的位置会影响飞行员的记忆效果，飞行员接收信息的倾向也发挥着作用。心理学研究表明，人倾向于寻找能够确认或支持他们既有信念或世界观的信息，这种倾向被称为确认偏见。结合上文中给出的天气简报的例子，想一想这种确认偏见是如何影响飞行员对信息的回忆和接收的。如果飞行员已经决定天气适合起飞，那么任何支持他这种信念的信息都将引起他的注意并且被记住，然而，任何不支持这种信念的信息都将被忽略和遗忘。

综上所述，短时记忆的有限性、序列位置效应和确认偏见都会对飞行员接收到的信息产生至关重要的影响：

1. 很显然，我们不应该期望飞行员在短时记忆内存储大量的信息，早期在简报中呈现的信息很可能被遗忘或是被随后呈现的信息所代替。因此，要求飞行员根据一个扩大的天气简报中所呈现的数据进行比较和组合并得出结论和做出判断是不现实的。这些数据至少应该被分成组块或者进行有意义的组合，以减轻飞行员的记忆负担。

2. 与飞行安全尤为密切相关的信息应当放在简报的开始或结束（最好是两者结合），以实现记忆的最大化。

3. 天气简报员和飞行员都需要当心自己的选择性注意倾向，即注意那些能够验证自己原有观念的信息。因为天气简报员通常遵循一个标准格式，即他们不大可能根据自己的偏见有选择地向飞行员提供简报，但目前为止还没有研究证实这种影响。然而，这种确认偏见对信息接收者的影响却是很明确的，只有依靠严格的飞行计划才能使飞行员克服这种倾向。

## 3.8  现实问题

目前航空心理学和人因学所面临的问题在20年前航空运输飞机采用玻璃座舱设计时已出现，是那段时期内计算机和计算机技术应用在飞行平台和航空交通管制系统的结果。引入的新飞行控制与管理系统也有其自身存在的问题。虽然接管了许多先前由机组人员执行的飞行管理系统的任务，但它自身也产生新的任务。这些任务基本可以界定为"管理飞行管理系统"的任务，包括更多的计划和问题解决，而过去的心理运动任务现在都由飞行管理系统

（FMS）来完成。

　　这些系统的人机界面设计并不完全令人满意，模式混乱的问题仍然存在。在系统设计的过程中，人类不断地意识到系统的现状，以及系统尚未完全达到未来状态的问题。这个问题日益紧急，越来越多的通用航空飞机安装了类似于FMS的系统，而操作它们的飞行员缺乏相应的经验和训练。由于当前系统运行所需的训练很难实行，因此对这些系统进行完全直观的设计将成为必然。

　　在为轻型飞机设计的当前一代GPS导航系统中显然缺乏直观的设计。虽然GPS高度准确的三维导航可以定位到地球表面的任何地点，它的安装使用仍遭受大量批评。用于轻型飞机的GPS显示器几乎都很小，而且控制器挤在一起。此外，控制器的功能是模式依赖型，执行任务时，传统伏尔导航系统只需要几个任务，而现在则需要大量翻阅菜单和进行多个功能选择。例如，伏尔导航只要求用五个步骤来完成的任务，GPS则需要用十多个步骤来实现。

　　与GPS显示与控制相关的人因问题已成为近年来广泛研究的主题。尤其在美国、加拿大和新西兰，引领这些研究已经成为航空监管机构的研究分支。联邦航空管理局民用航空医学研究所的研究人员进行了几项研究来确定GPS接收器的可用性问题。这些研究的范围从个人接收器评估到广泛的全球范围评估，识别出了GPS接收器界面的许多缺点。

　　莱吉特和马什（Wreggit & Marsh, 1998）研究的一个具体装置曾一度被认为是可用设备中的典型。他们让9个通用航空飞行员执行37个GPS相关任务，包括路径设置、GPS导航和全球定位系统数据录入和检索。他们的研究结果表明，菜单结构的大量使用妨碍了飞行员成功录入数据、编辑存储数据和激活功能。根据他们的发现，莱吉特和马什对如何重新设计界面结构提出了建议。这些建议具体包括按钮设置功能的一致性，提供一致的、有意义的反馈，提供"撤销"或"恢复"功能等，这些都能减少按按钮的次数。

　　威廉姆斯（Williams, 1999a, 1999b）对GPS接收器的用户界面问题进行了一次全面审查，使用数据的主要来源是美国联邦航空管理局对主题专家的访谈，以及对GPS广域增强系统运行测试的观察日志。他指出了几个显示器和控制器相关的界面问题，威廉姆斯（Williams, 1999）指出，"就潜在的用户错误而言，可能GPS最重要的特征是其操作涉及的复杂问题，包含航空心理学、人因

67 　和航空系统的设计等"。同时他指出，测量这种复杂性的方法之一，是看每一单元操作手册的长度。操作无线电和传统VOR导航系统显示器，可能需要用大概10页来解释；而GPS接收器的手册却长达100—300页。虽然找不到关于这一主题的已发表研究，但是可以想象，有多少飞行员会真正全文通读这个GPS接收器的指导手册呢？也可以就此推测这材料究竟有多少会被记住[①]。

　　除了最重要的复杂性问题，威廉姆斯（Williams, 1999a, 1999b）还识别了大量具体的导致GPS接收器可用性降低的人因问题，其中许多让人联想到费茨和琼斯在半个世纪之前识别出的问题，威廉姆斯识别出的一些问题包括：

　　按钮的布局。忘了按GPS按钮，就如同疏忽激活起落架和襟翼一样，更多地是由草率布局的按钮导致的。在威廉姆斯提供的例子中，制造商将"清除"键安置在"定向"和"输入"按钮之间。这种排列方式很糟糕，因为"定向"按钮激活后一般会接着按"输入"按钮。在这两个按钮之间放置"清除"按钮使得飞行员更有可能在需要激活"输入"按钮的时候错误地激活了"清除"按钮。要从这类错误中恢复过来，可能导致重新计划GPS，而当时也许飞行员正在经历其他活动带来的高工作负载，如执行复飞。

　　旋钮的问题。许多GPS接收器使用旋钮选择和输入信息。这些旋钮经常被用于选择机场的字母数字字符，无线电信标和其他导航路标点。一些旋钮不允许用户往回旋转，所以如果他们超过了想要的字母，他们必须继续转，直到他们转完整个列表。这样会极大地增加为接收器输入计划所需的时间，这一点在要求精准的飞行中尤为糟糕。此外，这些旋钮还在不同的物理位置发挥作用：拉出或推进，两个位置提供完全不同的功能。因为除了微弱的触觉之外，没有其他信号表明旋钮处在何种模式，飞行员只能通过旋转旋钮和观察发生了什么，才能确定旋钮的功能。显然，这种设置存在导致严重错误的可能，尤其是当飞行员的注意力被转移到其他地方的时候。

　　按钮标签。威廉姆斯（Williams, 1999a）指出，"在不同单元执行同样任务
68 　的按钮会用不同的标签"。由于缺乏一致性，以及前面提到的复杂性，使得一个熟悉某个GPS系统的飞行员在使用另一个不同的系统时感到困难。

---

① 除了印刷手册，制造商也提供关于GPS导航原则的在线教程。这对实际飞行中系统的使用有多少帮助还值得商榷。

　　自动和手动路标测序。阅读航空安全报告系统飞行员报告的读者很快就发现，驾驶装有现代FMS飞机的飞行员经常提到的问题。这个问题通常是"它在做什么？"或者可以表达为"它为什么这么做？""它"在这两个问题中指FMS和（或）自动驾驶仪。这些问题之所以被提出来是因为飞行员正遭受我们通常所说的模式混乱：飞机的表现不符合飞行员认为它应该做什么的心理模型。出现这种矛盾是由于FMS的复杂性使得它能够以多种模式运转，如果飞行员认为FMS在某一种模式中，而事实上它却处于另一种模式，那么就会发生预期之外的事情，这样就有可能导致事故。这种事例之一，是法国航空的空客A320客机在低空飞过法国米卢斯—阿布塞姆机场时坠毁（Degani, Shafto & Kirlk, 1996）。

　　遗憾的是，虽然通用航空飞机的飞行员羡慕运输类飞机上的装备和性能，现在却和那些驾驶运输机的同仁们面临同样的模式混乱问题。威廉姆斯（Williams, 1999a）提到"最常被指出的问题之一——包括在进场时是把接收器调到自动连续模式还是不连续模式"。温特和杰克逊（Winter & Jackson, 1996）报告显示飞行员经常忘记在完成程序转弯后把GPS接收器解除"锁定"功能。由于这一错误，他们不能进入下一进场点。

　　在对因使用GPS而导致的不良事件的综述里，亚当斯、霍辛斯基和亚当斯（Adams, Hwoschinsky & Admas, 2001）也指出了这些缺陷，除了威廉姆斯（Williams, 1999a, 1999b）指出的可用性问题，如按钮位置和显示屏尺寸等，亚当斯等人也强调了飞行员过分依赖GPS、编程错误以及对GPS接收器使用知识的缺乏等问题。为了进一步说明GPS接收器的相对复杂性，亚当斯和他的同事们指出，使用传统的无线电信标系统完成进场只需5个步骤，但采用GPS的方法来完成则需要13个步骤。

　　之前我们注意到，开发高可用性系统所采用的传统方法基于以下序列：计划、监视、警告和训练。虽然GPS导航可以说体现了空中（和地面）运输领域一个重大技术进步，但GPS接收器（至少那些销售中的通用航空飞机）在坚持该理念方面却体现出同样惊人的失败。未能设计能防止或减轻错误的可用接收器，因此必须警告用户其存在的缺点，并且需要通过训练用户来补救，以免他们成为特殊界面的牺牲品。可悲的是，在费茨和琼斯告诉我们如何通过关注用户和简单的设计变化避免错误的60年之后，仍然有许多设计师（监管机构）未将他们的教诲牢记于心。戴克（Dekker, 2001）的一份报告中痛切地描述了这一情况，他选择了这样一个形象的标题，"剥夺费茨和琼斯的继承权47年"。

## 3.9  总结

从这一章中，我们可以获取的中心内容是系统（机械系统、社会系统、训练系统、显示系统）的设计必须符合用户及其必须执行任务的特点。系统的设计是一个工程过程，伴随着一系列的权衡决定。设计师可能用质量换取速度、增加电力以增加可靠性，或调整显示器的大小和易读性来显示附加信息。这个列表几乎是无穷无尽的。每一个设计决策中，工程师都在努力满足一些设计效标，但又无法同时满足所有效标。在我们的日常生活中，我们常常希望满足相互矛盾的效标。例如，我们可能希望有一个非常大的房子，同时希望每个月付很少的钱。除非有钱的亲戚去世留给我们一大笔遗产，否则我们将无法用很少的抵押贷款去购买一个足够大的房子。

通常情况下，由于存在相互矛盾的效标，在不牺牲系统成功运作这一关键元素的前提下，工程师会做出一个可行的设计。然而有时候，他们会设计出具有相同控制旋钮的控制器（所有旋钮相同可以节省生产成本），这将在高工作负荷的时候导致混乱。他们也会设计一些仪表板，把较少使用的基本信息隐藏起来，如果不付出额外的努力，在表盘上是看不到的；或者，作为多功能显示系统的一部分，将所需要的信息隐藏在两三层菜单之下。无论如何，从人类用户的角度而言，系统设计不良并不能成为这类设计缺陷的托词。

现在应该意识到去探究可用的航空系统产品的一些特点和注意事项。我们希望读者至少能够通过学习这些知识了解这类系统，甚至成为改善航空系统的积极倡导者。

# 推荐阅读

Diaper, D., & Stanton, N. 2004. The handbook of task analysis for human–computer interac-tion.Mahwah, NJ: Lawrence Erlbaum Associates.

Endsley, M. R. 2003. Designing for situation awareness: An approach to user-centered design. New York: Taylor & Francis.

Lidwell, W., Holden, K., & Butler, J. 2003. Universal principles of design: 100 ways to enhance usability, influence perception, increase appeal, make better design decisions, and teach through design. Gloucester, MA: Rockport Publishers.

Noyes, J. 1999. User-centered design of systems. New York: Springer–Verlag.

Salvendy, G. 1997. Handbook of human factors and ergonomics, 2nd ed. New York: Wiley.

Stanton, N. 2005. Handbook of human factors and ergonomics methods. Boca Raton, FL: CRC Press.

Stanton, N. A., Salmon, P. M., Walker, G. H., Barber, C., & Jenkins, D. P., eds. 2005. Human factors methods: A practical guide for engineering and design. Aldershot, England: Ashgate Publishing Ltd.

Woodson, W. E. 1992. Human factors design handbook. New York: McGraw–Hill.

70

# 参考文献

Adams, C. A., Hwoschinsky, P. V., & Adams, R. J. 2001. Analysis of adverse events in identifying GPS human factors issues. In Proceedings of the 11th International Symposium on Aviation Psychology, Columbus: Ohio State University. Aircraft Owners and Pilots Association 2006. 2006 Nall report: Accident trends and factors for 2005. Frederick, MD: Author.

Annett, J., & Stanton, N. 2000. Task analysis. New York: Taylor & Francis.

Boff, K. R., Kaufman, L., & Thomas, J. P., Eds. 1988. Handbook of perception and human performance. New York: John Wiley & Sons.

Booher, H. R. 1990. Manprint. New York: Springer.

———. 2003. Handbook of human systems integration. New York: Wiley.

Ciavarelli, A., Figlock, R., Sengupta, K., & Roberts, K. 2001. Assessing organizational safety risk using questionnaire survey methods. In Proceedings of the 11th International Symposium on Aviation Psychology. Columbus: Ohio State University.

Cohen, D., Otankeno, S., Previc, F. H., & Ercoline, W. R. 2001. Effect of "inside-out" & "outside-in" attitude displays on off-axis tracking in pilots and nonpilots. Aviation, Space, and Environmental Medicine 72:170–176.

Degani, A., Shafto, M., & Kirlk, A. 1996. Modes in automated cockpits: Problems, data analysis, and a modeling framework. Proceedings of the 36th Israel Annual Conference on Aerospace Sciences. Haifa, Israel.

Dekker, S. W. A. 2001. Disinheriting Fitts & Jones '47. International Journal of Aviation Research and Development 1:7–18.

———. 2002. The re-invention of human error (technical report 2002-01). Lund University School of Aviation. Ljungbyhed, Sweden.

———. 2003. Punishing people or learning from failure? The choice is ours. Lund University School of Aviation. Ljungbyhed, Sweden.

Fitts, P. M., & Jones, R. E. 1947a. Analysis of factors contributing to 460 "pilot error" experiences in operating aircraft controls. Memorandum report TSEAA-694-12, Aero Medical Laboratory, Air Materiel Command, Wright-Patterson Air Force Base, OH.

———. 1947b. Psychological aspects of instrument display. I: Analysis of 270 "pilot-error" experiences in reading & interpreting aircraft instruments. Memorandum report TSEAA-694-12A, Aero Medical Laboratory, Air Materiel Command, Wright-Patterson Air Force Base, OH.

———. 1961a. Analysis of factors contributing to 460 "pilot error" experiences in operating aircraft controls. In Selected papers on human factors in the design & use of control systems, ed. E. W. Sinaiko, 332–358. New York: Dover Publications.

———. 1961b. Psychological aspects of instrument display. I: Analysis of 270 "pilot-error" experiences in reading and interpreting aircraft instruments. In Selected papers on human factors in the design and use of control systems, ed. E. W. Sinaiko, 359–396. New York: Dover Publications.

Helmreich, R. L., Merritt, A. C., & Wilhelm, J. A. 1999. The evolution of crew resource management training in commercial aviation. International Journal of Aviation Psychology 9:19–32.

Hunter, D. R. 1995. Airman research questionnaire: Methodology and overall results (DOT/FAA/AAM-95/27). Washington, D.C.: Federal Aviation Administration, Office of Aviation Medicine.

Kirwan, B., & Ainsworth, L. K. 1992. A guide to task analysis. London: Taylor & Francis.

Meister, D. 1985. Behavioral analysis and measurement methods. New York: John Wiley & Sons.

Miller, G. A. 1956. The magical number seven, plus or minus two: Some limits on our capacity for processing information. Psychological Review 63:81–97.

Previc, F. H., & Ercoline, W. R. 1999. The "outside–in" attitude display concept revisited. International Journal of Aviation Psychology 9:377–401.

Sanders, M. S., & McCormick, E. J. 1993. Human factors in engineering and design, 7th ed. New York: McGraw–Hill.

Seamster, T. L., Redding, R. E., & Kaempf, G. L. 1997. Applied cognitive task analysis in aviation. Aldershot, England: Ashgate Publishing Ltd.

Shepherd, A. 2001. Hierarchical task analysis. New York: Taylor & Francis.

Sinaiko, H. W., & Buckley, E. P. 1957. Human factors in the design of systems (NRL report 4996). Washington, D.C.: Naval Research Laboratory.

———. 1961. Human factors in the design of systems. In Selected papers on human factors in the design and use of control systems, ed. E. W. Sinaiko, 1–41. New York: Dover Publications.

Wickens, C. D. 2003. Aviation displays. In Principles and practice of aviation psychology, ed. P. S. Tsang, & M. A. Vidulich, 147–200. Mahwah, NJ: Lawrence Erlbaum Associates.

Wickens, C. D., & Hollands, J. G. 2000. Engineering psychology and human performance, 3rd ed. Upper Saddle River, NJ: Prentice Hall.

Williams, K. W. 1999a. GPS user-interface design problems (DOT/FAA/AM-99/13). Washington, D.C.: Federal Aviation Administration.

———. 1999b. GPS user-interface design problems: II (DOT/FAA/AM-99/26). Washington, D.C.: Federal Aviation Administration.

Winter, S., & Jackson, S. 1996. GPS issues (DOT/FAA/AFS-450). Oklahoma City, OK: Federal Aviation Administration, Standards Development Branch.

Wreggit, S. S., & Marsh, D. K. 1998. Cockpit integration of GPS: Initial assessment— Menu formats and procedures (DOT/FAA/AM-98/9). Washington, D.C.: Federal Aviation Administration.

Yeh, M., & Chandra, D. 2004. Issues in symbol design for electronic displays of navi. gation information. In Proceedings of the 23rd DASC Conference. Salt Lake City, UT.

# 第四章

# 人员选拔

## 4.1　介绍

　　拥有专业素质和技能出众的从业人员对于航空公司开展高效、安全和令顾客满意的运营服务至关重要。在军事领域中，虽然组织还有其他方面的需求，但技能娴熟的人员仍然重要。就员工个人来说，拥有一份充满挑战并且根据个体行为表现来对其进行评价和奖励的工作对他们也很重要。因此，为了实现上述目标，一个好的选拔系统和一个为新员工制订的有效的训练计划必不可少。一个好的选拔系统可以降低训练过程中学员的退出率，并且增加通过整个训练的学员数量。此外，从长远来看，一个设计良好的选拔系统可以提升组织的效率和弹性。然而这种说法比起退出率而言更难证实。理想情况下，人员的选拔方法应该能够服务于上述对于组织或个人有利的目标。这意味着，这些方法可以帮助个体完成其所寻求的工作及训练。

　　在航空领域关于选拔方法的研究大多集中于飞行员的选拔，当然，近年来也扩展到空管人员（ATCs）的选拔。军航飞行员选拔的目标多是以先前没有飞行经验的年轻人为主。然而，民航飞行员选拔既包括有经验的飞行员，也包括从没有飞行经验的新手。大多数航空公司可能更愿意雇用有经验的飞行员，以避免耗时耗财的训练。大多数情况下，至少对新手飞行员和空管人员选拔而言，这是一个综合的循序渐进的过程。这一选拔往往开始于对大量申请人员的一系列心理测试。此外，申请者还必须满足一系列正式要求，如满足体检要求，没有违法记录，有时还有教育和学历要求（如高中或大学毕业）等。然

而，不同公司或组织对于上述人员选拔的要求也不尽相同。初检过后，合适的
候选人将继续进入下一阶段的考试、面试以及接受更全面的体检。无论是空管
员还是飞行员的选拔，通常只有不到初检10%的申请者能够进入培训环节。

当选择人员选拔的方法时，应首先对于选拔所面向的岗位进行系统和全面
的分析，从而明确哪些技能、能力或者素质是这个岗位的候选者所必须拥有
的。而这个系统的分析过程就叫做工作分析，它包括对于工作所含任务的详细
调查。完成这个详细调查有多种方法，例如，通过观察候选人或对其进行访
谈。文献中介绍了多种技巧，以获取工作内容信息以及完成任务所需的能力或
技术。

## 4.2  工作分析

工作分析主要包括两个元素：工作描述和员工要求说明（Person
specification）。工作描述是对于所要进行的活动或执行的任务的解释。员工要
求说明则列出了员工从事该工作任务所必须具备的技能、专业技术、知识和其
他身体素质和心理品质。工作分析的方法有很多，工作分析除了用于人员选拔
外还有很多其他用途。因此，一些工作分析方法关注并列出需要解决的任务或
需要采取的行动，而另一些方法则更加关注个体需具备的品质。因此，工作分
析既是工作需求（输出），又是人员需求（输入）。所以，如果工作分析的目
的是确定选拔时应测量什么，那么这时工作分析的重心就需要更多地放在员工
要求上。图4.1是对上述两种观点的概括。

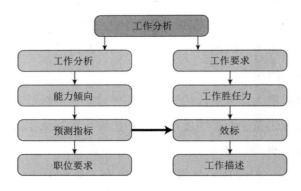

图4.1  工作分析的两种观点

关键事件法是最著名的工作分析方法之一，它是二战期间弗拉纳根（Flanagan, 1954）为了定位战斗机飞行员的工作行为特征而提出的。这种方法的主要目的是鉴定和区分绩优行为和绩差行为。对于许多任务来说，大多数人都能设法完成，所以这些事件不太受到关注；然而另一些任务对于个体的要求较高，并且不是每个人都能够顺利完成（这些任务就是关键事件）。该方法将有经验的工作人员作为调查对象，让他们描述关键任务以及解决该任务的好方法和坏方法的特征。专家对关键任务以及绩优和绩差的界定标准的一致性检验也同样重要。当上述关键任务描述确定后，需要进一步对这些描述进行分类整理。一些任务可能需要良好的沟通，而另一些任务可能需要良好的运算能力。

另外一种方法是由乔治·凯利（Kelly, 1955）提出的全方格技术（RGT）。这个方法要求专家们想象优秀的、中等的和平庸的工人，然后描述这些工人在工作表现上有何异同。

第三种技术是弗雷斯曼（Fleishman, 1975）提出的工作分析调查方法。让员工在利克特七点量表上评定不同能力、人格特质和技能与工作绩效之间的关系密切程度。评定者需要考虑七个主要部分：认知能力、心理运动能力、身体要求、感官功能、知识和技能、合作和社交技巧，每个部分都包含一定数量的子分类。例如，认知能力共有21个子类，如空间定位、时间分配和注意等。

## 4.2.1　飞行员和空管人员的工作分析

弗雷斯曼的工作分析方法已经被用于民航飞行员研究（Goeters, Maschke, & Eiβfeldt, 2004）。列表上的许多认知能力都被界定为相关或高度相关，比如和心理运动能力以及感官功能。在合作或社交技能领域，应对压力、沟通和决策被认为是非常重要的。

对军事飞行员而言，弗雷斯曼方法的修订版被用于北约的一项研究中（Carretta, Rodgers, & Hansen, 1996），研究要求来自几个不同国家的飞行员对战斗机飞行员的12个关键任务进行评估，然后让他们界定出在执行这些任务时最重要的能力和技能。结果显示，他们认为对于战斗机飞行员而言最重要的飞行能力是情境意识、记忆、动机和推理。最不重要的能力除了领导力，还有阅读理解和写作。

弗雷斯曼的方法也被用于德国的空管员研究中（Eiβfeldt & Heintz, 2002）。除了弗雷斯曼原版的量表外，还包括人格特征，如合作、沟通和压力处理等能力的分量表。认知能力评价中除了时间分配外，趋向速度、视觉化，以及选择性注意都得到了较高的评级。几乎没有认知能力得到较低的评分。视觉化包含想象物体及其在空间移动的能力。选择性注意指个体能够专注于一项任务而不被其他任务干扰。时间分配是指能够快速将注意能力转移到不同的任务上。除此之外，一些心理运动能力也被评为和感知能力及特定知识（如阅读地图）同等重要。一些社会技能也获得了较高的评级，包括压力对抗、决策和合作。对于空管人员而言，因所属岗位和功能的不同（扇区控制、进场、机场控制），在技能和能力要求上也会有一些差异，但这种差异并不是很大。

## 4.2.2   工作分析的关键观点

工作分析方法中一个重要的逻辑问题是我们可以在多大程度上依赖这个分析的结果。 一种可能性是有经验的工作人员在评定该项工作所必需的能力时有可能高估必需的技能和资质的数量，这可能是一种有意的行为。但人们想将自己置于一个更光鲜的地位也是很自然的，包括高估自己所从事工作的复杂性和完成该工作所需具备的能力和技巧。

现代工作分析更重视揭示该项工作所需要的胜任力，而较少关注那些需要具体解决的任务（Bartram, 2005）。受现代劳动力市场的要求，由于很多工作不断变化，所以更加全面的评估方法比聚焦特定任务或者能力评估更有效。然而，对胜任力进行稳定可靠的评估却很难做到，因为胜任力本身就是一个复杂的概念。它常被看作是技能、知识、动机和兴趣的集合体。一项对工作分析信度系数进行元分析的研究结果表明，基于具体任务的工作分析比基于胜任力的工作分析具有更高的评分者一致性信度。（Dierdorff & Wilson, 2003）

工作分析的结果可以用于人员选拔程序中的具体测试，也可以用来作为效度研究中合适的工作行为效标。因此许多人认为，在人员选拔程序中，工作分析是非常重要和必要的第一步。然而，元分析的结果表明，能力测试对工作绩效的预测可能与职业的关系并不是特别大。这一结果一方面可能说明，非常详细的工作分析或许并不必要。另一方面，对飞行员和空管人员的工作分析表明，许多高度专业化的认知技能是很重要的，并且它们很难被一般的智力测验有效测量出来。

## 4.3　预测指标和效标

对应征者的选拔指标就是预测指标，工作绩效指标就是行为效标。当使用心理测验来选拔一个空管人员时，这个测验就是一个预测指标。为了评估该测验在多大程度上适用于选拔的目的，我们就必须进行效度研究。也就是说，通过对比该应征者的测试结果与实际工作绩效或学业成绩上的差别来评估该预测指标的有效性，这里的工作绩效和学业成绩都是效标。

### 4.3.1　人员选拔中的预测指标

理想情况下预测指标可以通过工作分析得到，因为它们可以用来测量与未来工作绩效相关的特质。选拔时可以采用许多不同的方法，本书只描述一些较为常见的方法。作为选拔方法之一，面试被应用于大多数职业，并且它们或多或少是结构化的。如果问题是事先设定，并且问题的顺序也是事先确定的，那么这样的面试就是高度结构化的面试。有时面试也被安排在一些耗时较少的选拔方法之后。雇主在招聘人员时可能也觉得有必要通过面试进行面对面的接触。

许多雇主相信他们有一种独特的能力，能够发现谁更适合该份工作，并且能很好地适应组织。而不幸的是，这种想法常常是错误的。非结构化面试往往具有较差的预测效度，并且这种方法对于合适的选拔者的界定和假设而言也通常是错误的。然而，相比那些随机提出的问题，面试的结构化程度越高，该面试的预测效度就越好。对于一个有效的面试而言，思考和编制适用于所有应征者的与工作相关的问题十分重要。并且，对于面试官的训练同等重要，特别是在不止一个人进行面试的情况下。同时，面试的另一个优点是它给了应征者一个和应征组织代表见面并提问的机会。

另一类预测指标是评价中心，除了选拔之外，这一指标可用于更多目的，如领导力训练和提升。评价中心的方法包括候选人接受各种与所应征工作相似或相关的任务。通常会有一些情境，让小组成员共同解决问题。这样就可以观察他们如何相互影响，他们的领导能力、沟通技巧等。这一过程中，几位训练有素的观察人员通常使用标准化的评分表来评价应征者的表现。这种方法比较费时，往往需要半天到一天甚至更长的时间。

另一种类型的预测指标被称为工作样本测试，这种方法不如评价中心法全面。该方法要求候选人完成与他将来要做的部分工作类似的或相同的任务。该方法的思路是认为当前行为可以预测未来相类似的行为。通常含有评价工作表现的标准化评分规则存在。

很多心理测验也可能被用作预测指标，包括能力测验和人格测验。有些心理测验是为了选拔而设计的，而另一些则是为其他目的设计的，例如临床使用或诊断。用于特殊群体或为完全不同的目的而设计的测验不一定适合人员选拔。心理测验经常用于飞行员和空管人员的选拔，但不常用于航空业中的其他群体。许多用于选拔飞行员和空管人员的测验是专门为这些职业群体的人员开发的。

过去的工作经验、学校的成绩和个人履历有时也被用在人员选拔中作为衡量条件。如果一个人已经有了一定的工作经验，那么从前一任雇主那里获取一些参考信息也是合理的。学校成绩也被用于人员选拔程序，尤其是选择继续深造的候选人。从雇用记录中收集的个人履历信息也可以用作当前应征者选拔或未来的人员选拔。例如，如果最好的保险推销员是那些已婚而且拥有自己房子的人，那么拥有这些特征的应征者应该是首选。由于这些项目及其权重纯粹建立在经验基础上，所以有些人可能认为这种方法不公平。因为这些项目不是直接测量应征者的相关能力和技能，而是用他们很难控制或无法控制的因素选拔的。

最后想提到的也是最为奇特的方法是笔迹分析法。该方法通过对个体笔迹的分析从而获取其人格特质信息。尽管目前一些欧洲国家在用此方法进行人员选拔的决策，但一些研究表明这种方法并不适合（Cook, 1998）。

上述各种方法有不同的预测效度，它们在花费和耗时方面也不尽相同。研究者通过元分析探究各种方法的预测效度。结果表明，最好的预测指标是工作样本测试、智力测验和结构化访谈，这些方法平均具有约50%的预测效度。年龄和笔迹分析法没有预测效度（Schmidt & Hunter, 1998）。对不同方法效度的总结如图4.2所示。

图4.2　不同选拔方法的效度等级
（Schmidt, F. L., & Hunter, J. E. 1998. Psychological Bulletin 124:262–274）

### 4.3.2　工作绩效的效标

在人员选拔的过程中，合适的工作绩效的效标和好的预测指标同样重要。效标的选择可以基于之前的工作分析。在工作分析中，关键任务和良好工作绩效的构成因素已被确定。检验预测效度最简单的方式就是使用总体效标。可能有人会认为这对很多工作来说还不够，用多种效标描述工作绩效和完成任务的差异更为合理。进行效度研究时，研究者需要考虑用哪种效标，或者选择使用哪种组合效标，而不是同时把所有与各预测指标有不同关系的效标都拿来预测。

在大多数情况下，教练和上级都经常评估绩效，因此如何让这种评估系统可靠尤为重要。对于可靠性评估的方法之一就是让两个教练评估相同的人，然后计算他们评分的一致性程度。这种个人评价中有许多广为人知的错误，例如，如果一个人擅长某一方面，就会自动推测他/她在其他方面也同样出色。让观察者进行整体评估也是比较困难的。也就是说，所有表现可能会被平均地评估，或者对每个人进行评价的时候，不同的项目之间可能差异很小。重要的是，无论何时将等级评定作为效标来使用，不同个体之间以及同一个体执行的不同任务之间都存在差异。如果所有的候选人都能够同样出色地完成任务，那么这种评定就不适合作为评估工作绩效的效标。

为了得到良好的评分者一致性信度，就需要训练观察者，并详细界定工作绩效的优劣。此外，效标需要具备良好的结构效度，这意味着它能够测量研究者所感兴趣和希望测量的东西，如领导力和沟通技巧等。作为效度研究的一部分，效标的评估常常面临着各种现实条件的限制，并且同样重要的是，这些效标常被视为与组织密切相关。

就飞行员选拔而言，大部分效标通常是在训练过程中获得的：多数训练采用合格/不合格指标。合格/不合格是一个效标，它很容易收集到组织认为重要的信息。但这一效标存在一个问题，那就是它是对工作绩效的间接测量。在某些情况下，导致候选人未能通过训练的原因，除了绩效不佳外，还包括晕机、动机不足等。然而在大多数情况下，合格/不合格效标还是比较有效的。一项在对挪威军事飞行学校学生的研究表明，合格/不合格效标与飞行教练的评价高度相关（Martinussen & Torjussen, 2004）。

在这项研究中，合格/不合格被用作飞行员绩效的有效指标。使用合格/不合格效标的另一个问题在于它是基于训练绩效而不是实际工作绩效。然而，很少有研究采用较为长期的飞行员绩效效标，这其中可能有多种原因。如长期效标需要进行更长时间的效度研究，也很难为不同的工作找到可比较的同一效标，例如，在不同的航空公司工作的飞行员。此外，在真实环境中对个体进行评估显然更困难，因为在训练过程中他们存在被评估的预期。

除了合格/不合格评估和教练评分，在飞行模拟器中评估训练毕业生的绩效也被用于效度研究。空管人员面临的情况也大致相当，大量效度研究中的效标来自训练或者实际模拟器的操纵。

## 4.4　我们怎样知道预测指标起到了作用

为了证明预测指标在选拔候选人的时候真正起到了作用，研究者可以进行本土的效度研究或通过元分析的方法对其他效度研究的结果进行总结。之所以称之为本土的效度研究是因为研究在本土环境中（公司、应征者、测试和训

练）开展，而且要评估的选拔系统也将最终在这里使用。本土的效度研究通常
通过与工作表现相关的测量结果来评估。例如，个体在模拟器中的表现或教练
和上级的评价。有时候，也会将一些不同的测验结合起来或将测验与面试结合
起来使用。在这种情况下，研究者可以采用综合测试的得分或使用回归分析的
方式找到与效标最相关的预测指标的加权组合。在许多情况下，进行效度研究
可能比较困难，因为在一定的时间内组织无法招聘到足够多的人。

## 4.4.1 元分析

元分析是一种可以代替传统效度研究的研究方法。如果想合并多个研究的
结果，那么这些研究都必须提供一个共同的测量指标或效应量。幸运的是，大
多数效度研究的文献结果都报告了相关系数，这非常适合做元分析。然而，也
有一些研究只报告了多元回归分析的结果，所以它们不能与其他提供了相关系
数的研究合并分析。元分析的计算需要使用一个标准化指数（如皮尔逊相关系
数或另一个效应量值），而且需要独立地报告每个预测指标的结果。回归分析
的结果表明了测验组合对于效标的预测程度；回归系数不仅取决于测验和效标
之间的相关性，而且还依赖于包含在方程中的其他预测指标之间的内在关联
性。因为在回归分析中，预测指标对于结果变异的贡献率是不可拆分的，所以
回归系数不能被用于元分析。

目前，元分析方法有许多，在工业与组织心理学中应用最广泛的方法是由
约翰·亨特和弗兰克·施密特在20世纪70年代提出的。他们的方法最初是为了
研究效度检验能从多大程度上被推广到不同情境中。而元分析就非常适合这一
研究主题，因为它考虑到了关于这类研究的许多方法学问题。亨特和施密特
（Hunter & Schmidt, 2003）描述了许多可能影响相关系数或效度系数大小的因
素和环境。这些因素由于统计学偏差，将在不同程度上影响不同研究间相关系
数的大小。

误差出现的三个统计学根源包括缺乏可靠性、范围的限制以及采用两分标
准（例如合格/不合格）进行了非连续的测量。信度分数越低，观察到的结果
的相关性就越低。如果在文章中报告出测试结果的信度，就可以纠正这种结果
（Hunter & Schmidt, 2003）。

$$r_{cor} = \frac{r_{obs}}{\sqrt{r_{xx}}\sqrt{r_{yy}}}$$

在上面这个等式中，$r_{cor}$指校正相关系数，$r_{obs}$指观测相关系数，$r_{XX}$和$r_{YY}$分别指预测指标和效标的信度。校正相关系数是指在各个变量非常可靠地被测量情况下对已经观察到的相关系数估计。在某些情况下，它适用于修正只有一个变量缺少的信度（如在效度研究中修正效标的信度）。由于其目的在于评估那些可能有误差和缺点的测验的有用程度。这样，校正值就是：

$$r_{cor} = \frac{r_{obs}}{\sqrt{r_{yy}}}$$

如果我们假设能力测验和效标之间的观察相关是0.40，效标的信度是0.70，那么校正相关就是$0.40/\sqrt{0.70}=0.48$。如果对校标的测量十分理想，那么这个数值就是可能被观测到的相关系数。分数的信度越低，校正系数就越大。

影响相关大小的第二个因素，是选拔导致一个或几个变量的变异值减小（全距限制）。如果研究是基于测验选拔的个体测验成绩和随后绩效之间关系时就会出现这一情况。如果候选人群体中最好的一半被选拔出来，那么就可能只收集这一群体效标数据。如果我们研究了整个未经选拔的群体，那么被选拔出的群体计算出的相关系数将会低很多。由于只有很小的一部分人被选出来，故它对观测相关值有显著影响。

这个问题在图4.3中已经被阐明，其中阴影部分代表研究中经选拔的群体。根据图中的描绘，可以看出如果只计算选拔后群体的相关，那么相关值远远低于计算全体候选人的相关值。如果我们设想采用一种更严格的选拔，把线

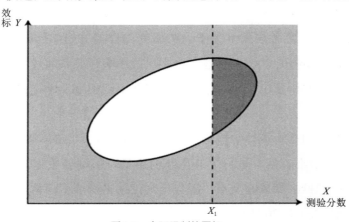

图4.3   全距限制的图解

（$X_1$）向右侧移动，那么阴影区域就会很像一个圆球，这也就意味着测验和效标之间零相关。

关于"全距限制"现象的实证案例很少。造成这种现象的原因之一要追溯到第二次世界大战，那时正值测试和挑选美国空军飞行员。由于当时飞行员非常缺乏，所以所有申请人都进入了基础飞行训练阶段。预测效度的计算结果就代表了全体申请人和选拔后群体。结果显示，总测验得分（飞行员九分制）的预测效度是0.64。但是，如果采用标准的选拔程序，即只有前13%的候选者才能入选，那么预测效度将会降至0.18（Thorndike, 1949）。这一结果生动地表明了对群体高度选拔计算预测效度的显著影响。换句话说，问题是在这个研究中，我们仅仅采用了被选中的应征者而剔除了控制组。对全距限制的校正要依据总体测验得分的标准差，或所选拔申请人所占的比例（Hunter & Schmidt, 2003）。如果选拔时用了几个测验或将测验与其他信息组合使用，情况就变得更为复杂，需要用更复杂的模型进行全距限制校正 （Lawley, 1943; Johnson & Ree, 1994）。

第三种统计假象是使用二分标准（例如训练过程中的合格/不合格）去评价一个可以连续变化的绩效（飞机技能）。这一统计假象会导致测验与效标之间的相关低于使用连续量表测量绩效的情况。但是，如果合格/不合格的比例分配是已知的，这一统计假象就可以被校正。合格/不合格的分配的比例越偏离50/50，所需的校正程度就越高。

对于飞行员和空管人员的选拔而言，这些统计假象经常存在并导致测验和效标之间的观测相关程度降低。因此，如果可能，在进行元分析前应先根据上述有可能产生统计偏差的原因对观测相关系数进行校正，从而保证能够通过研究得到真正的预测效度值。不幸的是，这些校正操作起来通常都比较困难，因为原研究经常缺少完成这些校正所需的信息。很多研究并不会对效标的信度进行检查，并且不会报告与选拔比例有关的信息。但是，研究中通常会报告训练合格或不合格的百分比，这样就有可能校正由于使用二分标准造成的统计偏差。在没有运用这些校正的研究中，观测相关应被视为是对测验预测效度的保守估计。此外，取样误差也会影响不同研究中的相关系数。然而，这种误差并非系统性的，因此，之前介绍的统计方法无法用来纠正这一误差。

### 4.4.2　测验效度何时能被推广

我们如何知道测验的预测效度能否被推广到不同环境中呢？例如，无论在何种领域和职业，智力测验都能够一直被成功地用于选拔吗？亨特和施密特（Hunter & Schmidt, 2003）提出了一条经验性法则，如果相关系数间至少75%的观测方差是由于统计误差和取样误差造成的，那么就可以假定其余方差是由于没有校正的误差源造成的。在这种情况下，比较稳妥的做法是假设研究中真正的方差非常小或者为零，平均相关值对估计真实效度比较合适。

如果我们有总体的真实方差，那么就可以估计一个极有可能包含预测效度的区间（置信区间）。我们可以根据校正平均相关和总体标准差来计算这一区间（Whitener, 1990）。如果这个区间很大而且包含零，就意味着研究之间的实际方差相当大，并且测验在某种程度上并不具备预测效度。但是，如果有固定大小的区间但不包括零，就可能出现另外一些情况：如说明预测效度中存在方差，但它们始终大于零。在这种情况下，尽管它们在不同情况下的效用存在差异，但预测指标仍然可以被当作一个有效的指标。也可以对研究间的方差进行显著性检验，但这在亨特和史密特的元分析方法中是不常用的策略，他们的方法强调主要采用方差估计的方法。

## 4.5　历史概述

### 4.5.1　飞行员选拔

或许很少有哪个职业需要接受和飞行员一样多的测验（Hunter, 1989）。在一战期间，在莱特兄弟完成了他们的第一次飞行没几年之后第一个测验就被编制并检验（Dockeray & Isaacs, 1921）。第一批测验的结构都相对比较简单，只是模拟了一些飞行时需要应对的任务和情境。其中最早的一组是来自美国的测验（Henmon, 1919），测验测量了包括情绪稳定性、反应时、一般认知能力和平衡感等指标。

在欧洲，多个国家编制了类似的测验。丹麦科学家阿尔弗雷德·莱曼

（Termøhlen, 1986）在他的实验室为飞行员选拔研发了一套方法，他主张对个体的情绪稳定性、空间关系识别能力、注意力、对声音的反应时和平衡感进行测量。情绪稳定性的测验是管理人员在选拔候选人身后鸣枪的同时，通过心理生理学的方法进行测量。莱曼认为这种方法不适合用于选拔，因为这种方法很难区分哪些是真正冷静的人，哪些是由于在测验情境中降低了应激反应（Termøhlen, 1986）。在测验刚刚出现时，各国使用的测验之间有很多相似之处。除了简单地测量反应时以及判断距离和时间之外，还将纸笔测验和飞行模拟器等装置结合使用。

"一战"结束后，多数国家几乎再没有进行飞行员选拔的研究（Hilton & Dolgin, 1991；Hunter, 1989）。而德国却例外，他们研发了大量测验。"二战"开始时，德国已经有一整套包含航空心理学和人因、一般智力、感知能力、协调性、能力、性格和领导力在内的29个测验组成的一套选拔测验。但战争期间，这套测验被测验项目较少并且被较为简单的一套测验所取代，新的测验更重视推荐和面试的数据（Fitts, 1946）。

在英国、美国以及加拿大，人员选拔测验研究的趋势各不相同。战争开始时，几乎没有运用任何人员选拔测验；但到战争结束时，已经编制和使用了大量的测验。1946年，挪威空军第一次使用了飞行员选拔测验（Riis, 1986）。从那时起，挪威的飞行员选拔测验体系不断得到扩充和反复检验（Martinussen & Torjussen, 1998, 2004; Torjussen & Hansen, 1999）。

"二战"结束后，关于飞行员选拔的研究再度受到冷落，大多数国家主张维持原有的测验而不是编制新的测验。这一局面一直延续到1970年至1980年间，随着第一个计算机测验的出现才被打破（Bartram, 1995; Hunter & Burke, 1987; Kantor & Carretta, 1988）。在大部分西方国家，随着计算机技术的普及，纸笔测验也逐渐或多或少地被计算机测验所取代（Burke et al., 1995）。

在航空史早期，个人品质、认知能力和心理运动能力都被认为是成为一个优秀飞行员的必要素质。研究者采用自然观察和参与式观察等技术来探索哪些人格特质更重要。多克雷认为，有条理的个体才是飞行员的最佳人选，这里的"有条理"即指个体对新环境有迅速适应的能力以及出色的判断能力（Dockeray & Isaacs, 1921）。人格测验从编制到应用于飞行员选拔经历了很多年的时间。在美国，用于飞行员选拔的人格测验研发起始于20世纪50年代。该研发项目在索尔·塞尔斯（Sells, 1955, 1956）的领导下共编制出26套人格测验。并且，塞尔斯和他同事将长期的行为效标用于检验该测验的效度。他们的研究结果发现，就长远看，人格测验比能力测验更具有预测力，因为能力测验的预测效度会随着时间的增加而降低。

多年来，大量经典的人格测验也在飞行员选拔的研究中得到应用和检验。如明尼苏达多项人格量表（MMPI）（Melton, 1954），艾森克人格量表（Bartram & Dale, 1982; Jessup & Jessup, 1971），罗夏墨迹测验（Moser, 1981）和卡特尔的16PF等（Bartram, 1995）。研究结果显示上述人格测验的结果只与效标呈现出低到中度的相关。基于对为数不多的民航（国泰航空公司）飞行员训练结果的研究显示，成功的飞行员比不成功的飞行员在焦虑维度的得分更低（Bartram & Baxter, 1996）。

在瑞典，沃尔夫克拉夫（Kragh, 1960）编制了名为"防御机制测验"（DMT）的投射测验，用于选拔诸如飞行员和深海潜水员等高风险行业的从业人员。该测验的材料由图片组成，并通过一个特殊的幻灯机来显示图片。每个图片显示的时间很短，但显示时间逐次延长。要求被试画出并解释他（她）所看到的内容，实际的图像和被试所报告的内容间不相符的部分将被解读为各种防御机制。（这是一种对繁复评分程序进行的简化，Orjussen & Vaernes, 1991）该测验在使用的初期被广泛看好，并被用于英国、荷兰、澳大利亚以及斯堪的纳维亚各国的军事飞行员选拔中（Martinussen & Torjussen, 1993）。

然而，在斯堪的纳维亚之外的国家的飞行员选拔中，该测验的预测效度很难被验证，现在很少有国家使用该测验。随着计算机技术被引入选拔测验，许多和人格有关的概念也得到评估，如风险承担、自信、场依存和态度等元素（Hunter & Burke, 1995）。多数情况下，这些研究只显示出与效标之间较低的相关，预测效度也未超过能力测验（即没有增值效度）。然而，最近的研究发现了更有效的飞行员选拔人格测验（Bartram & Baxter, 1996; Hörmann & Maschke, 1996）。

人格特质在当前的选拔程序中受到的重视程度截然不同。美国和英国等一些国家，在选拔过程中没有使用人格测验（Carretta & Ree, 2003），但在面试中会对个体个人品质和动机进行评估。

近年来除了能力、心理运动功能和人格测验外，个人履历、过往飞行经验以及模拟飞行表现都在不同程度上被用作预测指标。

## 4.5.2　空管人员选拔

在大多数的西方国家，对空管人员的选拔主要采用心理测验的方法，但与飞行员选拔相比，这方面的研究并不广泛（Edgar, 2002）。最早的心理测验是20世纪60年代出现的纸笔测验（Hätting, 1991）。如今，计算机测验已经在许多国家得到使用，选拔程序也经常像飞行员选拔一样全面。

大多数对于空管人员选拔的效度研究是由FAA开展的。20世纪60年代，第一套纸笔测验测量了个体的推理（语言和数字）、知觉速度和空间能力（Hätting, 1991）。测验结果与教育经历、年龄和经验等信息共同用于选拔过程。20世纪70年代，美国联邦航空管理局开发了一套基于模拟环境的测验系统，用以测量个体在仿真空间环境下的应用不同规则的技能。这项测验后来改编成纸笔测验的格式并被称为"多元空管能力测验"。从20世纪80年代开始，该测验与推理能力测验以及专业经验一起被用作空管人员选拔测验。计算机成套测验的开发始于20世纪90年代，它测量了个体的空间推理、短时记忆、运动知觉、模式识别和注意等能力（Broach & Manning, 1997）。

在20世纪70年代末的欧洲，欧洲航空安全组织（EUROCONTROL）（Hätting, 1991）对其成员国选拔程序进行了回顾，发现大多数国家通过测验测量空间知觉、语言能力、推理和记忆等。很少有国家使用测验去测量个体的职业兴趣或动机。但德国例外，除了一系列全面的测验外，德国宇航中心（Deutsches Zentrum für Luft-und Raumfahrt, DLR）还使用人格特质测验和基于模拟的测验来测量个体的合作能力（Eißfeldt, 1991, 1998）。此外，所有国家都有对于个体体格、年龄和受教育情况的要求。

在20世纪80年代，德国和英国研制出计算机测验，2003年欧洲航空安全组织研制出一套基于计算机的空管人员选拔测验（称为FEAST），供成员国使用。作为这个项目的一部分，成员国也必须为测验预测效度的联合研究提供数据。

如今，许多国家已经用计算机测验完全或部分地取代了纸笔测验。除了通过计算机模拟的部分空管工作内容外，个体的基本认知能力也可以通过计算机进行测量。瑞典投入了相当大的成本去开发情境面试，用于测量个体的能力和社会态度（Brehmer，2003）。情境面试来源于关键事件，主要目标是通过询问申请人非常具体的问题以确定工作绩效是否有效。也使用了一些人格测试也被使用，但这些指标和标准之间的相关程度很低，结果通常是令人失望的。然而，基于大五模型的研究也发现了一些较为乐观的结果（Schroeder, Broach & Young, 1993）。

## 4.6   不同的方法及其效果

与对飞行员选拔测验的效度研究相比，对空管人员选拔测验的效度研究则要少很多。2000年，一项元分析发现对于空管人员选拔的效度研究共有25篇论文和研究报告，来自35个不同的样本（Martinussen, Jenssen & Joner, 2000）。这些研究发表在1952年和1999年之间，大多数是基于应征者和学生的研究（92%），大部分的研究都是在美国进行的（77%），并且使用的效标主要是在训练中收集的（例如：合格/不合格、教练评价、模拟器等）。

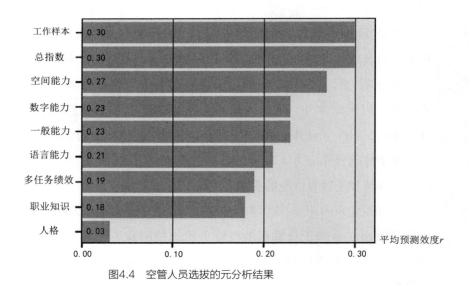

图4.4   空管人员选拔的元分析结果

对这25篇论文的结果进行元分析并计算平均预测效度，同时估计测验的总体方差。不同预测指标研究的总样本数从224人到11255人不等。几乎没有研究报告相关信息，无法对缺失的效标信度和全距限制进行校正。因此，平均相关系数低估了真正的预测效度。元分析中校正了二分标准使用的相关系数（合格/不合格），并将各种测试和预测按类别分组，研究结果汇总如图4.4所示。除了两个预测因子（语言能力和多任务）之外，不同研究之间存在真实方差。

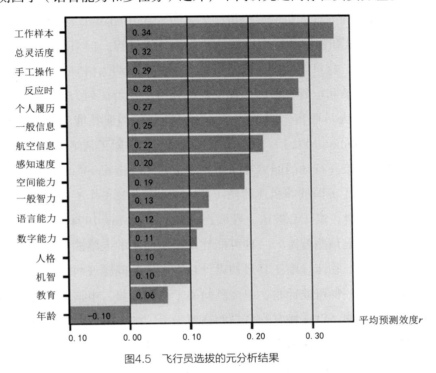

图4.5 飞行员选拔的元分析结果

就飞行员群体而言，自第一次世界大战以来研究者开展了大量效度研究，已经发表了一些文献综述（Carretta & Ree, 2003; Hunter, 1989）和两篇元分析论文（Hunter & Burke, 1994; Martinussen, 1996）。尽管元分析在数据库和某些程序上存在少许差异，但其结果十分相似。亨特和伯克（Hunter & Burke, 1994）对不同测验类别的平均相关系数做了概括，如图4.5，其中包括从1940年到1990年之间发表的68项研究，共437258个被试。由于原研究没有报告必要的信息，平均相关性并未校正任何统计偏差。对所有测验类别来说，不同研究之间存在真实方差，一些测验类别所包含的置信区间包括零，这意味着在某些情况下预测效度是零，包括的类别有：一般智力、语言能力、精细动作能力、年龄、教育和人格。这意味着，尽管各研究之间存在方差，但其他类别的预测效度大于零。

## 4.7 人格与工作绩效

对飞行员和空管人员的元分析结果表明（Martinussen, 1996; Martinussen et al., 2000），认知能力测验可以有效地用于选拔过程，但当涉及人格测试时，结果并不理想。这可能和某些因素有关，但并不表明人格对工作绩效不重要。相反，对飞行员和空管人员的工作分析已经将个性特征列为做好工作的重要因素。对于空管人员而言，强调的是合作、良好的沟通技能和应对压力的能力（Eißfeldt & Heintz, 2002）。对于军事飞行员而言、除了情绪稳定性之外，成就动机、快速决策并行动的能力等品质尤为重要（Carretta et al., 1996年）。在另一项研究中，让美国战斗机飞行员（N=100）对涉及工作不同方面的60项人格特质进行评估时，责任心被认为最重要（Siem & Murray, 1994）。

为什么缺乏预测效度？一种可能性是，所使用的人格测试没有与选拔目的相契合。例如，临床诊断工具最初设计是为了诊断问题或病理，可能并不适合人员选拔。另一种可能性是，很多测验属于自陈测验，申请人的选择受到社会赞许效应的影响，以选择有利自身的选项为主。基于大五模型的人格测验元分析表明，尽管申请人在某种程度上表现出对自身有利的行为，这几乎没有减少该研究方法的预测效度（Ones, Viswesvaran & Reiss, 1996）。

还有一种可能是，使用的效标通常从训练中获取，与人格特质相比，一些认知能力在这种教育情境中显得更为重要。这与塞尔斯（Sells, 1955, 1956）认为人格测试具有更好的长期预测效度相契合。然而，少有用实际工作绩效开展的效度研究为这种说法提供实证证据。

一项对1301名美国飞行学员的研究发现，与常模相比，男性学员更外向，同时更具低宜人性。用人格五因素的分量表测量时，发现飞行员和普通人群存在以下差异：他们低脆弱性（神经质），较为活跃、外向，并寻求新的体验（开放性），他们属于应对取向并能够胜任（责任心）。与女性常模相比，女性飞行员表现出许多与上述相同的特征。此外，她们在对新体验的开放性上得分高，即她们愿意尝试新事物（Callister, King & Retzlaff, 1999）。

另一项对112名美国空军飞行员的研究中，将女性飞行员与男性飞行员及一个女性随机样本进行比较。女性飞行员在宜人性、外向性和责任心维度上得分高于男飞行员。同时，她们情绪更加稳定，开放性得分更高（King, Retzlaff & McGlohn, 1998）。

美国飞行学员的最近的一项与常模数据相比的研究显示，可以将飞行员描述为这样一类人：设定高目标并从事建设性的活动来实现这些目标。这些目标通常包括新鲜的、不熟悉的体验，追求提高地位、增加知识和技能等。他们通常表现出平静，不那么拘谨，与常模样本相比更愿意接受风险的特征（Lambirth et al., 2003）。

将空管人员与其他职业比较的研究发现，空管学员的焦虑得分低于其他学生（Nye & Collins, 1993）。另一项使用人格五因素分类的研究发现，与常模相比，他们对新经验表现出更高的开放性、更高的责任心和较低的神经质（Schroeder et al., 1993）。

然而，很少有证据支持一个固定的飞行员人格或空管员人格的概念。飞行员和空管员与普通人一样，有多种不同的人格特征。同时，在飞行员、空管员与普通人群之间存在一些差异，可能是由于在进入这些行业之前经过了选拔和自选过程的缘故。

## 4.8　基于计算机的测试

第一个计算机测验建立于20世纪70年代和80年代之间（Bartram, 1995; Hunter & Burke, 1987; Kantor & Carretta, 1988）。随着计算机技术的发展，在大多数西方国家，纸笔测验完全或部分被计算机测验取代（Burke et al., 1995）。引入计算机测验简化了测验管理和计分。但由于电脑和软件都需要升级，因此这类测验也需要维护和修订。

使用计算机测验的一个优势是，可以测量比以往更复杂的心理能力和技能：现在可以将反应时和注意力单独或作为复杂任务的一部分进行测试，还可

90 以模拟部分未来的工作任务，并通过屏幕和耳机呈现信息。伴随这种复杂的动态测验的问题是，测验过程可能因申请人不同而异，前期的选项和优先级可能影响后期的工作负荷和任务的复杂性。

此外，申请者可能使用不同的技巧和策略来解决问题。例如，有人可能会优先考虑速度而不是安全性和准确性。这使得这些测验的评分比简单的测验更复杂，简单的测验采用正确答案的数量作为充分的绩效指标。这种动态测试，在测试前，往往需要更长的指导语和介绍过程，从而使得该测试比较耗费时间。因此它们通常在选拔过程的后期使用，也就是当申请者经过了简单的测验，并且只有最佳候选人被允许进入最后阶段的选拔时使用。

计算机使得更多的适应性测试得以应用，即任务的难易程度是根据候选人在第一个测验任务中的表现决定的。这种测验的基础是项目反应理论（Embretson & Reise, 2000），目的在于评估人的能力水平。这类测验在开发阶段是十分昂贵的，而我们现在使用的大多数测验都基于经典测验理论。

有了互联网，就可以测试位于世界任何地方的申请者。这对于组织而言较为经济，因为它节省了差旅费用。然而，这种方法存在一个问题：如何确保是申请人本人回答测验问题，而不是别人。不过，有越来越多的组织使用互联网来进行前测。这样，申请人就可以明确这是不是他们所追求的事。接下来，出色的申请人将被邀请参加进一步的测试，这样也可以检测究竟是不是他们本人参加了前面的测验。一些组织为申请者提供有关测验的信息，并让他们在选拔开始前有机会练习一些测验项目。

## 4.9　选拔方法的效用

效用是指一个组织用特定的方法，而非随机方法选拔所带来的收益（Hunter, 2004）。很多模型都可用来对此进行评估，当然，这些模型的一个关键因素是，一个高效率雇员相对于一个低效率雇员的价值。已经证实的一个经验法则是：对很多职业而言，最佳雇员的产出大约是最差雇员的两倍。在效用中，必须包含选拔过程和测验相关的费用，但这个数目与糟糕的员工或无法完成昂贵培训的候选人所费的代价相比通常要小得多。此外，安全性增加也是一种成果，不过这更难获取实证数据，因为严重事故在航空中是罕见的，而且对照组成员通常不会被雇用。

2000年由德国航空航天中心进行的计算显示，从头开始选拔候选人需花费3900欧元，而培训需花费120000欧元。如果候选人培训不合格，其支出预计为50000欧元（Goeters & Maschke, 2002）。来自美国空军的相关数据显示，培训不合格的候选人花费在50000美元到80000美元之间（Hunter & Burke, 1995）。也就是说，与没能完成飞行员培训的学员花费的相比，测试成本相对较低。

泰勒和罗素（Taylor & Russel, 1939）的图表模型可以用来计算选拔程序的效用。他们的模型假设了一个二分标准如图4.6所示。根据该模型，可以做出两种正确的决策：

1. 选择能出色驾驭工作的人。
2. 不雇用不能圆满完成工作的人。

决策中可能犯的两个错误：

1. 雇用无法胜任工作的人（明显会给组织带来大麻烦的候选人）。
2. 拒绝能够处理好工作的人。

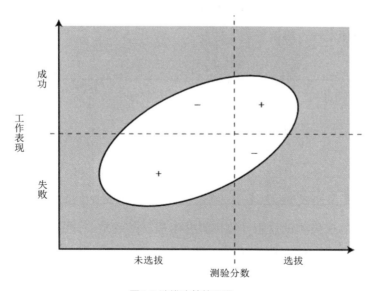

图4.6 选拔决策的正误

在图中对正确的决策标记（＋），错误的决策标记（－）。相关性（预测效度）越高，越易做出正确决策。如果想计算使用某种选拔方法对正确决策的增加值，就必须知道预测效度、选拔率以及应征者中能够胜任这项工作的人数（基准比率）。

例如，如果航空局想雇用20个人在一个小型机场从事安检工作，假设100名申请者中有大约50%的个体能够胜任此项工作。如果我们不使用任何形式的选拔，只是随机挑选，大约有一半候选人能圆满完成这项工作。假如我们使用一个预测效度为0.40的能力测验。汇总起来，选拔率就是20/100 = 0.20，基准比率是0.50，预测效度是0.40。那使用这个测验的效用到底是多少呢?通过查表可以发现，我们将胜任工作的人所占比例从50%提升至73%。如果预测效度较低，比如只有0.20，这一比例将从50%提升至61%。如果选拔率更低，选拔的人就更少（例如只选前5%的应征者），这样胜任者所占比例就从50%提升到了82%（$r=0.40$）。换句话说，选拔率越低，效度越高，使用测验所带来的效益就越高。

基准比率变化的影响要更复杂一些，距离基准比率0.50越远，能成功胜任这一工作的应征者就越少。想象一个相当极端的情况（如没有合格的应征者），这时预测效度的高低并不重要，因为预测效度无法改善结果，即没有人能够胜任这项工作。举例见表4.1。

表4.1　选拔方法的效用

| 基础比率 | $r$ | 选拔率 | | |
|---|---|---|---|---|
| | | 0.10 | 0.30 | 0.50 |
| 10% | 0.10 | 0.13 | 0.12 | 0.11 |
| 10% | 0.30 | 0.22 | 0.17 | 0.14 |
| 10% | 0.50 | 0.32 | 0.22 | 0.17 |
| 50% | 0.10 | 0.57 | 0.55 | 0.53 |
| 50% | 0.30 | 0.71 | 0.64 | 0.60 |
| 50% | 0.50 | 0.84 | 0.74 | 0.67 |

来源: Taylor. H. C., and Russel, J. T. 1939. Journal of Applied Psychology 32:565-578.

更复杂的选拔测试效用计算模型并不假设绩效是二分的（成功/失败），而是在连续量表上评估。在这些计算中，最困难的部分是针对不同的员工去估计美元的价值。要做到这一点的方法之一是为一个高生产效率的员工设定一个美元价值，例如，估计公司要花多少钱雇人来完成同样的工作。一个好员工意味着其位于顶层（即，位于第85百分位，相比而言，一个不好的员工，可能位于第15百分位或更低）。此外，还必须明白申请人的质量，以及预测效度。这些估计可以用来计算组织每年雇用每个人会赚多少钱，包括选拔成本也应计算在其中（Cook, 1998）。

## 4.10　选拔中的公平性

　　许多国家法律明令禁止在招聘当中存在性别、种族、政治和宗教信仰方面的歧视。一些国家，比如美国，也有禁止年龄或残疾歧视的相关法律。还有很多国家修改了在招聘中使用测验的指导方针，对测验的使用者与方法提出了特定要求。这一点在第二章已深入讨论过。

　　对于应该如何理解公平这一概念，研究者已经讨论了很长时间。到底是一个测验对于不同应征者而言具有相同的预测效度代表公平，还是一个选拔方法在面对任何应征者时，都能保持按申请人群体分布或总人口分布比例录用是公平？例如，如果女性占应征者总数的30%，而这个公司却只雇用了5%的女性应征者，那么这种选拔方法就有负面影响。

　　研究者对于应该用哪个群体来比较有不同观点。应该考虑一个国家所有成人人口，还是合格的候选人群体？在计算负面影响时，后者可能是最合理的选择。在美国，雇主必须确保使用的方法没有所谓负面影响。解决方案是确保必须雇用一定比例的弱势群体。另外，雇主必须认为测试或方法与工作相关，并有一定的预测效度，还要排除其他同样没有负面影响的有效方法。对此问题的法律实践在美国比在欧洲更严格（在美国很多法律诉讼对形成今天的实践是有帮助的）。

### 差异预测效度

　　有两个假设与"一个测验只对一个群体是有效的（通常是白人），对其他人群无效（例如不同民族）"这一观点有关：一个假设是测验只能预测一个特定群体的工作绩效，不能预测其他群体；另一个假设是测验对于两个群体有效，只是对其中一个群体具有更高的预测效度（差异效度）。然而这很难证明，可能是因为那些对两个群体的预测效度进行过检验的原始研究，通常包括少量少数民族样本。元分析尚未发现证据支持白人和非白人存在差异效度的假设，这一结果并非出自偶然（Hunter, Schmidt & Hunter, 1979）。

同样，在一个对女性与男性研究的效度系数进行比较的元分析中，并没有发现测验的效度存在性别差异（Rothstein & McDaniel, 1992）。但是研究表明，对一些女性或男性占较高比例，并且不怎么要求教育背景的工作中，存在预测效度的性别差异。一项关于美国空军飞行员应征者的研究发现，选拔测验与飞行绩效相关的预测效度并不存在性别差异（Carretta, 1997）。

总而言之，几乎没有证据支持差异效度的概念。但这也并不意味着所有群体在所有测试中一定会有相同的平均测验得分。公平意味着，该测验能够同样准确地预测不同群体的工作绩效，而不是所有群体的平均测验得分相同。

## 4.11  应征者的反应

大多数人员选拔领域的研究都探讨了选拔方法的建立及效度。一个组织关注这些问题是因为他们希望在选拔中使用预测效度最好的方法。另一个观点是从应征者的角度来审视整个选拔过程。一个人对该选拔方法的体验如何？通过选拔过程，他（她）对组织形成了什么印象？应征者喜欢的方法并不一定是预测效度最高的方法。

然而，也有一些理由让我们从应征者的角度去考虑问题。首先，应征者对于测验方法的效度和公平性的认知可能会影响他们完成测验的动机。如果测验方法很奇异或者与工作无关，应征者可能就不愿全力以赴做出最好的表现，这也会影响他们未来被该企业或组织雇用的机会。在年轻人有很多接受教育和就业机会的情况下，想办法吸引更优秀的应征者显得尤为重要。

一些研究调查了应征者或志愿者（通常是学生）对不同选拔测验的看法，如能力测验、人格测验或者面试。应征者选拔测验的倾向性在某种程度上取决于接受测验的环境（即在应聘时）以及他们在测验过程中的控制感。测验的内容或面试的问题也很重要，应征者一般更喜欢与工作有关的问题。

两项对飞行员应征者的研究探讨了他们对选拔过程的看法：一项基于汉莎

航空的飞行员选拔（Maschke, 2004），另一项是对于挪威空军飞行员选拔的研究（Lang–Ree & Martinussen, 2006）。两项研究中的应征者都对选拔过程比较满意，并认为程序公平。应征者也同时被要求对接受过的不同测验和方法进行评分。结果显示，计算机测验得分最高。两个研究同时也对应征者的态度和测验成绩间的关系进行了研究（Lang–Ree & Martinussen, 2006）。结果表明，对选拔系统态度更积极的应征者测验成绩也略高。

## 4.12　总结

本章介绍了一些人员选拔中的重要原则，以及如何对选拔方法（包括选拔测验）进行评估。选拔系统的开发应从工作分析开始，明确界定完成工作所需的能力和人格特质。然后，应该选择那些能够准确测量出相关工作能力或人格特质的方法。并且，无论采用效度研究还是元分析，找出证据证明该方法的预测效度是非常重要的。当然，选拔过程中还有一些其他非常重要的方面，如应征者对于测验的看法和态度以及测验的公平性等。选拔的效用可以通过钱来计算或通过决策的准确性来代表。通常情况下，与员工在工作中的糟糕表现或培训失败造成的损失相比，选拔的花费要小得多。

95

### 推荐阅读

Cook, M. 1998. Personnel selection, 3rd ed. Chichester, England: John Wiley & Sons.

Hunter, D. R., & Burke, E. F. 1995. Handbook of pilot selection. Aldershot, England: Avebury Aviation.

Mabon, H. 2004. Arbetspsykologisk testing [Employment testing]. Stockholm: Psykologi-Förlaget AB.

### 参考文献

Bartram, D. 1995. Validation of the MICROPAT battery. International Journal of Selection & Assessment 3:83–94.

————. 2005. The great eight competences: A criterion-centric approach to validation. Journal of Applied Psychology 90:1185–1203.

Bartram, D., & Baxter, P. 1996. Validation of the Cathay Pacific Airways pilot selection program. International Journal of Aviation Psychology 6:149–169.

Bartram, D., & Dale, H. C. 1982. The Eysenck personality inventory as a selection test for military pilots. Journal of Occupational Psychology 55:287–296.

Brehmer, B. 2003. Predictive validation of the MRU battery. Proceedings of the Second EUROCONTROL selection seminar. (HRS/MSP-002-REP-07). Brüssel: EUROCONTROL.

Broach, D., & Manning, C. A. 1997. Review of air traffic controller selection: An international perspective (DOT/FAA/AM-97/15). Washington, D.C.: Federal Aviation Administration, Office of Aviation Medicine.

Burke, E., Kokorian, A., Lescreve, F., Martin, C. J., Van Raay, P., & Weber, W. 1995. Computer-based assessment: A NATO survey. International Journal of Selection & Assessment 3:75–83.

Callister, J. D., King, R. E., & Retzlaff, P. D. 1999. Revised NEO personality inventory profiles of male & female U.S. Air Force pilots. Military Medicine 164:885–890.

Carretta, T. R. 1997. Male–female performance on U.S. Air Force pilot selection tests. Aviation, Space & Environmental Medicine 68:818–823.

Carretta, T. R., & Ree, M. J. 2003. Pilot selection methods. In Principles & practice of aviation psychology, ed. P. S. Tsang & M. A. Vidulich, 357–396. Mahwah, NJ: Lawrence Erlbaum Associates.

Carretta, T. R., Rodgers, M. N., & Hansen, I. 1996. The identification of ability requirements & selection instruments for fighter pilot training (technical report no. 2). Euro–Nato Aircrew Human Factor Working Group.

Cook, M. 1998. Personnel selection, 3rd ed. Chichester, England: John Wiley & Sons.

Dierdorff, E. C., & Wilson, M. A. 2003. A meta-analysis of job analysis reliability. Journal of Applied Psychology 88:635–646.

Dockeray, F. C., & Isaacs, S. 1921. Psychological research in aviation in Italy, France, England, & the American Expeditionary Forces. Journal of Comparative Psychology 1:115–148.

Edgar, E. 2002. Cognitive predictors in ATCO selection: Current & future perspectives. In Staffing the ATM system. The selection of air traffic controllers, ed. H. Eißfeldt, M. C. Heil, & D. Broach, 73–83. Aldershot, England: Ashgate.

Eißfeldt, H. 1991. DLR selection of air traffic control applicants. In Human resource management in aviation, ed. E. Farmer, 37–49. Aldershot, England: Avebury Technical.

96

————. 1998. The selection of air traffic controllers. In Aviation psychology: A science & a profession, ed. K. M. Goethers, 73–80. Aldershot, England: Ashgate.

Eißfeldt, H., & Heintz, A. 2002. Ability requirements for DFS controllers: Current & future. In Staffing the ATM system. The selection of air traffic controllers, ed. H. Eißfeldt, M. C. Heil, & D. Broach, 13–24. Aldershot, England: Ashgate Publishing Limited.

Embretson, S. E., & Reise, S. P. 2000. Item response theory for psychologists. Mahwah; NJ: Lawrence Erlbaum Associates.

Fitts, P. M. 1946. German applied psychology during World War 2. American Psychologist 1:151–161.

Flanagan, J. C. 1954. The critical incident technique. Psychological Bulletin 51:327–358.

Fleishman, E. A. 1975. Toward a taxonomy of human performance. American Psychologist 30:1127–1149.

Goeters, K. M., & Maschke, P. 2002. Cost-benefit analysis: Is the psychological selection of pilots worth the money? Bidrag presentert på the 25th Conference of EAAP, Warsaw, Poland, September 16–20.

Goeters, K. M., Maschke, P., & Eißfeldt, H. 2004. Ability requirements in core aviation professions: Job analysis of airline pilots & air traffic controllers. In Aviation psychology: Practice & research, ed. K. M. Goeters, 99–119. Aldershot: Ashgate Publishing Limited.

Hätting, H. J. 1991. Selection of air traffic control cadets. In Handbook of military psychology, ed. R. A. Galand & A. D. Mangelsdorff, 115–148. Chichester, England: John Wiley & Sons.

Henmon, V. A. C. 1919. Air service tests of aptitude for flying. Journal of Applied Psychology 2:103–109.

Hilton, T. F., & Dolgin, D. L. 1991. Pilot selection in the military of the free world. In Handbook of military psychology, ed. R. Gal & A. D. Mangelsdorff, 81–101. New York: John Wiley & Sons.

Hörmann, H., & Maschke, P. 1996. On the relation between personality & job performance of airline pilots. International Journal of Aviation Psychology 6:171–178.

Hunter, D. R. 1989. Aviator selection. In Military personnel measurement: Testing, assign-ment, evaluation, ed. M. F. Wiskoff & G. F. Rampton, 129–167. New York: Praeger.

Hunter, D. R., & Burke, E. F. 1987. Computer-based selection testing in the Royal Air Force. Behavior Research Methods, Instruments, & Computers 19:243–245.

————. 1994. Predicting aircraft pilot-training success: A meta-analysis of published research. International Journal of Aviation Psychology 4:297–313.

————. 1995. Handbook of pilot selection. Aldershot, England: Avebury Aviation.

Hunter, J. E., & Schmidt, F. L. 2003. Methods of meta-analysis: Correcting error & bias in research findings. Beverly Hills, CA: Sage.

Hunter, J. E., Schmidt, F. L., & Hunter, R. 1979. Differential validity of employment tests by race: A comprehensive review & analysis. Psychological Bulletin 86:721–735.

Hunter, M. 2004. Kapittel 11, Personalekonomiska aspekter. In Arbetspsykologisk testning, 2nd ed., ed. M. Hunter, 355–386. Stockholm: Psykologiforlaget AB.

Jessup, G., & Jessup, H. 1971. Validity of the Eysenck personality inventory in pilot selection. Occupational Psychology 45:111–123.

Johnson, J. T., & Ree, M. J. 1994. Rangej: A Pascal program to compute the multivariate correction for range restriction. Educational & Psychological Measurement 54:693–695.

Kantor, J. E., & Carretta, T. R. 1988. Aircrew selection systems. Aviation, Space, & Environmental Medicine 59:A32–A38.

Kelly, G. 1955. The psychology of personal constructs. New York: Norton.

King, R. E., Retzlaff, P. D., & McGlohn, S. E. 1998. Female United States Air Force pilot personality: The new right stuff. Military Medicine 162:695–697.

Kragh, U. 1960. The defense mechanism test: A new method for diagnosis & personnel selection. Journal of Applied Psychology 44:303–309.

Lambirth, T. T., Dolgin, D. L., Rentmeister-Bryant, H. K., & Moore, J. L. 2003. Selected personality characteristics of student naval aviators & student naval flight officers. International Journal of Aviation Psychology 13:415–427.

Lang-Ree, O. C., & Martinussen, M. 2006. Applicant reactions & attitudes towards the selection procedure in the Norwegian Air Force. Human Factors & Aerospace Safety 6:345–358.

Lawley, D. N. 1943. A note on Karl Pearson's selection formulae. Proceedings of the Royal Society of Edinburgh 62 (section A, part 1):28–30.

Martinussen, M. 1996. Psychological measures as predictors of pilot performance: A meta-analysis. International Journal of Aviation Psychology 1:1–20.

Martinussen, M., Jenssen, M., & Joner, A. 2000. Selection of air traffic controllers: Some preliminary findings from a meta-analysis of validation studies. Proceedings of the 24th EAAP (European Association for Aviation Psychology) Conference.

Martinussen, M., & Torjussen, T. 1993. Does DMT (defense mechanism test) predict pilot performance only in Scandinavia? In Proceedings of the Seventh International Symposium on Aviation Psychology, ed. R. S. Jensen & D. Neumeister, 398–403. Columbus: Ohio State University.

————. 1998. Pilot selection in the Norwegian Air Force: A validation and meta-analysis of the test battery. International Journal of Aviation Psychology 8:33–45.

————. 2004. Initial validation of a computer-based assessment battery for pilot selection in the Norwegian Air Force. Human Factors & Aerospace Safety 4:233–244.

Maschke, P. 2004. The acceptance of ab initio pilot selection methods. Human Factors & Aerospace Safety 4:225–232.

Melton, R. S. 1954. Studies in the evaluation of the personality characteristics of successful naval aviators. Journal of Aviation Medicine 25:600–604.

Moser, U. 1981. Eine Methode zure Bestimmung Wiederstandsfähigkeit gegenüber der Konfliktreaktiverung unter Verwendung des Rorschachtests, dargestellt am Problem der Pilotenselektion. Schweizerische Zeitschrift für Psychologie 40:279–313.

Nye, L. G., & Collins, W. E. 1993. Some personality & aptitude characteristics of air traffic control specialist trainees. Aviation Space & Environmental Medicine 64:711–716.

Ones, D. S., Viswesvaran, C., & Reiss, A. D. 1996. Role of social desirability in personality testing for personnel selection: The red herring. Journal of Applied Psychology 81:660–679.

Riis, E. 1986. Militærpsykologien i Norge. Tidsskrift for Norsk Psykologforening 23(Suppl. 1):21–37.

Rothstein, H. R., & McDaniel, M. A. 1992. Differential validity by sex in employment settings. Journal of Business & Psychology 7:45–62.

Schmidt, F. L., & Hunter, J. E. 1998. The validity & utility of selection methods in personnel psychology: Practical & theoretical implications of 85 years of research findings. Psychological Bulletin 124:262–274.

Schroeder, D. J., Broach, D., & Young, W. C. 1993. Contribution of personality to the prediction of success in initial air traffic control specialist training (DOT/FAA/AM-93/4). Washington, D.C.: Federal Aviation Administration, Office of Aviation Medicine.

Sells, S. B. 1955. Development of a personality test battery for psychiatric screening of flying personnel. Journal of Aviation Medicine 26:35–45.

————. 1956. Further developments on adaptability screening for flying personnel. Aviation Medicine 27:440–451.

Siem, F. M., & Murray, M. W. 1994. Personality factors affecting pilot combat performance: A preliminary investigation. Aviation, Space & Environmental Medicine 65:A45–A48.

Taylor, H. C., & Russel, J. T. 1939. The relationship of validity coefficients to the practical effectiveness of tests in selection. Journal of Applied Psychology 32:565–578.

Termøhlen, J. 1986. Flyvepsykologiens udvikling. In Udviklingslinier i dansk psykologi: Fra Alfred Lehmann til i dag, ed. I. K. Moustgaard & A. F. Petersen, 169–181. København: Gyldendal.

Thorndike, R. L. (1949). Personnel selection: Test & measurement techniques. New York: John Wiley & Sons.

Torjussen, T. M., & Hansen, I. 1999. The Norwegian defense, best in test? The use of aptitude tests in the defense with emphasis on pilot selection. Tidsskrift for norsk psykolog- forening 36:772–779.

Torjussen, T. M., & Værnes, R. 1991. The use of the defense mechanism test (DMT) in Norway for selection & stress research. In Quantification of human defense mechanisms, ed. M. Olff, G. Godaert, & H. Ursin, 172–206. Berlin: Springer–Verlag.

Whitener, E. M. 1990. Confusion of confidence intervals & credibility intervals in meta-analysis. Journal of Applied Psychology 75:315–321.

# 第五章

# 训练

## 5.1  引言

　　在早期的航空活动中并没有飞行员教练。如奥韦尔和威尔伯·莱特，奥克塔夫·沙努特，奥托·利林塔尔和挪威的汉斯·弗莱舍·冬斯[①]（原为潜艇军官）等第一批飞行员都是通过自我训练成为飞行员的。他们既是试飞员又是飞行学员。当然，在研究如何更好操控飞机的过程中常伴随着死亡等不可避免的后果（Lilienthal, 1896）。伴随着几代飞行员的共同努力，飞行训练技术才得以有今天的发展，如今每一位杰出的飞行员都是这一发展的受益者。然而，并不是所有的航空训练取得的进步都来源于飞行员。心理学和教育学领域的研究者（他们大部分都不是飞行员）也对当代飞行训练形式的建立做出了贡献。在实验室的研究中发现和得到的个体学习新技能的规律和原则已经被广泛应用于飞行员训练中。在本章中，我们将探讨随着飞行员训练程序的发展，上述这些规律是如何应用于航空环境的。

　　训练是一个很广泛的概念，它涵盖诸多情境中的多项活动。训练有不同的分类标准，可以根据训练进行的时间顺序对其进行分类。如初始训练是教授个体一些基本的新技术，而补充训练则是需要个体复习并保持已经学习过的技术。还可以根据训练进行的地点进行分类，例如，室内训练、模拟飞行器训练、飞机实地驾驶训练。同样，也可以根据训练的内容进行分类，例如可以分

---

① 若要查找更多的关于早期挪威飞行员的信息，可以查阅非常有趣的一本著作《百年挪威航空》（挪威国家航空博物馆，2005）。

为技术性训练和非技术性训练这两种截然不同的训练类型。技术性训练侧重纯粹的技术提升，如质量和平衡的计算技术训练等；而非技术训练更侧重诸如机组人员的协调与管理等能力。但是，无论选择哪种分类标准，这些活动的目的都是一样的：那就是使受训者的一系列技能和知识提升到特定的水平。

> 训练是一个系统地提升知识、技能以及态度的过程，是一项促进工作技能的活动。

大量关于人类个体学习的研究促进了人员训练程序和方法的发展。从19世纪末艾宾浩斯关于个体的研究开始，在随后的时间里众多研究者对于个体的学习行为及其影响因素进行了系统的研究。鉴于章节篇幅的限制，在此不做详细的介绍。此外，有大量关于人类学习的文献可供阅读，比如近年的赫根汉和奥尔森（Hergenhahn & Olson, 2005），奥蒙德（Ormrod, 2007），马苏尔（Mazur, 2006），亨莉 （Henley, 2004），欧尼尔和安德鲁斯（O'Neil & rews, 2000），以及特尔弗和莫尔（Telfer & Moore, 1997）。

在本章稍后的内容中，我们将探讨一些专门针对航空训练的问题。与工具和设备的设计一样，个体训练的设计也是十分重要的。有效的训练设计需要考虑众多相关因素，特别是那些需要被学员和教练长期接受和使用的训练。因此，在探讨具体的航空训练程序之前，我们应先对训练系统中一些决定性的因素和技术进行研究和检验。

## 5.2   训练体系的设计

训练体系设计的精确性反映了训练系统的实施计划。很少有训练设计精确到只用于一两个从事某项不重要工作的个体。例如，一个新进的员工接受了大概一分钟的培训来学习如何使用办公室的复印机。这个过程中没有正式的训练计划，也没有对学员训练材料进行保存和正式评估。并且，甚至不能确保一个学员和另一个学员接到的是同样的指导。上述这个训练体系缺乏标准化的原因在于标准化训练体系的设计和制定是非常昂贵的，而未能顺利完成该任务的损失仅仅是浪费几张纸而已，花费并不大。

但是，就飞行员训练而言，如果没有通过训练教会飞行员如何正确地执行仪表进场着陆或复飞操作，就可能导致非常严重的后果，带来经济和生命的双重损失。显然，较一般工作技能的训练而言，飞行员的训练要有更加标准化的训练体系设计，以确保涵盖所有飞行员必须掌握和了解的知识和技能，并且以此确保学员在经过培训后能够达到令人满意的绩效水平。一个设计严谨的训练计划的花费大小取决于任务失败的后果，而且对很多组织而言，也取决于长期要求的训练人数，比如在军队中服军役。

一个确保整个训练体系严谨性的办法是采用系统化训练法（SAT），也常被称为教学系统开发（ISD）[①]。20世纪70年代中期，美国军方首次将这种方法用于训练体系的设计和建立。在很多的军事手册（U.S. Department of Defense, 2001）和个体指导手册中都有详细的描述。例如，美国空军（1993）手册通过将国防部手册中的一般指导纲要进行修改以满足空军的具体需求。类似的个性化手册也广泛存在于美国海军（NAVEDTRA,1997）和美国陆军（TRADOC Pamphlet 350-70）当中。

这种结构化的训练方法已经被民航系统接受。例如，它的一些原则已被收录在联邦航空管理局提出的高级认证程序（AQP）和加拿大交通部建立的飞行员综合训练计划项目里。这些进展都反映了国际民航组织公约在国际民航——人员执照（ICAO）中体现的训练系统总体取向。

简而言之，SAT/ISD就是提供一种方法来解决以下问题：

1. 训练的对象。

2. 训练的内容。

3. 训练的时间。

4. 训练的地点。

5. 训练的目的。

6. 如何完成训练。

多数飞行员和非飞行员看到这些条目的第一反应是：

---

① 更多的关于SAT/ISD的介绍参见美国空军手册 36-2234（U.S. Air Force, 1993）。迈斯特（1985）的研究也是很好的参考资料。

为什么如此小题大做呢？为什么一个精心设计的训练体系要考虑这些如此简单的问题？当然，这些问题的答案很明显：

1. 训练想当飞行员的人。

2. 教学员如何开飞机。

3. 在上午或下午飞行。

4. 在飞机上训练。

5. 让学员学会开飞机。

6. 教练将会演示如何操作，然后学员自己完成。

其他反应是："为什么不让我们做我们一直在做的事情？毕竟，我们多年来一直在训练飞行员。"

这些看法是可以理解的，甚至在某些情况下是值得肯定的，然而，这通常也反映出他们有限的世界观。如果一个人考虑的仅仅是一位教练和一些有意接受训练的学员，那么训练会多少按上面第二个项目列表中所讲的那样进行？这是一种在不要求训练效率或不对结果进行严格质量控制情况下随意的训练方式。

然而，考虑到几乎每一个军事机构和很多航空公司都会面临的情形。部队招募大量的没有军事经验的人，而这些人多数情况下还缺乏执行军事任务职责所要求的技术技能与知识。在一个相当短的时间内，刚招募来的新兵需接受军事技能训练，以确保他们成为部队合格的一员。而在部队中，执行任务失败的后果是非常严重的。所以很显然，每一个新兵都不能错过这样训练的机会。如果没有其他任何理由或方法来降低大规模军事训练的巨大成本（如在美军培养一名直升机飞行员的费用接近一百万美元；Czarnecki, 2004），那么训练体系的设计应该准确地传递一些信息，包括需要什么样的训练形式以及能够让学员达到一个比较满意的能力水平所需的时间等。为了达到这样的目标，需要仔细地分析与计划。以下是SAT/ISD提供的准确信息：

SAT/ISD过程的五个阶段：

1. 分析。

2. 设计。

3. 开发。

4. 实施。

5. 评估。

　　任务：任务是一项具体工作行为的一部分，开始和结尾都很明确，具有可观察性和可测量性。一项任务的执行，不依赖于其他的任务，尽管它可能同其他任务在使命、责任或工作上处于同一序列之中（U.S. Department of Defense, 2001）。

## 5.2.1　分析

　　SAT/ISD的过程是首先分析接受训练人员的目标岗位或工作。目的是对如何完成这项工作有一个整体的理解。在此阶段，主要任务是汇编所有与工作相关的任务。除此之外，执行每项任务所需的标准、条件、绩效衡量指标和其他的标准都在此阶段界定。

　　工作分析通常由观察人员（在职人员）完成，他们记录自己或工作人员做了什么。特别是在军事机构，需要更加正式的职业调查和工作分析程序。工作分析常用的方法是关键事件技术（CIT；Flanagan, 1954）。一旦与工作相关的任务被确定好后，CIT程序将根据任务的频率、难度和失败的后果等方面确定出该工作所涉及的关键任务。显然，比起容易和相对影响较小的任务，训练过程应将注意力更多地放在那些困难的、经常发生的以及无法完成会产生严重后果的任务上。然而，需要等到完成所有工作相关任务的分析和梳理，并形成综合列表之后，才能确定哪些任务是重要的或是次要的。

　　除了检查工作及其组成任务外，还应将注意力集中于最终接受训练的人员上。将这些完成训练且会去从事相关工作的人称为目标受众。就像硬件设计必须考虑到用户的能力和局限一样，训练系统的设计也应该考虑到目标受众的感受。在分析阶段，必须对目标受众进行详细的界定和描述，因为这些信息对于训练所需的设计至关重要。例如，训练系统设计需考虑到是面向没有飞行经验的飞行学员还是面向已具备一定飞行经验的商业飞行员。这可能是一个比较极端的例子，但重点是训练体系的设计者不能对接受训练人员的特征进

103

行假设。

　　另一个例子，在国际航空领域，基本的英语能力是必备素质。有些训练体系的设计师假设所有学员的英语水平都能达到令人满意的水平或都具有相同的流畅程度，这种想法是不正确的。显然，各个国家和地区在教授英语的过程中存在着很大的差异。因此，全面地分析这些可能存在的问题以确定在开始技能训练之前，对于特定目标受众的英语辅助教学是否有必要。类似的还有计算机教学、驾驶经验、机械经验和智力水平。所有的这些先前经验或能力条件都必须在分析阶段被确定。

## 5.2.2　设计

　　此阶段的工作主要是确定教学策略和选择教学方法与媒介。一项教学策略可能并不提供正式训练，而是学员可能选择不同的训练模式并且在职接受训练。这是非常常见的策略，尤其是对于那些对技能要求较低的工作来说。例如，如果是一个面向木匠助手的训练项目，那训练过程就是非常简单地告诉新来的帮手跟着木匠学，照着师父的做法或听他的指导做。当然，这是一个比较特殊的例子，而在航空环境中并没有类似的情况。然而，将正式训练和在职训练相结合的策略相当普遍，特别是对于很少执行的任务而言更是如此。

　　分析阶段使用的职业分析过程可能会使一些很少见的任务为人所知。这些有可能是具有重要结果的任务，但是由于很少出现，以至于等到需要用它完成任务时，最初提供的训练资格都将随着时间的推移而消失（技能衰退的问题将在本章后面的小节讨论）。因此，教学系统设计师处于两难的境地。应该教学员如何完成这些任务吗？——明知他们会在必须执行这些任务之前把所学的东西忘到九霄云外。他们是靠复习训练内容来保持任务熟练吗？还是利用一些实时训练计划，这样当任务需要时，在职者就能够快速学习所需技能？

　　在某些情况下，后一种方法更理想，尤其当处理和维护那些比较可靠的电子系统时。读者可能会想到他或她最后一次（如果有的话）安装或更换电脑硬盘驱动的时间。没有任何技术培训，电脑使用者被电脑硬盘驱动制造商要求独立完成这项任务。并且，他们通常都能够完成这样的任务（不会伤害个人，对电脑也无害），因为制造商提供了大量精心设计的程序以及逐步操作的指导语，同时还有图示。这种即时指导语能够确保电脑使用者完成相关的任务。因此，一个之前从来都没有完成过或没有接受过任何培训的人，在几小时之内或只要阅读说明书以及按照指示操作，便能够成功地完成安装任务。事后他或她可能便会忘了刚学会的安装步骤，直到下次遇到类似的情况再次学习。这是一个简短接受培训、执行任务以及技能衰退不断循环往复的过程。

当然，在某些情况下，那些在工作中很少执行的任务仍被要求训练达到一个较高水平，然后通过不断的复习巩固使其维持在较高的技能水平。在航空活动中，中断起飞（RTO）就是一个非常典型的例子。在这样一个关键时刻，任务执行必须迅速并且无误。在2秒左右的时间内必须做出中断起飞的决定和相关操作。这期间根本没有时间去查阅备忘录，更不用说查阅退出异常程序手册和学习如何执行该任务了。

在SAT/ISD分析阶段，必须确定好这些任务以及限制它们操作的因素，以便选择恰当的指导策略。在不同情况下，该策略应该适合学员培训的任务。

除了教学策略，训练体系的设计者还得选择教学方法和媒介。以下是一些教学方法：

1. 授课。

2. 演示。

3. 自主学习。

4. 计算机训练。

5. 在职培训。

可用的媒介包括：

1. 印刷媒体。

2. 字幕片。

3. 录音带。

4. 35毫米幻灯片。

5. 多媒体演示。

6. 电影、录像。

7. 交互式课件。

教学方法与媒介形式的选择也需要在设计阶段完成。训练计划设计首先需要明确教学目标。教学目标主要指每一个培训阶段期望完成的目标，以及在每一次活动完成之后继续学习新目标所要求的知识和技能。如果教学的目标是让学员掌握如何操作和使用相关设备，那么在训练的前期，就需要教会学员如何调试和使用无线电设备，如何根据飞机高度表的指示来保持飞行姿态，以及如何驾驶飞机下降等众多相关技能。因此，新材料呈现的顺序对于训练的成功与否十分重要，在训练计划的设计时必须仔细考虑。分析阶段可以明确那些先前学习的技能和知识等影响训练成效的因素，所以设计阶段需要对这些影响和限制训练结果的因素予以充分考虑和重视。

### 5.2.3　开发

一旦训练的目标、训练的策略以及教学活动都计划好了，接下来就是实施过程了，也就是进入整个培训项目的开发阶段。这一阶段的工作可以从制定正式的课程大纲开始，然后备课，制作教学材料，必要时制作交互式课件。同时，教学计划（POI）和课程大纲也需要在这一阶段被确立。教学计划有助于把控教学节奏，组织以及指导具体的教学活动。它是提供课程指导，用于开发教练教学过程中个体课程计划的蓝图。

也许这一阶段最明显的成果是大量教材的产出。设计和制作诸如书、手册、学员指南、录像带、电影、幻灯片、胶片、模拟器、实物模型等教学计划中所涉及的教学材料。

在此阶段还需进行一些测试，以便检查学员是否达到了教学计划所指定的熟练水平。测试是非常重要的成分，这些测试的设计和开发必须遵循规范的心理测量原则。这些问题在本书的第二章与第四章中有详细的说明。除此之外，飞行学院在训练完成后还需要接受考核和选拔测验，以确定该学员是否训练合格。

此阶段的最后一项活动便是在有限的基础上尝试一种新的训练项目，用以确保每件事按计划执行。俗话说，没有任何作战计划遭遇敌人后还有效。同样，即使在计划最完善的训练体系中，也难免会忽略一些因素；当训练计划中全部的课程开展时，这种情况会变得更加明显。对于学员能力的假设和估计有时可能会被证明是错误的。对于学员达到合格技能或能力水平所必须的训练时间和课程数量的估计有时也过于乐观。对训练开发人员和学科专家来说清晰易懂的语言，可能对学员而言晦涩难懂。

即使每个单个训练模块和内容可能在开发时都被学员测试过，但对整个系统的测试仍要慎重。培训元素之间的依赖效应可能在单独评估各元素时并不明显。这一阶段的成功完成能够让我们更有信心地朝下一阶段推进。

## 5.2.4 实施

在此阶段，训练计划正式开始实施。如果之前的所有准备阶段的工作都能顺利完成，那么预期中的学员将到达恰当的位置。在训练实施前，足够数量的教材以及所有硬件，如模拟器等都应准备就绪。同时，教练和辅助人员应做好准备。这标志着前面准备阶段主要的技术活动已经结束，而现在的主要工作是管理和执行好训练活动。

## 5.2.5 评估

当前面几个阶段的工作都能顺利进行，SAT/ISD过程中的评估工作将继续推进。前面的每个阶段都应该包括一些评估过程。例如，在分析阶段，需要评估以确保工作中包含的所有任务都被纳入分析，并且采用了严格和恰当的分析方法以确保分析结果的质量。在设计阶段，评估所选择的训练方法和媒介是否与培训目标相一致。在开发阶段，应仔细检查培训教材以确保培训的有效性。例如，在飞行训练过程中应该反复核查教授的无线电术语。这些术语都是由民航或军事权威机构制定，偏离了标准的术语将导致飞行员产生迷惑或失误。最后，在实施阶段，像学员训练的质量等结果都是训练过程的评估指标。整体而言，这些评估活动可以分为三种类型：

1. 形成性评估。

2. 总结性评估。

3. 操作性评估。

形成性评估过程从最开始的SAT/ISD计划到小组试验。其目的是检查训练系统中各个组成部分的设计。它可以回答"我们是否完成了我们计划做的工作"。换言之，如果实现具体学习目标的计划要求使用局部模拟，即：是否真正实现了教会学员操作飞行管理系统（FMS）以达到特定的能力水平？指导系统是否包括局部模拟的使用，以达到特定的学习目标？已经完成特定培训内容的学员是否能够达到所要求的能力水平？

当这种评价在早期进行，也就是当整个训练体系还处于研发中时，它可以帮助研发人员以最低的成本来完善和改进整个训练体系。例如，当发现完成飞行管理系统（FMS）训练的学员没有令人满意地完成任务时，可能会导致整个训练计划做出改变，如修改培训课程的内容或增加模拟飞行训练的时间等。然而，如果训练体系中的缺陷直到训练开发的后期才被发现，那么做出改变就会比较复杂与昂贵了。例如，当其他训练环节也安排了模拟飞行训练，原先模拟飞行训练的时间就无法调整了。这就意味着，不是要对训练体系做出重大的修改，就是要购买额外的模拟飞行器。然而这两种选择都要付出很大代价。

总结性评估让来自目标人群的学生在实际操作环境中测试教学程序。总结性评估试图回答的基本问题是"这个训练体系有效吗？"也就是说，这个训练体系是否发挥了预期的作用，达到了预期的目标？通常情况下，总结性评估通过操作测试2到3节课来检验训练计划。这样就有充分的数据确定在整个训练体系中是否存在诸如资源缺乏、时间安排不合理、支持设备不足、对教练的训练需要增加，或教材需要调整等问题。总结性评估还需要解决学员结业成绩的关键问题，即该学员在完成训练后是否能够从事他们所受训的工作。显然，就像医学院毕业生应该通过医师资格证书的考试一样，飞行员训练结业的人员也应该通过从业专业许可证书颁发机构组织的书面与实际操作的考试。如果相当一部分结业人员不能达到这个标准，那么这样的培训学校肯定是存在问题的。

操作性评估是一个连续的过程，当新的训练体系启动运行后，操作性评估的工作也应同时启动。操作性评估的工作主要是负责收集和分析内外部数据，以便训练监管人员监控整个训练运转情况。至少，操作性评估也应监控即将结业学员的课程状态，以确保他们能够继续完成训练，达到工作从业要求。例如，结业学员通过执照考试的比例决定着是否需要对整个训练程序进行重新评估。也许操作环境会发生一些变化，要求改变训练程序。

在航空领域中，GPS的应用就是一个很好的例子。随着GPS开始逐渐替代高频率的全方位无线电导航系统，飞行员训练体系也应该进行相应的调整，以便向飞行学员提供相应GPS导航技术的指导——这可能是以减少全方位无线电导航的指导为代价的。一个警觉的训练学校可能会主动地做出一些改变。然而，即使没有察觉到相关技术的进步，使用现行操作评估内容，特别是那些不是粗略检验合格率的内容，应该标志出改变的需要。

## 5.2.6  结论

SAT/ISD为训练的开发提供了框架。它没有固定的方法或模式——这种方法有时候常被人批判，但是也有人认为这是它的技术优势。SAT/ISD在军事，包括军事航空领域中应用非常广泛。因此，即使对于没有参与过大规模训练的人而言，SAT/ISD所涉及的一些基本概念也是非常有帮助的。坚持SAT/ISD的一般原则和程序可以指引各种训练的开发。临时飞行教练可能不会在自己的教学计划中利用正式的SAT/ISD过程；但是，他至少需要考虑教学目标、教学模式以及评估方法等SAT/ISD的其他成分，只有这样才能够有效地提高整个训练过程的质量。

> 机组资源管理（CRM）是指个体或机组有效利用一切可利用的资源（人、武器系统、工具、设备和环境），安全成功地完成所分配的任务或工作（U.S. Air Force, 2001）。

## 5.3  机组资源管理

前面的部分主要是从宏观的角度解读整个训练体系的研发，并没有涉及一些具体的训练元素。但是，训练必须与具体的飞机驾驶技术结合起来。飞机驾驶技术主要包括查阅地图、阅读和理解天气预报、准确地计算质量与平衡，以及恰当的运动控制能力等。当然，很多其他的技能也是非常重要的，例如机组资源管理（CRM）的一些技能。尽管这些技能在欧洲被称为非技术技能（NOTECHS）。它们主要包括机组成员的和睦共处，关键时刻知道如何有效地保护自我，以及始终保持情境意识等。一般来说，机组资源管理训练的前提条件是具备操作飞机所必须的全部技术能力。然而，对于飞行学员来说，一个成熟的训练计划，特别是根据SAT/ISD准则开发的训练系统，可能会将CRM作为一个独立的训练元素或技术技能训练的一部分。

Ab initio：拉丁语"从头开始"，主要是指没有任何经验或接受过任何与当前任务相关训练经历的人。

机组资源管理训练的需求起源于20世纪80年代，是民航事故发生原因的研究结果。克里斯汀和摩根（Christian & Morgan, 1987）总结了航空事故发生的原因，发现可能会导致空难的人的因素包括：

1. 专注于微小的机械异常。

2. 领导与监督不够。

3. 任务委派与责任明确不恰当。

4. 未设置优先顺序。

5. 无法交流意图与计划。

6. 未能利用现有数据。

7. 在驾驶舱内没有充分监督其他机组成员。

关于CRM主题的开创性的文章可能是弗西（Foushee, 1984）的研究，他将社会心理学的术语和技术应用于航空驾驶舱环境研究中。从此之后，CRM研究逐渐升温。梅里特和威廉（Merritt & Wilhelm, 1999）的研究中记录了商业航空领域CRM的发展与变革。然而，随后的几十年里，关于CRM的大量研究已不再局限于航空领域，它逐步开始扩展到医院手术室（Fletcher et al., 2003）和海上钻井平台控制室（Salas, Bowers & Edens, 2001）等环境中的资源管理研究。

在美国，FAA是CRM研究的主要支持者。FAA赞助了大量的CRM研究。这其中最出名的是由德克萨斯大学罗伯特·海姆里奇和他的同事们做的一项研究。基于海姆里奇团队和其他一些团队关于CRM的很多研究结果，FAA发行了有关航空指导和定义以及关于CRM培训的相关出版物。由美国FAA制定的关于CRM的注意事项如下（FAA, 2004）：

CRM是对人/机界面及相应人际行为最优化的一种追求。这些活动包括团队的建立与维护、信息传递、问题解决、决策、情境意识的维持和操作自动化系统。CRM训练主要由三个部分组成：初期教导与认知/意识、反复练习与反馈、持续增强。

110

FAA咨询通告部门提供了有效CRM的一系列特征：

1. CRM是一个应用人因学概念以提高机组工作表现的复杂系统。

2. CRM适用于所有航务作业人员。

3. CRM可以融入各种类型的机组人员训练。

4. CRM的重点在于机组成员的态度、行为及其对航空安全的影响。

5. CRM以机组成员为单位训练对象。

6. CRM要求所有机组成员积极参与训练，该训练可以提供机会让机组人员检视他们的行为，并判断如何增进驾驶舱中的团队合作。

## 5.3.1  CRM的发展历程

关于CRM的发展，海姆里奇等人（Helmreich et al., 1999）将其划分为从1981年美国联合航空开始的五个发展阶段。CRM训练在第一阶段被认为是"本质上是心理学，强调心理测验，以及诸如领导力这样的一般概念"。意料之中的是，一些飞行员拒绝这些课程，认为是在操纵他们的人格。

CRM训练第二阶段的研究主要关注与航空飞行相关的具体的概念。此外，训练变得更加模块化和团队导向。这也反映出了从第一阶段"驾驶舱资源管理"到现在的"机组资源管理"之间的变化。此时的CRM更强调团队组建、策略概述、情境意识和压力管理。尽管参与者能够接受这些训练课程，但是对训练及其中使用的心理学术语仍存在一些批评。海姆里奇等人提出，第二阶段的CRM训练目前仍在美国和其他地方继续使用。

CRM发展的第三阶段开始于20世纪90年代早期，此时的CRM训练开始变得更加全面，更能准确地反映出机组操作的环境。因此，像组织文化和组织氛围这样的组织因素也更多地被纳入研究中。在某种程度上，就像里森（Reason, 1990）著作中描述的那样，事故的因果关系存在多层概念。在那个模型中（第八章有详细说明），组织因素被认为是造成事故的重要原因之一。

1990年，由FAA举办的高级资格认证考试（AQP；Birnbach & Longridge,

1993； Mangold & Neumeister, 1995）标志着CRM第四个发展阶段的开始。AQP允许航空公司为飞行员量身定制全新的训练体系以满足他们个性化的需求。然而，FAA要求无论是CRM还是航线飞行训练（line-oriented flight training, LOFT）都应被纳入飞行员高级资格认证考试体系之中。因为AQP为航空公司开发低成本和高质量的训练提供了很大的帮助，并且大多数航空公司都已采用AQP的模式。相应地，他们在详细分析训练要求和人因问题的基础上开发了全面的CRM程序。

最后，海姆里奇等人认为CRM第五个发展阶段的研究主要关注错误管理的问题。并且他们认为CRM训练的最终目标是开发有效的风险管理方法，这一点应该体现在训练大纲和训练实践中。里森（Reason, 1990, 1997）早些时候在事故因果关系模型中指出，不存在对抗事故的完美方式。也就是说，尽管精心制订了计划和最佳设计的系统，还是不可避免存在漏洞、错误和误差。因此，训练中需谨慎地预测、识别和管理这些风险。

因此，CRM从早期以提升个体良好的人际关系为目标到当前集中关注有效地使用机组资源（其他的驾驶舱机组成员、空乘人员、调度员、空管人员、机场维修人员等）来管理风险，这已经是很大的进步和发展了。在这个变化过程中，CRM已从一个定义含糊的体系转变为一个具有良好操作性定义且已经建立完备评估过程的体系。当然，即使如此，关于CRM的研究工作是否应继续的问题仍存在争论，而争议的焦点正是"CRM真的能够提高安全性吗？"

## 5.3.2  CRM的有效性评估

自从CRM开始出现时，它的有效性一直饱受争议。正如上文提到的那样，一些早期的飞行学员在训练中拒绝CRM训练项目，因为它探讨的更多是关于心理学性质的内容，而CRM的训练过程也被学员们视为试图操纵他们个性的行为。之后，训练形式与内容的改变才大大减少了这些批判的言论。然而，即使受参与者欢迎的训练也未必会达到预期的效果。

很多学者都研究了CRM的有效性。佛罗里达中央大学的萨拉斯（Salas, 2001）等人对这些研究做了一个综述与总结。他们总结了58篇已发表的关于航空环境中CRM训练的研究，以此来证明CRM的有效性。他们使用柯克帕特里克（Kirkpatrick, 1976）的训练评估方法作为检验CRM有效性的基本框架。柯克帕特里克将训练后获得的数据按学员的反应、学习、行为和结果（对组织有影响）四个水平进行分类和整理。在这些分类中，学员对训练的反应数据是最容易搜集到的，一般通过由类似"我发现这个训练有意思"这类陈述组成的李克特量表来搜集，被试从五个选项中，即"非常同意""同意""不确定""不同意""非常不同意"，选出一个表示自己对该训练态度的选项。对这类问题的数据分析，可以评估学员对训练不同方面（兴趣、关联性、有效性、功用等）的反应。

　　萨尔斯等人综述的这58项研究就包括反应数据的搜集。其结果显示学员一般比较喜欢CRM训练，在角色扮演的训练方法和讲授法的训练之间，他们更偏爱前者。此外，学员还认为CRM训练有价值，并且实用。

112

　　对训练第二水平（学习）的评估也表明CRM总体上具有积极的作用。这在对学员态度和知识改变的研究中比较明显。人们对CRM的态度（尤其是关于CRM训练的积极态度）在培训之后变得更加积极。此外，学员在接受CRM训练后，其人因学、机组表现、压力源和处理压力源的方法等方面的知识都显著增加。

　　萨拉斯等人发现有32项研究对学员CRM训练后行为的改变进行了测量。最常见的测量方法是在学员参加模拟飞行任务时，通过测量与CRM相关的行为来对CRM训练的有效性进行评估。尽管32项研究中有11项是使用在线行为评估，但大部分的研究都显示出CRM训练对行为具有积极的影响。例如接受过CRM训练的机组人员会表现出更好的行为决策、任务分析、适应性、情境意识、交流和领导力等能力。这些发现有力地支持了CRM对机组行为的积极作用。

　　尽管对于机组行为的研究证明了CRM训练起到了重要作用，但是这些行为的改变效应还未达到组织水平。仅有6项研究从组织水平收集了对于CRM的评估数据，萨拉斯等人指出用于证明CRM对航空安全有影响的证据多是一些轶事报告。因此，CRM和航空安全之间的更深入的关系仍有待进一步被证明。所以萨拉斯和他的同事们呼吁未来应开展更多更好的CRM评估研究，从而更全面地探索CRM训练对航空安全的影响。

　　随着越来越多的证据表明与CRM相关的事故原因，对CRM实现方法和内容进行评估的需要也日益明显。在军事环境中，威尔逊·唐纳利和沙佩尔（Wilson-Donnelly & Shappell, 2004）开展了一项研究，旨在判断美国海军CRM训练中哪一项CRM技能同海军航空事故的CRM失效相匹配。以下是美国海军CRM训练中的7项关键技能：

1. 决策。

2. 自信。

3. 任务分析。

4. 沟通。

5. 领导力。

6. 适应性/灵活性。

7. 情境意识。

1990—2000年期间共发生275起涉及CRM失效的海军陆战队事故，其中超过30%的事故是由于机组缺乏沟通导致的，超过20%的事故是由于简报不充分造成的。更有研究（Wiegmann & Shappell, 1999）发现CRM失效导致超过半数以上大事故（海军A级事故）的发生，这表明与海军陆战队CRM训练中使用材料相关联的失效持续成为海军陆战队事故的主要因素。威尔逊·唐纳利和沙佩尔意识到这样的情况很糟糕，但是他们表示在当前CRM训练计划修改或废弃之前，民用航空事故中也应运用类似的分析技术检查是否也有类似的情况发生。

基于这些分析及民用航空事故产生原因的调查不难发现，并不是目前所有的CRM问题都能够通过CRM训练来解决和弥补，至少在当前的CRM训练实施中是如此。

## 5.4   模拟器训练

训练迁移指"把从训练中学习到的行为应用于工作中"（Phillips, 1991）。

每一位军事飞行员、民航飞行员以及私人飞行员都有模拟飞行的经验。开展模拟飞行训练的原因有很多，但最重要的目的还是在飞行训练中节约成本。例如，美国空军C-5飞机一小时的训练成本为10000美元，而在C-5飞行模拟器中训练一小时的成本只有500美元（Moorman, 2002; Johnson, 2005）。

特别是对于军事和民航的飞行员来说，飞行模拟器的优势在于能够让飞行员体验、操作和应对一些较为危险的驾驶情境。例如民航飞行活动中常见的危险情境即因发动机失效而造成的起飞终止情境。

然而，模拟器训练的效用并不是绝对肯定的。模拟器训练的目的在于：使开展训练的设备是影响行为的真实环境。但是，在模拟器训练中学习到的东西真的能带到飞机驾驶上吗？这个问题通常被称为训练迁移，并已成为研究的热点问题。显然，从目前的研究结果来看，飞行员在模拟器训练中学习到的东西可以迁移到真实的飞机驾驶情境中。

两项关于飞行模拟训练迁移有效性的研究很好地梳理了这一问题。第一项研究（Hays et al.,1992）回顾了从1957年到1986年的飞行员训练研究。海斯等人使用元分析的方法（统计方法的介绍见第二章）研究发现模拟器训练能够有效提高喷气机驾驶员训练的效果。然而，并没有在直升机飞行员中发现类似的结果。

第二项研究中，卡雷塔和邓拉普（Carretta & Dunlap, 1998）回顾了1987年到1997年间的飞行模拟训练研究。他们特别关注模拟飞行训练对于飞行员着陆、径向爆炸精度、仪表飞行控制三方面驾驶技能的影响。研究结果表明，模拟器在训练飞行员上述驾驶技能上都起到了重要的作用。

卡雷塔和邓拉普引用了一项关于飞行员着陆技能的研究（Carretta & Dunlap, 1998），其中，林特恩（Lintern, 1990）研究了在早期飞行训练中模拟着陆训练的迁移效果。他们对两组飞行员进行了对比，其中一组在进行真机飞行训练之前在陆地上进行了两个单元的模拟器训练，另外一个对照组则没有进行模拟器训练。研究发现接受了2个小时模拟器训练的实验组比对照组在真机训练中要少用1.5小时。也就是对于实验组来说，模拟器训练2小时的训练效果等同于真机1.5小时飞行训练。这就是训练迁移效果比率（*TER*）。*TER*最初由罗斯科（Roscoe, 1980）提出，它表达了模拟飞行训练时间替代真实飞行训练飞行时间的程度。

*TER*=（控制组时间–实验组时间）/总的训练时间

例如，如果飞行员训练一般需要50小时的飞行时间，那10小时的模拟器训练就将这一数字减为40小时。那么

114

$$TER = (50 - 40)/10 = 1$$

即1个小时的模拟飞行训练时间节约了1小时的真实飞行训练时间。

举一个更实际的例子，如果模拟飞行训练花费了10个小时，并且还需要45小时的额外飞行时间。那么

$$TER = (50 - 45)/10 = 0.5$$

这就意味着模拟飞行训练1小时节约了0.5小时的真实飞行训练时间。

飞行模拟器已被广泛用于仪表飞行技能训练，卡雷塔和邓拉普（Carretta & Dunlap, 1998）认为"飞行模拟器为训练飞行学员仪表操作程序和飞行控制提供了有效手段"。同时，他们引用法伊尔、霍里和布特瑞马斯（Pfeiffer, Horey & Butrimas, 1991）的研究发现，模拟飞行成绩和实际飞行成绩的相关性为$r$ =0.98。

就运动系统、控制动力系统、视觉场景显示系统和仪表系统的保真度而言，不同的飞行模拟器之间存在着一定的差别。一些飞行模拟器是为全任务训练设计的，而另一些则是为特定飞行任务所设计的（如仅用于训练学员使用飞行管理系统或飞机增压系统的模拟器）。总的来说，卡雷塔和邓拉普（Carretta & Dunlap, 1998）认为，训练的成功迁移并不需要高保真度的飞行模拟器。

瓦登和霍尔（Vaden & Hall, 2005）使用元分析法研究了高保真度的飞行模拟器运动对固定翼飞机飞行技能的训练迁移均值。通过对仅有的7项研究结果的分析，发现存在较小的运动训练正效应（$d = 0.16$）。（关于效应量的介绍见第二章）因此，尽管他们的研究表明，高保真度的运动型飞行模拟器能够有效地促进训练迁移，但较小的训练迁移效应比起高保真度的运动型飞行模拟器超出传统模拟器的高昂价格来说，似乎并不值得。但事实上，最终采用高保真度的运动型飞行模拟器的主要原因与其说是为了更高的训练迁移，不妨说是用来降低模拟器综合征（Johnson, 2005）。

在四个准实验研究中，斯图尔特、多梅和纳尔梅耶（Stewart, Dohme & Nullmeyer, 2002）探讨了模拟器能否被用于美国一部分陆军旋翼飞机飞行员的初级训练。研究结果表明，从飞行模拟器训练到UH-1直升机的驾驶的训练迁移率最高。一般来说，相对于未接受模拟器飞行训练的学员而言，接受模拟器飞行训练的学员在真实飞行训练中所需要花费的时间更少。例如，在四个实验中，

"起飞盘旋"的*TER*为0.18到0.32，同时"可悬停"的*TER*从0.25到0.72间变化。因为在实验过程中，模拟器一直在不断完善，斯图尔特等人认为，模拟器视觉场景显示系统和空气动力系统的改进将会大大提高*TER*。

　　随后斯图尔特和多梅研究了自动悬停模拟器对于飞行训练的作用（Stewart & Dohme, 2005)。他们使用了斯图尔特等人（Stewart et al., 2002）使用过的同款模拟器，其中包含了高质量的视觉显示系统。研究采用了一个简单的对照组实验设计。16个飞行学员作为实验组接受训练，30个学员作为控制组不接受训练。由于五个悬停任务都是在模拟器中进行的，所以并没有训练负迁移发生。在所有实验中，实验组比控制组需要更少的任务重复。斯图尔特和多梅总结了上述结果，发现模拟器训练除了传统的仪表飞行训练之外，也有可能用于基本目视任务训练，这一部分传统上是由飞机训练来完成的。

　　在一个类似的实验中（Macchiarella, Arban & Doherty, 2006），安柏瑞德航空大学的学生被邀请作为研究的被试。 其中20个学生在一个弗拉斯卡飞行训练模拟器（FTD）中接受了他们的初始训练，与之匹配的是16个控制组被试在赛斯纳172S飞行训练模拟器中接受训练。结果表明34个训练任务中有33个任务发生了积极的训练转移。这结果特别有趣，因为不同于军队研究所用的模拟器，弗拉斯卡是一个非动态模拟器。

## 5.5　通过计算机进行训练

　　与传统的模拟器高度还原某一特定飞机的驾驶舱、仪表以及控制器不同，最近的一些研究对依托计算机平台开展的训练进行了评估。尽管早在20世纪70年代就有对于使用个人计算机（按现行标准）开展训练的研究，但当前这项研究的主要目的是推进始于20世纪90年代初泰勒和他的同事在伊利诺伊大学香槟分校所做的一些工作。

　　与传统飞行模拟器训练研究一样，最初的研究主要关注于使用个人计算机航空训练设备（PCATDs）对飞行学员仪表飞行技能进行训练。泰勒等人（Taylor et al., 1999）的研究评估了PCATD在多大程度上能够教会学员仪表飞行技能以及该项技能的训练迁移水平。他们安装了商用PCATD的软件和硬件，并且开设了两门大学水平的航空课程。按照PCATD的指导，学员们在飞机上收到指令和评价。由于任务的不同，$TERs$在0.28到0.12间波动。这项研究的一个有趣发现是PCATD训练新任务比复习之前就达到合格水平的任务训练效果更明显。

在后续研究中，泰勒（Taylor, 2001）再次证明PCATD可以有效地用于仪表飞行训练，总$TER$为0.15，并且每10小时的PCATD训练可节约1.5小时的真实飞行训练时间。奥尔蒂斯早期的研究（Ortiz, 1995）展示了一种$TER = 0.48$的计算机模拟仪表飞行训练方法，这种训练面向没有任何飞行经验的飞行学员。

除了能够帮助学员获得仪表飞行的技能外，PCATDs在保持众多飞行技能上也能发挥作用。正如我们在后续章节中会提及的那样，如果长时期没有进行练习，认知技能就很容易受损。PCATDs能否帮助个体进行飞行驾驶所必须认知技能的保持和复习？这正是泰耶尔等人（Talleur et al., 2003）所试图研究的问题。在他们的研究中，106名飞行员被随机分为成四组，并完成基本仪表检查任务（IPC）。在第2个月和第4个月分别在以下情形中接受训练（1）飞机，（2）FTD，（3）PCATD或（4）没有（对照组）。在6个月的时间点，所有组又在一架飞机上接受IPC。

通过比较这四组最后的IPC表现可以发现，PCATD能够有效地维持仪表飞行技能。在PCATD上训练6个月的飞行员与那些在FTD上训练的飞行员训练后表现一样好。此外，两组学员的训练成效与在真机上训练的学员一样好。这项研究中另一个有趣的发现是，参加此项PCATD的飞行学员中，只有42.5%的人能够通过真实飞机驾驶中的IPC。

虽然PCATDs已被证明是有效的仪表技能训练方法，但是它在训练飞行员操作或者心理运动技能上效果并不太理想。两项研究均未发现从PCATD到水平直线飞行（Dennis & Harris, 1998）或特技飞行的训练转移（Roessingh, 2005）。然而，一项针对美国海军飞行员的研究证明计算机可用来训练团队合作技能（Brannick, Prince, & Salas, 2005）。在该研究中，飞行模拟器呈现出一些训练场景，而学员通过计算机接受CRM训练。结果证明，接受计算机CRM训练的飞行学员比仅仅接受商业民航训练中问题解决训练和视频游戏的飞行学员表现得更出色。

## 5.6  复训和技能衰退

复训的目的是帮助飞行员维持在初始训练中习得的技能。显然，如果人类永远不会忘记任何事情，无须练习运动技能就可以无限期地维持在较高水平，那么复训就没有任何意义。但遗憾的是，人类会遗忘。其实个体常常很快就会忘记许多事情。例如，尽管有人说一个人一旦学会了骑自行车就永远不会忘记，但大多数人都会注意到，在他们长时间不练习后，他们骑自行车水平一定会下降。一个人可能仍然能够骑自行车，但不能尝试任何花样。

然而，有一些技能的衰退比其他技能更快，如记忆和认知能力往往比运动技能的遗忘速度更快。因此，长时间停飞的飞行员常发生的状况是：他或她依然可以驾驶飞机，但是已经记不清如何得到滑行和起飞许可，不知道如何计算密度高度等。这种现象就是技能衰退。技能衰退是指"经一段时间不使用后，训练或习得的技能（或知识）被遗忘或者减弱"（Arthur et al., 1998）。

当前的自动化驾驶系统倾向于将飞行员置于被动的监控模式，这加剧了飞行员技能衰退的问题。然而，当自动化系统失效时，飞行员必须立即接管飞机控制，并有可能执行一些以前很少或从未训练过的任务。阿马博蒂和威博（Amalberti & Wibaux, 1995）指出，很多训练已将不再教授飞机手动驾驶技能。例如空客A320飞机驾驶员的训练，因为该飞机只能采用自动制动系统，所以对该型号飞机驾驶员的训练中，并不会教授任何手动制动的技能。我们可以推测一下当自动制动系统失效（这是必然的），必须使用手动制动时会发生什么。

波菲特（Prophet, 1976）开展了有关飞行技能长时记忆的文献综述，该研究收集了120个论文数据库的研究摘要，其中大部分来自军方的研究。该研究结果显示，在长时间不飞行的情况下，基本的飞行技能仍可以较好地保持。但是，仪表和程序性驾驶技能发生了显著衰退。因此他提出，连续控制技能（如追踪）比涉及执行离散程序的技能更好保持。同样，赖特（Wright, 1973）的研究也提出了相似的观点，他认为基本的目视飞行技能在36个月后仍然保持在可接受的水平上，但仪表飞行技能在12个月之内就有一半左右的飞行员衰退至可接受水平以下。

117

在一项飞行技能保持的研究中（Childs, Spears, & Prophet, 1983），42名来自FAA的飞行学员接受了相关飞行训练并取得了从业资格证书。研究使用标准化的评估程序，对飞行学员的专业水平在颁发证书后的8、16、24个月重新进行评估。研究者报告了正确操作的下降比率：在训练结束24个月后的评估中，学员的相应操作正确率从最初的90%下降到50%。该研究由此得出的结论是："已取得证书的飞行员如果长期不进行飞行活动将造成飞行技能显著快速衰退。"

蔡尔兹和斯皮尔斯（Childs & Spears, 1986）也综述了飞行技能衰退的问题。他们认为，如果长时间不使用，认知/程序性的技能比控制导向性的技能更容易衰退。

卡斯纳、海罗德兹和琼斯（Casner, Heraldez & Jones, 2006）采用四个实验来检查飞行员航空知识保持的情况，并力求通过研究发现飞行员的特点及他们的飞行经验对记忆和遗忘产生的影响。他们使用的测试材料是FAA的飞行员笔试题目。

在第一个实验中，10个多选题目的测试平均分是74.8%。60个实验参与者中，12人得分在30%至60%之间，大大低于通过FAA认证考试的最低分（70%）。20个拥有私人飞行执照的参与者平均测试得分是69.5%，而FAA私人飞行员笔试的全国平均分是85%。显然，一些关于知识的实质性遗忘发生了。然而，20位FAA认证飞行教练（CFIs）的平均得分数是79%，这意味着他们比其他飞行员更多地预演他们的知识。

尽管在测试得分和总飞行时间之间并没有太大的联系，但近期飞行经验（前6—3个月）与测试总分之间相关性则非常高。然而，大多数这种关联可能是由于认证飞行教练（CFIs）获得的强相关性（前3个月时 $r = 0.64$ 和前6个月时 $r = 0.52$）。

在第二个实验中，卡斯纳等人请24名只飞过一种型号飞机的飞行员在他们熟悉的型号的飞机和他们完全没有接触过型号的飞机中去执行质量和平衡计算任务。他们发现尽管飞行员保留了如何计算他们自己飞机的知识，他们在不熟悉的飞机中任务表现得更差，他们识别出"不起飞"情境的只有50%。

卡斯纳等人的结论是："飞行员持有的证书和评级对于这些飞行员在驾驶

技能维持过程中的作用并不大。"他们建议关于当前的航空知识熟练程度需要一个更明确的标准，同时也需要一些替代的方法来确保飞行员维持他们所需的知识。此外，他们认为，当前的航空实践过于强调抽象的理论，远离实际的应用，这也许也是不利于航空知识保持的重要原因之一。

亚瑟等人（Arthur et al., 1998）使用元分析技术系统梳理和研究了有关飞行技能保持和衰退的相关文献。元分析的结果表明，相关文献已经确认了一些影响技能衰退的因素。这些因素中比较重要的有：

1. 延时间隔长度——间隔时间越长，衰退越多。

2. 过度学习的程度——过度学习有助于知识和技能的保持，并且过度学习的总量决定着该知识和技能保持量。

3. 任务特征——开放式任务（如解决问题）比封闭式任务（起飞前的检查工作）更容易被保持。

亚瑟和他的同事们对53篇文献的元分析发现，"物理、自然和基于速度的任务比认知、人造的和基于精度任务更不容易受到技能损失影响"。

在一项仪表飞行技能衰退的研究中（Mengelkoch, Adams & Gainer, 1971），两组由13名没有飞行经验的学员组成的被试组被要求在飞行模拟器驾驶训练中接受理论指导和仪表飞行技能指导。一组被试接受5次实验训练，另一组给予10次实验训练。在训练结束的时候两组都能够成功完成飞行任务。当然，尽管训练次数较多的被试组明显比另一组表现更好（10次训练，正确率95%；5次训练，正确率78%）。在4个月的时间间隔后，接受10次训练的被试组飞行技能遗忘了16.5%，而接受5次训练的被试组则遗忘了20.1%。飞行控制参数的遗忘通常比较少，高度和空速参数明显会被遗忘。

在拉夫纳和巴克利的研究中（Ruffner & Bickley, 1985），1979年美国空军飞行员参加了一个为期6个月的测试，期间他们用UH-1飞机进行零、二、四或六目视地形跟踪飞行任务。研究结果表明，在训练结束没有实践的6个月后，直升机飞行员在目视地形跟踪飞行任务中仍保持平均技能水平。此外，飞行实践干预（6个月）没有显著改善平均绩效水平。这些结论不受总飞行时长多少，或者任务是否是心理运动或程序性的等因素的影响。

119

## 5.7　总结

训练是一个庞大的主题，它需要用到许多学科知识和科学技术，需要从理论家到计算机科学家和模拟器工程师多方面的支持。在大多数情况下，我们目前的训练体系培养出了拥有良好飞行必备技能的飞行员。如今大量有关飞行训练的研究关心的都是如何提高训练效率、降低训练成本、优化训练内容等方面的问题。我们上面所介绍的大量工作存在不公正的风险，因为有些研究在本章只是简略提到，本章主要涉及以下内容：

1. 一个设计良好的飞行员训练体系需要细致的分析和周密的计划，才能有高品质的产出。

2. CRM一直以来是一个有争议的话题，并且也没有明确的解决方案。它实际上能否提高航空安全仍有待商榷。

3. 在飞行员训练体系中，飞行模拟器无疑是一个很有价值的训练工具，除了节省训练经费以及保证危险情境下训练的飞行员安全外，还对 *TER* 有着非常积极的作用。

4. 个人计算机已经全面应用于飞行员训练。毫无疑问，它们可以有效地用于初始和复训的仪表飞行训练。但它们是否还可以用于目视训练仍有待观察。

最后，在结束有关飞行员训练方面的内容前，让我们对当前的航空训练作一个最后的观察。我们尤为关心教学内容的实践性，比如以去脉络化的方式教气象学。就是说，典型的航空训练学校会开设气象学课程，学生在课程上学习所有的云的名字，记住在气象图表中表明风速和风向的符号，并学习如何解读航空惯例中航空例行天气报告/终点机场天气预报（METAR/TAF）的缩写。通常，所有这一切都没有发生在所学知识该如何应用的参考背景中。因此，学员在不知道如何将这些知识应用于计划和执行飞行任务的情况下记忆相关内容。他们也不会理解他们所学的信息对操作或安全而言有多重要。对训练的需要发生在应用它的环境中，林特恩（Lintern, 1995）对此进行了中肯的讨论，他把这一概念称为情境教学。

本章最后讨论的是SAT/ISD训练系统的过程。然而，正如林特恩（Lintern,

1995）指出的那样，这一过程会消除在应用环境下学习的影响。最后，最好记住，飞行员必须整合所有他或她已经学习到了的知识或技能，才能成功而又安全地执行一次飞行任务。教学内容的过度分割和死记硬背可能无法实现让飞行员在需要时把课堂里所学的知识推广应用到驾驶舱里的目标，即使教学内容包括了所有不同的技能要素，这一终极目标在计划和开展训练时必须牢记于心。

## 推荐阅读

Gagne, R. M., Briggs, L. J., & Wager, W. W. 1992. Principles of instructional design. New York: Harcourt Brace Jovanovich.

Johnston, N., Fuller, R., & McDonald, N. 1995. Aviation psychology: Training and selection. Aldershot, England: Avebury.

O'Neil, H. F., & Andrews, D. H. 2000. Aircrew training and assessment. Mahwah, NJ: Lawrence Erlbaum Associates.

Telfer, R. A., & Moore, P. J. 1997. Aviation training: Learners, instruction & organization. Aldershot, England: Avebury.

## 参考文献

Amalberti, R., & Wibaux, F. 1995. Maintaining manual and cognitive skills. In Aviation psychology: Training and selection, ed. N. Johnston, R. Fuller, & N. McDonald, 339–353. Brookfield, VT: Ashgate.

Arthur, W., Bennett, W., Stanush, P. L., & McNelly, T. L. 1998. Factors that influence skill decay & retention: A quantitative review & analysis. Human Performance 11:57–101.

Birnbach, R., & Longridge, T. 1993. The regulatory perspective. In Cockpit resource management, ed. E. Wiener, B. Kanki, & R. Helmreich, 263–282. San Diego, CA: Academic Press.

Brannick, M.T., Prince, C., & Salas, E. 2005. Can PC-based systems enhance teamwork in the cockpit? International Journal of Aviation Psychology 15:173–187.

Carretta, T. R., & Dunlap, R. D. 1998. Transfer of training effectiveness in flight simulation: 1986 to 1997 (technical report AFRL-HE-AZ-TR-1998-0078). Mesa, AZ: U.S. Air Force Research Laboratory, Human Effectiveness Directorate.

Casner, S. M., Heraldez, D., & Jones, K. M. 2006. Retention of aeronautical knowledge.

International Journal of Applied Aviation Studies 6:71–97.

Childs, J. M., & Spears, W. D. 1986. Flight-skill decay and recurrent training. Perceptual and Motor Skills 62:235–242.

Childs, J. M., Spears, W. D., & Prophet, W. W. 1983. Private pilot flight skill retention 8, 16, and 24 months following certification (technical report DOT/FAA/CT-83/34). Washington, D.C.: Federal Aviation Administration.

Christian, D., & Morgan, A. 1987. Crew coordination concepts: Continental Airlines' CRM training. In Cockpit resource management training, ed. H. W. Orlady & H. C. Foushee (technical report no. NASA CP-2455). Moffett Field, CA: NASA Ames Research Center.

Czarnecki, K. R. 2004. Respect the weather. Flightfax 32:5–7.

Dennis, K. A., & Harris, D. 1998. Computer-based simulation as an adjunct to ab initio flight training. International Journal of Aviation Psychology 8:277–292.

Endsley, M. R. 1988. Design and evaluation for situation awareness enhancement. In Proceedings of the 32nd annual meeting of the Human Factors Society, 97–101. Santa Barbara, CA.

FAA. 2004. Crew resource management training (advisory circular 120-51E). Washington, D.C.: Federal Aviation Administration.

Flanagan, J. C. 1954. The critical incident technique. Psychological Bulletin 51:327–358.

Fletcher, R., Flin, R., McGeorge, P., Glavin, R., Maran, N., & Patey, R. 2003. Anesthetists' nontechnical skills (ANTS): Evaluation of a behavioral marker system. British Journal of Anaesthesia 90:580–588.

Foushee, H. C. 1984. Dyads and triads at 35,000 feet: Factors affecting group process and aircrew performance. American Psychologist 39:885–893.

Hays, R. T., Jacobs, J. W., Prince, C., & Salas, E. 1992. Flight simulator training effectiveness: A meta-analysis. Military Psychology 4:63–74.

Helmreich, R. L., Merritt, A. C., & Wilhelm, J. A. 1999. The evolution of crew resource management training in commercial aviation. International Journal of Aviation Psychology 9:19–32.

Henley, I. M. A. 2004. Aviation education and training: Adult learning principles and teaching strategies. Brookfield, VT: Ashgate.

Hergenhahn, B., & Olson, M. 2005. An introduction to the theories of learning, 7th ed. New York: Prentice Hall.

ICAO. n.d. Convention on international civil aviation—Annex 1: Personnel licensing. Montreal: Author.

Johnson, D. M. 2005. Introduction to & review of simulator sickness research (research report 1832). Ft. Rucker, AL: U.S. Army Research Institute.

Kirkpatrick, D. L. 1976. Evaluation of training. In Training & development handbook: A guide to human resources development, ed. R. L. Craig. New York: McGraw–Hill.

Lintern, G. 1995. Flight instruction: The challenge from situated cognition. International Journal of Aviation Psychology 5:327–350.

Lintern, G., Roscoe, S. N., Koonce, J. M., & Segal, L. D. 1990. Transfer of landing skills in beginning flight training. Human Factors 32:319–327.

Macchiarella, N. D., Arban, P. K., & Doherty, S. M. 2006. Transfer of training from flight training devices to flight for ab initio pilots. International Journal of Applied Aviation Studies 6:299–314.

Mangold, S., & Neumeister, D. 1995. CRM in the model AQP: A preview. In Proceedings of the Eighth International Symposium on Aviation Psychology, ed. R. S. Jensen & L.A. Rakovan, 556–561. Columbus: Ohio State University.

Mazur, J. E. 2006. Learning & behavior, 6th ed. New York: Prentice Hall.

Meister, D. 1985. Behavioral analysis and measurement methods. New York: John Wiley & Sons.

Mengelkoch, R. F., Adams, J. A., & Gainer, C. A. 1971. The forgetting of instrument flying skills. Human Factors 13:397–405.

Moorman, R. W. 2002. The civilian looking military. MS&T Magazine 6:18–20.

National Norwegian Aviation Museum. 2005. 100 years of Norwegian aviation. Bodø, Norway: Author.

O'Neil, H. F., & Andrews, D. H. 2000. Aircrew training and assessment. Mahwah, NJ: Lawrence Erlbaum Associates.

Ormrod, J. E. 2007. Human learning, 5th ed. New York: Prentice Hall.

Ortiz, G. A., 1995. Effectiveness of PC-based flight simulation. International Journal of Aviation Psychology 4:285–291.

Pfeiffer, M. G., Horey, J. D., & Butrimas, S. K. 1991. Transfer of simulated instrument training to instrument & contact flight. International Journal of Aviation Psychology 1:219–229.

Phillips, J. 1991. Handbook of training evaluation and measurement methods, 2nd ed. Houston, TX: Gulf Publishing Company.

Prophet, W. W. 1976. Long-term retention of flying skills: A review of the literature (HumRRO final technical report FR-ED(P) 76-35). Alexandria, VA: Human Resources Research Organization.

Reason, J. 1990. Human error. New York: Cambridge University Press.

122

———. 1997. Managing the risks of organizational accidents. Aldershot, England: Ashgate.

Roessingh, J. J. M. 2005. Transfer of manual flying skills from PC-based simulation to actual flight—Comparison of in-flight measured data and instructor ratings. International Journal of Aviation Psychology 5:67–90.

Roscoe, S. 1980. Aviation psychology. Ames: Iowa State University Press.

Ruffner, J. W., & Bickley, W. R. 1985. Validation of aircrew training manual practice iteration requirements (interim report ADA173441). Fort Rucker, AL: Anacapa Science Inc.

Salas, E., Bowers, C. A., & Edens, E. 2001.Improving teamwork in organizations: Applications of resource management training. Mahwah, NJ: Lawrence Erlbaum Associates.

Salas, E., Burke, S., Bowers, C., & Wilson, K. 2001. Team training in the skies: Does crew resource management (CRM) training work? Human Factors 43:641–674.

Stewart, J. E., & Dohme, J. A. 2005. Automated hover trainer: Simulator-based intelligent flight training system. International Journal of Applied Aviation Studies 5:25–39.

Stewart, J. E., Dohme, J. A., & Nullmeyer, R. T. 2002. U.S. Army initial entry rotary-wing transfer of training research. International Journal of Aviation Psychology 12:359–375.

Talleur, D. A., Taylor, H. L., Emanuel, T. W., Rantanen, E., & Bradshaw, G. L. 2003. Personal computer aviation training devices: Their effectiveness for maintaining instrument currency. International Journal of Aviation Psychology 13:387–399.

Taylor, H. L., Lintern, G., Hulin, C., Talleur, D., Emanuel, T., & Phillips, A. 1999. Transfer of training effectiveness of a personal computer aviation training device. International Journal of Aviation Psychology 9:319–335.

Taylor, H. L., Talleur, D. A., Emanuel, T. W., Rantanen, E. M., Bradshaw, G., & Phillips, S. I. 2001. Incremental training effectiveness of personal computers used for instrument training. In Proceedings of the 11th International Symposium on Aviation Psychology. Columbus: Ohio State University.

Telfer, R. A., & Moore, P. J. 1997. Aviation training: Learners, instruction & organization. Brookfield, VT: Avebury.

U.S. Air Force. 1993. Instructional system design (AFMAN 36-2234). Washington, D.C.: Author.

———. 2001. Cockpit/crew resource management training program (Air Force Instruction 11-290). Washington, D.C.: Air Force Materiel Command.

U.S. Army. n.d. Systems approach to training (TRADOC pamphlet 350-70, 6 parts). Fort Monroe, VA: Author.

U.S. Department of Defense. 2001. Instructional systems development/systems approach to training & education (MIL-HDBG-29612-2A, 5 parts). Washington, D.C.: Author.

U.S. Navy. 1997. NAVEDTRA 130A. Task based curriculum development manual (developer's guide), vol. 1. Pensacola, FL: Naval Education & Training Command.

Vaden, E. A., & Hall, S. 2005. The effect of simulator platform motion on pilot training transfer: A meta-analysis. International Journal of Aviation Psychology 15:375–393.

Wiegmann, D., & Shappell, S. 1999. Human error & crew resource management failures in naval aviation mishaps: A review of U.S. Naval Safety Center data, 1990–96. Aviation, Space, & Environmental Medicine 70:1147–1151.

Wilson-Donnelly, K. A., & Shappell, S. A. 2004. U.S. Navy/Marine Corps CRM training: Separating theory from reality. Proceedings of the Human Factors & Ergonomics Society 48th Annual Meeting, New Orleans, LA. 2070–2074.

Wright, R. H. 1973. Retention of flying skills and refresher training requirements: Effects of non-flying and proficiency flying (HumRRO technical report 73-32). Alexandria, VA: Human Resources Research Organization.

123

# 第六章

# 应激、个体反应和绩效

## 6.1　引言

　　心理学的重要内容之一就是研究我们思考、感觉和反应的差异。虽然意识到这些差异很重要，但就反应而言，也有许多共同的模式——比如对重大事件的反应。因此，本章既讨论人们对日常应激和重大事件反应的个体差异，也讨论其共同特征。此外，本章还探讨了乘客中常见的心理反应。

## 6.2　人格

　　人格具有广泛的含义。广义上是指在不同情境下促使个体产生一致性行为的每一个内部因素，而狭义上仅包含情绪和动机。虽然传统意义上人格是将智力和技能排除在外的，但从更广义的视角来看，人格是可以将其包括在内的。这种区别的明显体现是在心理测验时通常分为能力测验和人格测验。能力测验常包括时间限制，目的是获得尽可能多的正确答案，而人格测验试图测量出人的典型反应模式，即特定情境下人的普遍反应。

　　很长一段时间，心理学者们致力于探讨需要多少人格特质或维度来描述某个人。想象一下，描述老朋友时会用哪些形容词？"棒极了""亲切的""幽默的"或"可信赖的"可能会浮现在脑海中。如果描述一个不太喜欢的人，或许"咄咄逼人""冷嘲热讽""任性的"或"有偏见的"将被使用。如果收集此类描述，并使用因素分析（见第二章）对这些描述语进行系统分析，会发现这些描述可归为五个大类。这五个因素就是我们通常所说的"人格五因素模型"：外倾性、宜人性、尽责性、神经质和开放性（Costa & McCrae，1997）。一些测量使用情绪稳定性来代替神经质，即采用了该维度积极的一端。不同维度的高分和低分特征描述可参照表6.1。

表 6.1　人格五因素模型概述

| 性格/特质 | 低分组 | 高分组 |
| --- | --- | --- |
| 外倾性 | 消极，安静，内向，缄默 | 坦率，健谈，活力，喜欢社会活动 |
| 宜人性 | 冷漠，愤世嫉俗，令人不愉快，表达侵略性 | 温和/友善，合作，避免冲突，可信任 |
| 尽责性 | 不可靠，无组织，易怒的，宁愿没有计划 | 尽职的，可靠的，有组织的，目标明确 |
| 神经质 | 冷静，不神经过敏，舒适地处理压力 | 不安的，担心的，紧张的，情绪化 |
| 开放性 | 传统，实际，脚踏实地 | 睿智，有修养，对新鲜事物持开放的态度 |

多数关于人格特质的测量使用陈述语句，并采用从1到5（有时是1到7）的计分方式，用积极或消极陈述短语表示不同维度，被试依据描述与自己的符合程度选择同意的等级。例如，可以用"我时常感到焦虑"代替"我从不感到焦虑"。

人格五因素模型来自对形容词（例如，和蔼、友好、坚定、焦虑）和较长陈述语句的因素分析。如果需要对人进行更详细的描述，也可将五个主要的因素分成不同的亚维度。研究表明，人格五因素模型具有跨语言和文化的稳定性；自我评价和他人评价具有较高的相关性，尤其是让熟悉的人进行评价时（Digman，1990）。

然而，并不是所有的研究者都同意人格五因素模型能够全面表征人格。一些人认为它包含太少（或太多）的特质。还有人发现该模型过于简单或无法解释"我们如何发展成现在的自己"（Block，1995）。尽管有这些批评存在，该模型仍被广泛应用于有关人格的研究，并似乎作为人格测评的一个良好开端被广泛接受（Digman，1990；Goldberg 1993）。研究已经显示人格特征很大一部分能够遗传并且人格特征会一直发展到30岁，之后保持相对稳定（Terracciano，Costa & McCrae，2006）。

在20世纪80年代，心理学者开发出了一系列人格问卷来测量五大人格特质。其中，科斯塔和麦克雷NEO人格量表（NEO-PI; Costa & McCrae, 1985）尤为著名。研究者认为这五种特质与能力是相对独立的，但"开放性"例外，它在一定程度上与智力相关（Costa & McCrae, 1985）。这些研究表明了五因素模型具有较高的一致性信度。在预测效度方面，好几个维度都与工作成就相关，虽然这些相关较小或中等（见第4章）。一个关于人格特质与安全事故之间关系的元分析表明尽责性和宜人性与事故发生概率具有系统性关联，在尽责心与宜人性上得分低的个体比得分高的个体，发生安全事故的频率更高（Clarke & Robertson, 2005）。

127

　　这些测量技术设计是被用来测量既定人格的某一方面的，其他方法或诊断系统是用于说明问题，如高水平的焦虑和抑郁，或确定某人是否患有精神疾病。

　　除了五因素模型及其相关的经验系统，常用来描述人格或面貌的具体特质在某些情境中可能显得更为重要。这些特质与特定的理论相关联，或特别适合于解释在特定情境中的反应（或预测行为）。以下是一些此类特质的例子:A型行为、控制点（LOC）、心理弹性和社会智力。A型行为和控制点在关于个体差异和压力在6.6节中有详细地讨论。

　　心理弹性已被广泛研究，尤其是在挑战和困境中仍保持旺盛斗志的人群中。在此过程中如社会技能和有生活秩序是其中重要的个体因素。然而，来自家人和朋友的外部支持也很重要（Friborg et al., 2005）。社会智力通常是指社会技能和理解自己和他人反应的能力（Silvera, Martinussen & Dahl, 2001）。这些特征或多或少与五因素模型中的人格特质相联系。例如，控制点与神经质相关，那些内部控制的个体情绪更稳定。除了科学文献中会提到这些特征，许多未经证实的人格理论在大众科学杂志上也会出现，通常还有测量这些人格特质的不同测验。但研究证明这些测验通常缺乏信度和效度。

## 6.3　什么是应激

　　我们的环境不断给我们施加影响、期望和要求。工作承诺或缺乏时间和资源来完成任务就是典型的例子，在这一点上，不论有偿工作或是无偿工作（比如照顾家庭成员）都适用。为了满足社会需求或解决与工作相关的任务，个人需要依赖不同类别的资源，包括知识、经验和个人特性。一些理论将应激描述为负性因素对个体作用的结果，例如，使人分心的噪声或在工作中的压力（刺激理论）。另一些理论关注于应激的后果，如各种情绪和生理反应（反应理论），塞尔耶（Selye, 1978）的研究阐述了适用于每个人普遍应激反应的三个阶段，包括: 警报阶段、阻抗阶段、衰竭阶段。

关于应激，更现代的理解是将应激作为要求和个体可用资源之间的交互作用。当对个体的要求超过了他（她）的可用资源，应激就会产生。在这些交互模型中，很重要的一点是个体必须评估这些要求并思考这些要求是否超过他（她）所拥有的资源。由于这种认知评价，一个个体所认为的应激源并不一定是其他人的应激源（Lazarus & Folkman, 1984）。对个体而言，外部要求和个人属性间的平衡被认为是具有挑战性和令人满意的 （Frankenhaeuser, 1991），而不平衡是情感、身体和行为后果的前因变量。

弗兰肯豪瑟（Frankenhaeuser, 1991）的生理—社会心理模型描述了应激和健康之间的关系。在这个模型中，个体遭受各种不同的要求，如超负荷的工作量、时间限制、轮班、问题或冲突。个体将这些要求与他（她）可利用的资源进行连接，这些资源包括经验、身心健康、个人能力、潜在的外部支持。如果需求大于资源，应激产生，同时伴随着心理和生理反应。各种应激激素立即释放到身体中（肾上腺素、去甲肾上腺素和皮质醇）。这些激素在危险的情况下产生了一些有利影响，但如果个体长期处于这种影响下就会产生问题。如果个体持续处于应激状态，或者如果没有足够的时间休息， 身体就不能恢复正常状态来应对下一阶段工作。应激也是一种不愉快的体验，对个体工作效率有着短期或长期的影响。在后续章节我们将进一步进行讨论。

其他模型描述了与工作有关的应激，如卡拉塞克的要求—控制模型（Karasek, 1979; Karasek & Theorell, 1990），描述了应激是如何与各种结果相关联的，比如健康风险和组织中的行为。在这个模型中，工作相关的要求被区分为"高"或"低"；同样的，个人影响或控制这种情境的能力也被视为"高"或"低"。一方面，高要求和低控制水平相结合会增加心理影响和身体疾病的风险，比如心血管疾病（Yoshimasu, 2001）。另一方面，高要求和高控制水平相结合会促进学习并产生动力作用。后来的扩展模型指出，社会支持（如同事的帮助和鼓励），可以减少压力和缩小应激带来的负面风险。社会支持有很多形式，如关怀和同理心，更实际的帮助，以及被称赞工作做得好等。

## 6.4 工作和个人生活间的冲突

今天，我们中的许多人需要把工作和生活结合起来。这意味着许多人必须适应多重角色（父母、伴侣和员工等）。总的工作负荷是巨大的，并可能导致娱乐和休息时间不足。因此，工作和个人生活之间的冲突就可能发生。同时，多重角色也有积极的影响，比如增加自信和更大的财务自由。工作—家庭冲突有若干取向。一是时间管理变得困难，似乎"一天24小时"不够用；另外，工作造成应激和枯竭，导致个体没有能力投入他（她）所期望的高质量家庭时光。

一些研究已经证明了工作—家庭冲突和倦怠（Martinussen & Richardsen, 2006; Martinussen, Richardsen & Burke, 2007）、对伴侣满意度的下降及生活满意度的下降之间的关系（Allen et al., 2000年）。一些研究指出了伴侣之间所谓的"交叉效应"：一个人在工作中的应激和紧张体验会转移到他或她的伴侣身上，而这个伴侣随后不得不充当缓冲器来处理这种应激（Westman & Etzion, 1995）。发生这种转移可能是由于个体会对他或她的伴侣产生移情；然而，更直接的原因可能在于疲惫和沮丧的人在他们下班回家后"付出更少"。一项对有年幼孩子的伴侣的研究表明，在经过一天的劳累工作后，男性回家后就更容易变得消极和沉默，女性则更容易变得具有攻击性（Schultz et al., 2004）。简而言之，研究发现一天的劳累工作会对伴侣产生影响，而且对这种情境的反应具有性别差异。这些发现已被关于男性飞行员的一项调查所证实，他们在经历了一天的压力工作后变得沉默。这个研究也揭示了当他们的伴侣接受这种行为时，他们的满意度会增加。

虽然对家事或私事是如何消极影响工作绩效的研究较少，但我们可以想当然地认为这种影响不会好。家庭中棘手的问题包括处理疾病、伴侣关系破裂和照顾多个年幼小孩。然而，负面情绪并不是唯一在家庭和工作之间转移的情

130

绪。当一个人带着满意和振奋的情绪回到家时，其工作中积极的体验就可能会转移到家庭生活；反过来，家庭中的积极事件也可能会使一天的工作变得更美好。可以说，有家庭责任的人会发现很容易为工作承诺设定界限，在没有家庭的情形下，工作责任可能会占用一天的大半时间。因此，家庭责任成为应对雇主，至少是应对自己的正当理由，特别是，年轻的单身人士在工作上必然会体验到更大的压力，他们更可能会工作更长的时间，这意味着拥有家庭责任的个体并不是唯一努力想在工作和休闲间保持平衡的群体。此外，现代通信（如电子邮件和手机）可能使一个人在下班后仍然继续工作。

已有研究表明，在家庭中延续了传统的劳动分工，女性负责做饭、清洁及照顾孩子，男性主要负责维护和汽车维修等任务（Lundberg & Frankenhaeuser, 1999; Lundberg, Mardberg & Frankenhaeuser, 1994; Stlyngen et al., 2003）。挪威一项涉及父母与儿童（0—6岁）的研究表明，女性做了约70%的家庭工作；然而，这项研究所采用的样本中有较高比例的母亲做兼职工作（Kitterod, 2005）。尽管如此，该研究表明，相对于男性，女性的工作总负荷更大，让她们可以放松和娱乐的时间更少（完成当天的工作和家务后）。

一项有关在瑞典的沃尔沃汽车制造厂工作的基层管理者的研究表明，在工作时，女性经理和男性经理的应激激素水平是一样的，但在工作时间结束后差异明显。女性的激素上升是在下午6点至8点，但在同时期男性的激素水平下降（Frankenhaeuser, 1991）。生理数据与自我报告疲倦是一致的。因此，男性基层管理者工作后立即开始放松，而女性直到晚上才放松。因此，女性比男性能够放松的时间更短，长期如此可能对健康产生不良影响（Lundberg, 2005）。

## 6.5 倦怠和投入

倦怠可以看作是在长期的工作要求和压力后的应激反应。马勒诗和杰克逊（Maslach & Jackson, 1981, 1986）将倦怠定义为包含三个维度的心理综合症状，这三个维度分别为情绪耗竭（极度的情感和身体耗竭状态）、去人格化（表现为消极情绪和对所服务或照顾的对象的愤世嫉俗态度）、低个人成就感（倾向于消极评估自己的工作）。最初的倦怠研究是在护士这类护理职业中开展的。

随后，倦怠被认为是由人际工作需求所引发。然而，最近的研究表明职业倦怠也可发生在不需要照顾病人、客户或者学生的行业中。这三个维度后来被概括为情绪耗竭、犬儒主义、职业效能（Richardsen & Martinussen, 2006）。

研究表明，倦怠与很多工作环境因素有关。莱特和马勒诗（Leiter & Maslach, 2005）将这些因素分为6类。其中之一就是工作负荷：太多事情要做（或者没有足够的时间可以去做）或缺乏足够的资源完成给定任务。工作场所中控制和自主权不足也与倦怠有关，如果一个人感到无力控制所需完成任务的资源或者不能决定工作该如何完成，可能会导致低的个人成就感。

一些对倦怠有预防效果的工作相关因素或可作为"缓冲器"。这些因素包括管理人员和同事所提供的社会支持或帮助。奖励、被认可、感觉公平对待（就晋升而言，等等）是积极的资源。有时员工会发现组织的价值观与自己不同，例如，被告知要隐瞒信息或欺骗别人。然而，目前对雇主和雇员价值观不同会发生什么的研究较为不足。

虽然早期对倦怠的研究是针对特定的工作（如前面提到的护士）的，然而倦怠在护理行业外也存在风险。针对航空职业倦怠的研究很少，并且大多数现有的工作应激研究集中于短期影响，如当空中交通密度水平升高时测量飞行管制员的血压变化。

对挪威空中交通管制员的一项研究得出结论，他们的倦怠率没有明显高于本研究中的其他职业。在这组成员中，经历的冲突水平和工作—家庭冲突都与耗竭有关（Martinussen & Richardsen, 2006）。大多数人会认为飞行控制是一个高应激的职业，然而，令人惊讶的是，这个群体没有高的倦怠率。但是，严格的挑选、教育和培训，使得飞行管制员能够执行极其苛刻的任务。因此，似乎在需要解决的任务和员工的技能和能力间存在一个平衡。这并不意味着个体对于组织的要求和需求免疫，或者使用资源没有积极作用。类似的结果在警察职业中被发现，这一职业的组织问题被认为比工作本身更苛刻和令人沮丧（Martinussen et al., 2007）。

传统的工作环境和倦怠的研究大量集中于负面影响并试图减少工作环境中的疾病（Maslach, Schaufeli, & Leiter, 2001）。目前，研究者却把目光转向倦怠的对立面——即工作投入——以期发现是什么原因导致这种结果。什奥菲力和巴克（Schaufeli & Bakker, 2004）提出了一个模型，描述了资源和工作场所的要求与工作投入和倦怠间的关系（图6.1）。这个模型告诉我们，与倦怠有关的第一个并且是最重要的因素是需求，其次是缺乏资源。工作投入主要与资源的获取有关，如奖励、认可和支持。倦怠和投入对组织有影响。倦怠意味着消极后果，而工作投入具有积极的影响。组织后果包括离职意图、工作满意度、工作绩效、组织承诺感等。倦怠对个体的健康和生活质量有负面影响。

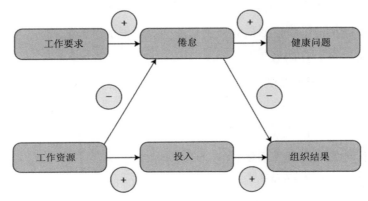

图6.1　倦怠和投入的工作要求资源模型

## 6.6　个体差异与应激

毫无疑问，有些工作环境或因素总是充斥着压力。但是，具有特定人格特征的个体在这些环境下则可能比其他人感受到更多、更强烈的应激。因此，学者对具体研究这些人格差异很感兴趣。研究表明，神经质和工作倦怠密切相关。此外，人格五因素也与工作倦怠存在相关关系，但是各研究结果存在较大差异。

两名医生（Rosenman & Friedman, 1974）在观察心血管病人的过程中，发现有些病人表现出了某种反复出现的特质，他们把这类病人的行为称为A型，把其他没有这类特征的病人称为B型。A型病人具有易怒、时间紧迫感、竞争心理、攻击性、野心勃勃等特征。A型人格的测量方法较多，其中最广为人知、应用最广泛的是詹金斯活动量表（Jenkins activity survey）。詹金斯活动量表将

A型人格分为两个维度：不耐烦—激动维度（impatience-irritability）和成就奋斗维度（achievement strivings）。成就奋斗维度代表A型人格积极的一面——即个体设置目标，并且努力工作以实现目标，它与提高工作成就和更高的学习分数显著相关。不耐烦—激动维度代表A型人格较不积极的一面，即具有急躁和攻击性的特征，它与个体健康问题密切相关。

　　研究证实A型人格具有显著遗传成分，A型人格也是引发心血管疾病的风险因素（Yoshimasu, 2001），因为A型人格（不耐烦—激动）与较高的生理激活相关，包括血压水平和心率升高，因此可能引发心血管疾病。此外，不良的生活方式也是引发心血管疾病的诱因，如喝酒抽烟。

　　在工作环境中，A型人格会带来什么结果？事实上，许多组织喜欢奖励A型人格的个体，因为至少他们会追求工作上的成就。然而，A型人格的个体具有易怒的特征，这可能会给自己或他人造成困扰。他们的行为可能直接影响个体的工作满意度、应激感受和工作倦怠。A型人格，如不耐烦—激动，与工作环境的某些因素相结合，可能会给一些人带来非常不幸的结果。A型人格的个体可能会凭借直觉选择更具挑战性的、步伐较快的或者负荷较高的工作，他们会以某种方式影响自身工作环境，使工作环境更具压力。

　　另一个被关注的个人特性是控制点。控制点指个体相信他/她能够影响或者控制事件和情境的程度。研究发现，内控人格（Internal LOC ）与一些工作相关变量密切相关，如改善工作动机和承诺（Ng, Sorensen & Eby, 2006）。具有积极应对技术的人（能够有策略地处理困境）工作倦怠得分比以情绪为中心应对技术的人（如从别人那里寻求安慰来应对消极情绪）得分低。

　　个体还存在性别、年龄和其他因素的差异。一般来说，工作倦怠和年龄、性别等因素之间呈低相关。有研究发现年轻的专业人士更容易表现出工作倦怠，但是一些研究却发现在空管和警察等人群中，工作倦怠的"年龄效应"是相反的（Martinussen & Richardsen, 2006; Martinussen et al., 2007）。然而，上述研究中年龄和工作倦怠之间都呈弱相关，性别差异也是如此。有研究发现女性比男性报告更高的工作枯竭，男性犬儒主义的得分更高，而其他研究则发现工作倦怠不存在性别差异。

133

## 6.7　应激的结果

　　应激会给个体带来短期和长期的影响。下面将讨论应激情景及其如何影响个体的工作绩效。在飞行过程中，当一些不寻常的状况发生时，就出现了应激情景。飞行应激情景包括技术难题或者迅速恶化的天气状况。了解飞行员在这些情况下的典型反应、明白机组是如何对应激做出反应的以及理解应激如何影响飞行决策非常重要。

　　测量应激如何影响认知功能的难度较高，因为在实验中将被试暴露在应激情境中去研究他们的反应涉及伦理问题。一个可行的解决方案是使用模拟器研究人们如何处理异常情况并为研究者提供一个相对可控的环境。研究者可以通过模拟器制造应激情境，人为增加工作负荷和时间限制并记录反应。但是，即便是高仿真模拟器也不能完全等同于现实经验，因此，采用模拟器得到的研究结论可能无法直接运用于真实环境中。

　　此外，通过重建当时的决策情境来观察应激情境下人们的反应也是一种可用的事件研究方法。但是，这种方法的不足在于，它建立在人们对发生事件的收集和感知的基础之上，并且事件发生后对情境的认识可能和当时经历该事件人的看法有很大差别。不管研究设计选择什么方法，都会存在挑战和缺点，但是，有一些应激对认知功能和决策能力的影响依然得到一致的研究结果。

　　根据奥拉萨努（Orasanu, 1997）的综述，应激可能带来以下效应：

1. 犯更多错误。

2. 注意力下降，导致视野狭窄和选择性听觉。

3. 扫描（视觉扫描）变得混乱。

4. 短时记忆下降。

5. 策略改变：偏向快速而不是准确，按时间限制采取行动，策略简化。

　　因此，应激会影响个体的认知功能，如影响个体如何感知周围环境、加工信息和做出决策。飞行员在飞行过程中需要持续不断地分析和监控环境中的信息。在高应激情境下，分析和监控信息的能力受到限制，使得飞行员对无线电里或其他人所说的内容理解能力下降。相似的，给正在经受应激的人提供的信息也可能被理解得不好或根本无法理解。

短时记忆是对信息短暂存储和加工的过程或结构。它使我们能够在读一组句子的同时存储和加工每个句子的最后一个单词并且按顺序复述这些单词。有学者认为短时记忆存在明显的限制，早期研究表明成人的短时记忆能力为7±2个数字。但是，后来的研究指出短时记忆能力并没有这么简单。举例说明，如果把一组数组合起来当做一个数字来记（例如，"2""4"和"5"组合为"245"），人们的短时记忆则可以储存更多的数字。更复杂的元素（如词汇）使得短时记忆可保留的字数小于7个。在应激情境下，短时记忆能力进一步降低，个体基本心算能力下降，如计算油箱半满时的剩余飞行时间。

与飞行事故相关的研究中，研究者将较多注意力放在飞行员决策上，如飞行员如何感知情境，他们会选择什么应对方案。克莱因（Klein, 1995）通过对真实生活情境、民用航空和通用航空中决策的多年研究，提出了再认启动决策模型（recognition-primed decision, RPD）。该模型强调专家使用他们的知识识别或确认问题并选择解决办法（在先前相似情境中已被证明有效的解决办法）。如果这一解决办法适用于当前情境则会被采用，并且个体在同一时间只会考虑一种解决办法。

朱迪思·奥拉萨努（Orasanu, 1997）扩展了这一模型，提出了可以运用在不熟悉的飞行应激情境中的新模型。在面对不熟悉的应激情境时，人们首先会评估当前情境，如出现了什么问题，警示符号是清晰明确的还是变化的。通常，在这种情况下专家会考虑还有多少时间可以利用并对情境中的风险水平进行评估。随后，专家必须考虑是否存在现有的程序来补救当前情况、是否存在不止一个解决办法。当然，也可能出现不存在已知的解决办法的情况，在这种情况下则需要创造一种新的、未经测试的行动方案。

一般来说，应激情境下个体短时记忆能力受损严重，但是，从长时记忆提取信息的认知功能却能够适应压力。换句话说，如果警告信号很常见、很明确，并且存在标准的解决办法，这种情境下个体较少出现应激反应。当警告信号不清晰或者一直在变化，需要考虑多个行动方案时，则较易出现应激反应。因此，在应激情境下，经验丰富的飞行员犯错少于经验少的飞行员也就不足为奇了：经验丰富的飞行员长时记忆中存储了较多的飞行经验，更有可能使用基于规则的方法，而不必考虑其他选项甚至新的解决方案。

因此，了解应激是什么以及急性应激如何影响个体非常重要。比如，一个常见错误就是我们总是把时间看得过于珍贵。应激带来的另外一个结果就是简化策略，如把速度看得比准确性更重要。训练飞行员管理应激情境，熟悉危机情境，并学习如何解决问题非常重要。此外，知道在应激情境中降低工作负荷的策略也同样重要——比如，如何以最好的方式在机组成员之间分配任务。

## 6.8  倒班工作

倒班工作对航空中的多数员工来说是司空见惯的事情。一些员工会值夜班，跨时区飞行的机组成员，由于时差原因也会遇到问题。倒班工作通常在正常工作时间（6 a.m.—6 p.m.）之外。有许多不同类型的倒班工作安排，大多数倒班工作采用轮班制。倒班的后果关系到睡眠、健康问题、事故风险、私人生活、工作绩效，使得个体只能夜间或周末参加社交活动等。倒班也可能影响职员与雇主之间的关系，如工作满意度下降（Demerouti et al., 2004）。

### 6.8.1  睡眠

失眠是倒班制度下最常见的问题之一，特别是倒夜班。人体体温和激素、胃酸和尿液的循环周期约为24小时。外在因素（如暴露在光线下）会影响个体的生物钟及其调整。因此，在夜间，人体希望做一些与工作完全无关的事情。大多数成年人每晚的睡眠时间在6至9小时之间，平均为7至7.5小时（Ursin, 1996）。通过生理测量我们可以映射出睡眠的几个阶段，其中包括快速眼动阶段（REM），该阶段会出现梦境。在整个夜晚，睡眠阶段重复出现。在夜晚结束时，深度睡眠消退，不久就会醒来。处于睡眠状态时，人体体温发生变化，在凌晨4点至6点人体体温达到最低点，此时人们很难保持清醒（Pallesen, 2006）。

有一些理论解释了睡眠的功能——即我们为什么要睡觉。有的理论建立在进化论的基础上，即由于在黑暗中我们无法看到方向，因此不活动会更安全。其他理论则认为睡眠对身体恢复活力有着重要的作用，同时，在睡眠过程中身体会生产出促进身体组织生长的激素（Pallesen, 2006）。另外，睡眠对脑细胞有恢复功能，且能减缓细胞退化的速度（Pallesen, 2006）。

睡眠通常受我们已经醒了多久以及我们的日常活动和习惯的影响（Waage, Pallesen & Bjorvatn, 2006）。因此，在白天睡觉比在晚上睡觉难，值完夜班再去睡觉的人常常不能得到完整的睡眠。因为在睡眠过程中他们可能不得不中断睡眠起床去上厕所，这在能够睡一整晚的时候通常是不必要的。人们对夜班和倒班的容忍程度存在个体差异。有研究表明45岁以上个体在夜班后出现较多的睡眠或休息问题，且随着年龄的增长而加重（Costa, 2003）。但是，有些个体随着年龄的增长，却觉得值夜班变得容易起来，这可能是由于个体工作经验增加和对当前工作的适应性提高，因此对值夜班的容忍水平也变高。此外，也可能由于员工的孩子已经长大，家庭状况允许他们在白天获得高质量的睡眠。

对倒班和夜班制度带来后果的研究很可能受"选择效应"影响。可以想象，对这种工作时间安排感到十分不适的人可能会在一段时间之后辞职，而那些感到较少不适的人将会继续工作。预计大约有20%的倒班员工在相当短的时间内辞职（Costa, 1996）。

## 6.8.2　健康影响

研究发现倒班职员存在健康问题，包括易患心血管疾病、消化系统问题和癌症（Costa, 1996）。丹麦的学者进行了一项纵向研究，在12年间追踪大量轮班职员。研究结果表明，与日班职员相比，倒班职员出现心血管疾病（Tuchsen, Hannerz, & Burr, 2007）的可能性更大。女性员工报告更多与月经相关的健康问题，如克努森（Knutsson, 2003）研究发现倒班与流产、出生儿体重低和早产存在相关关系（Knutsson, 2003）。一项对女性乳腺癌和夜间倒班工作关系的13个研究的元分析发现，夜间倒班会增加得乳腺癌的概率。此类研究大约有一半以航班空乘人员为对象，其他研究则以其他夜间倒班工作类型的女性为主。倒班导致癌症风险升高的原因并不确定，可能是因为夜间工作降低褪黑素的合成，而褪黑素有预防癌症的效果（Megdal et al., 2005）。

对24小时生物节奏的破坏以及倒班制度引起的行为改变可能直接导致个体产生健康问题。比如，睡眠剥夺可能会使个体使用酒精诱导睡眠，或者过度吸烟以在夜间保持清醒，进而导致个体健康问题产生。倒班也可能引起工作—家庭冲突，增加员工应激水平，进一步加剧倒班对健康的影响。

### 6.8.3    事故风险

大量研究探讨睡眠剥夺对绩效的影响以及与事故的关系。研究者通过实验研究探讨睡眠剥夺与认知和心理运动任务的关系，结果表明睡眠剥夺对需要持续注意的任务造成影响更大，但是更高级的任务（如推理），受睡眠剥夺的影响较小（Akerstedt, 2007）。在一项研究中，要求被试在夜间操作飞行模拟器，结果发现飞行员的绩效相当于血液中酒精含量为0.05%时的表现（Klein, Bruner & Holtman, 1970）。

睡眠剥夺所带来的后果会随着清醒状态的时间的增加而越来越严重。然而，一个人的日常活动也很重要，相对于夜间来说，白天个体的绩效会提高（Akerstedt, 2007）。在个体通常都是清醒状态的时间段里（生物钟所定义的白天），即使长时间处于清醒状态，个体的绩效也会有所提高。

倒班和倒夜班与高风险事故相关（Folkard & Tucker, 2003）。几项医学研究表明，如果医生睡眠不足（如24小时轮班），则会出现更多错误，并且执行基本任务时需要更长时间，如给病人插管（Akerstedt, 2007）。研究表明大量机动车事故都是由于困倦造成的，尤其是值夜班后驾驶。一项调查是让飞行员描述困倦对他们的影响，结果最共同的症状就是注意力下降和无法集中（Bourgeois Bougrine et al., 2003）。机组报告的其他疲劳影响有：反应时间变长、错误率增大和沟通质量差（Bourgeois Bougrine et al., 2003）。

### 6.8.4    私人生活

个体处理倒班制工作的能力存在差异。除了工作安排和值班表以外，生物、社会和健康问题都可能影响个体处理倒班制工作的能力。对值班表具有一定影响力和灵活性的员工一般更容易适应，在倒班上体验到较少的问题（Costa, Sartori & Akerstedt, 2006）。

倒班工作会给员工的私人生活造成较大的影响，如无法及时实现家庭承诺和参加社会活动，这些社会活动通常是在下午。在工作日放一天假和在周末放一天假是不同的。值完夜班后，家庭承诺可能也会使员工入睡变得更加困难。

夜班后情绪波动也会给个体和家庭增加额外的负担。达米鲁提等（Demerouti et al., 2004）通过对荷兰警察的研究，总结出倒班工作的时间是引起工作—家庭冲突的决定性因素，并建议避免在周末进行倒班工作（Demerouti et al., 2004）。

有研究发现，值夜班的女性比男性遇到更多与家庭生活有关的问题。具体来说，有报告称有小孩的女性在值完夜班回家后，她们的睡眠时间较短且较多中断，同时会感受到疲劳在逐渐累积（Costa, 1996）。

## 6.8.5  时差

在向东和向西的长途飞行中，飞行员或机组可能会跨越几个时区。飞行时间越长，飞行员和机组的工作时间越长，生物钟的偏离也越大。时差引起的常见问题包括只能在指定时间睡觉、白天感到疲倦、注意力无法集中和没有斗志、认知和心理能力降低、头疼和易怒，还可能出现食欲下降和消化问题。

个体适应新的时区需要一定的时间。一般来说，每跨越1时区，个体需要1天的时间来重置生物钟。因此，从奥斯陆去往纽约（6个时差）的航班中，飞行员或机组将需要6天来调整生物钟。但是，由于机组成员接下来的工作安排如回程飞行或飞往新的时区，往往使得他们只能在某一地区停留相对较短的时间，而这段时间并不足以生成新的生物钟。与向东飞行相比，向西飞行时，时差对飞行员的影响会稍微小些。这是因为大部分个体的生物钟比24小时稍长，因此，人类的身体更容易适应较长的白天（向西行驶）而不容易适应较短的白天（向东行驶），即晚睡比强迫自己早睡更容易。

在一定时间段暴露在光线下可能会降低新环境的影响。航空工作人员使用褪黑素药物来抵抗时差带来的影响是存在争议的，我们并不提倡这种方法。首先，与褪黑素的效用有关的研究证据并不充分；其次，褪黑素的副作用仍没有被排除，如服用褪黑素会降低工作时间的注意广度（Nicholson, 2006）。

## 6.8.6  如何避免睡意的产生

夜间值班要求员工在夜晚保持长时间的清醒状态，此时个体的绩效下降，出错的可能性增加。尤其是在工作过程无事可做时（如长途飞行），保持清醒较为困难。抵抗困倦的对策较多，如打个小盹或者从事体育活动。但是这些办法在现实工作中并不一定适用。众所周知，咖啡因等物质可以影响人的清醒状态和绩效。此外，工作过程中执行不同种类的任务也可以帮助个体保持清醒状态。有学者发现，在值夜班前小睡一会儿很有好处；但是也有人认为下午很难入睡，这可能是由于家庭承诺造成的，如下午需带孩子去进行足球练习等。一般来说，在轮班中间有充足睡眠（良好的睡眠习惯）很重要。

## 6.9　过度应激

　　航空事故使人暴露在与日常生活应激完全不同的应激中，这些应激直接或间接（如亲密同事死于飞机失事）对人们造成影响。过度应激反应有不同程度的表现，如从事件后即刻出现强烈的超现实体验到明显缺乏反应。此外，我们也应当关注应激事件给个体带来的长期影响，有些个体可能一开始对情况处理得很好，但是一段时间后就会表现出明显不良反应。

　　人们遭受创伤事件后，可能会进一步发展成创伤后应激障碍（PTSD）。PTSD的特征是在令人不安的想法或梦境中重新体验创伤。受影响者感到麻木，并且避免进入那些会使他们回忆起创伤事件的场景中，常常表现出不安、紧张和睡眠问题。创伤后应激障碍会使受影响者执行职务的能力大不如前，有时会表现出害怕、无助、攻击或敌对态度。研究仍未完全揭示个体为什么会出现这些负面情绪，但是，一个可能的解释是，遭遇创伤事件的个体感知情境中威胁的阈值下降，因此易产生焦虑和逃避行为，也可能引起个体的攻击行为以及常常处于攻击状态。

　　在战争中经受创伤的个体与经受其他创伤性事件的个体相比，创伤后应激障碍的症状更为严重，攻击性也更强（Orth & Wieland, 2006）。在大多数情况下，这些症状在几周到几个月后逐渐消退，但是，仍有些个体会发展成为慢性症状，表现为抑郁、滥用药物、焦虑和工作绩效低。尽管大多数个体在遭受创伤事件后能够重新获得工作能力，但是依然有必要鉴定出可能发展为创伤后应激障碍的个体。社会干预可以起到良好的帮助作用，如同事和领导的关心及支持。美国人口学研究表明50%—60%的人口至少经历过一次创伤性事件，但是只有一小部分人（5%—10%）发展成为PTSD（Ozer et al., 2003）。因此，探索个体发展成为PTSD的影响因素和条件能够帮助我们更好地理解为什么一些人会发展成为PTSD，而另一些人不会。

而对大量研究的元分析发现，个体因素如先前心理健康问题和先前创伤性经历与更严重的PTSD症状存在相关关系。其他影响因素，如之前参与危及生命的活动、社会支持网络以及事件中的情绪体验本身也与PTSD相关（Ozer et al., 2003）。

谈及易感因素（vulnerability factors），那些直接卷入事件的人比那些未直接暴露在事件中的个体更加脆弱。未经过正确训练（如何开展必要的救援）的个体更容易表现出较长和较强烈的反应。另外，情况的严重性（如伤亡人数或强烈而震撼的感官印象）会增加个体发展为PTSD的可能性。

所有的组织都应该有处理事故以及关心事故卷入者的制度。最常见的方法是将见证创伤事件的个体聚集在一起，在专家小组领导下，于事件发生后48—72小时让这些个体共同回顾事件。在此过程中，一般需要个体准确重复当时发生了什么，以及当时的想法和情绪。专家小组应当告知事件卷入者事故或毁灭性事件后有哪些常见的反应，通过这些方法尽可能地减少急性症状，使他们有能力处理自己随着时间推移出现的反应。

进行团体干预的另一个好处是团体干预能够帮助我们辨认出哪些个体需要接受额外的心理咨询。个体心理治疗的类型较多，如认知—行为疗法。认知—行为疗法包括暴露和提供组织框架来处理个体的负面想法和情绪。另一种认知—行为疗法则强调帮助个体处理焦虑。还有一种心理治疗形式是"眼动脱敏"，让病人通过观看电影，经过刺激将创伤事件可视化。

元分析表明，心理治疗是治疗PTSD的有效手段，67%的人在完成治疗后不再被诊断为PTSD（Bradley et al., 2005）。鼓励受影响的个体继续工作、经常暴露在导致创伤的情境中非常重要，比如让受创伤的个体重返航空情境。研究表明，有相似症状的受创伤个体中，回到原来的工作环境中的个体比换新的工作环境的个体更早脱离事件带来的负面影响，即使他们最初的症状一样。

## 6.10 乘客反应

这本书的目标读者大部分都是喜欢飞行的，但是有些人却认为最好避免空中旅行。有人在乘坐飞机时会变得爱争论或争吵，甚至面临罚款或被监禁的风险。因此，在本章的最后部分我们将探讨面对飞行时，表现出紧张或骚乱的乘客。

### 6.10.1 害怕飞行

极度惧怕飞行或有恐飞症，指的是与真实面临的风险相比，过分放大了对飞行的恐惧。恐飞的个体在飞行过程中会体验到较强烈的不适感或者完全拒绝坐飞机。有些人由于工作需要不得不坐飞机，在这种情况下害怕飞行就十分麻烦；害怕坐飞机也会明显地妨碍假期出游计划。一项以挪威人作为研究对象的研究，调查他们害怕飞行的程度，结果发现大约有50%的人说他/她从来没有害怕过飞行，其他人则表现出不同程度的不适感（Ekeberg, Seeberg & Ellertsen, 1989）。国际范围的研究表明有10%—40%的乘客受到害怕飞行的影响（表中显著的变化可能是由于群体调查中句子和内容措辞的影响）。马丁努森、冈德森和佩蒂森（Martinussen, Gundersen & Pedersen, 2008）在挪威进行的一次调查研究中询问被试"你从多大程度上害怕飞行？"结果见表6.2。

表 6.2　乘客害怕飞行的程度

| | 总数（N=268） |
|---|---|
| 一点也不害怕 | 56% |
| 有时有点害怕 | 29% |
| 总是有点害怕 | 8% |
| 有时非常害怕 | 4% |
| 总是非常害怕* | 4% |
| *由三种其他描述组合而来，都包括非常害怕 | |

该研究的调查对象包括学生和挪威北部机场的乘客。研究结果表明年龄和恐飞之间无显著相关，但是女性可能比男性更恐飞。研究还询问了那些表示对飞行感到不适的被试"哪些因素让你最恐惧"以及"你会如何进行反应"。一般来说，引起人们恐惧的因素可能包括机舱运动、震荡、噪声或者飞机遇到气

流的提示音。对这些因素的反应包括心悸和相信一定是哪里出现问题了。另外，许多人报告到他们会极其关注飞机噪声并密切注视乘务员的行动。

　　航空人员也会出现恐飞症。虽然航空人员恐飞症的普遍性尚不可知，但一项对寻求心理援助的航空人员进行的调查发现，有14%的航空人员报告害怕飞行，其中25%的航空人员说他们曾经经历过航空事故或者听说过别人经历的航空事故。除了害怕飞行以外，大约有一半的航空人员被诊断出精神疾病，比如抑郁（Medialdea & Tejada, 2005）。相应的，对于有恐飞症的乘客来说，他们也可能同时存在其他心理问题，如幽闭恐惧症（害怕密闭空间）或者精神疾病。

## 6.10.2　症状

　　惧飞的症状与其他形式的焦虑相同，包括心悸、头晕、胸闷、脸色苍白、出冷汗和想上厕所的强烈欲望。躯体症状经常伴随着超现实体验、感到会昏倒或者觉得有人疯了。恐惧症的特点一般包括日常情境中的高焦虑状态，缺乏对回答的理性理解，行为失去控制，并且采取不恰当的策略处理问题。

　　测量惧飞的方法很多，如飞行焦虑状态问卷（FAM）和飞行焦虑情境问卷（FAS）（Van Gerwen et al., 1999）。这两个问卷都要求回答者在五点利克特量表上进行评分，包括与躯体症状有关的题目（如下文的1–3题）和与思维过程有关的题目（如下文的4–6题，来自FAM），详见下文：

　　1. 我呼吸急促。

　　2. 我感到头晕，或者觉得要晕倒了。

　　3. 我觉得自己要窒息了。

　　4. 我觉得我坐着的飞机会坠毁。

　　5. 我会关注飞机的每个声音或动作，担心是否一切完好。

　　6. 我会持续不断地关注乘务组的脸和行为。

　　这些测量工具可以用来记录回答者惧飞的程度，并且可以用来衡量某种治疗方法的有效性。此外，也可以采用生理测量方法（如被试的心率）来弥补报告的缺陷。

### 6.10.3　害怕什么？

有人可能会问，那些得恐飞症的人到底害怕的是什么呢？通常情况下，受影响的个体关注他们控制范围之外的情况，如较差的气象条件、技术失败和人因失误（飞行员或空管人员）。另外，他们担心的来源是对自己反应和异常行为的自我意识，如在飞机上晕倒。甚至有人会觉得登机前排队、办手续、飞机延误和长时间的安全检查这些事情都让他们感到飞行实在太可怕了。另一方面，空中旅行也会给人们带来积极的体验，但是这方面的研究程度远不及对空中旅行的消极影响研究。

### 6.10.4　治疗

根据个体只是单纯的惧飞，还是有其他恐惧症、抑郁或精神疾病，我们可以选择不同的心理治疗方法。研究表明，标准的抗焦虑治疗能够帮助有人格障碍的恐飞个体（Van Gerwen et al., 2003）。因此，那些有精神疾病的人不需要避开对恐飞症的治疗；但是，这些个体不能像单纯的恐飞个体所要求的那样接受全程治疗。范格尔文等对各种治疗方法进行总结后，发现大部分治疗方法都是个人问题的某种映射（Van Gerwen et al., 2004）。一般会采用团体治疗的方法治疗恐飞症，治疗持续的时间相对较短（1—3天），包含放松训练以及一些形式的认知—行为疗法。此外，团体治疗还会将个体暴露在飞行模拟器或者真飞机中飞行。近年来，许多研究将个人电脑作为飞行暴露疗法的中间媒介，采用视觉、听觉和物理刺激（震动）模拟飞行，并与放松技术相结合，为构建情绪和停止消极思维提供框架。

当被问到使用何种方法放松时，大约有37%的乘客反映他们有时或者总是使用酒精来降低飞行带来的焦虑，大约有47%的乘客会通过分散注意力来降低焦虑，只有低于10%的乘客使用药物降低焦虑。艾尔邦尼、维也纳和迪森伯（Airborne, Vienna & December, 2000）在一次学术会议上提出航空公司应该通过宣传册向乘客传递信息，告知乘客如何处理飞行中的恐惧以及如何准备一次飞行。在该会议上，许多飞行恐惧症的专家就这一主题进行了讨论（Van Gerwen et al., 2004）。此外，许多组织也在积极研究飞行焦虑和治疗办法。范格尔文等

（Van Gerwen et al., 2004）对飞行恐惧者提出如下建议：

1. 远离咖啡因、糖、尼古丁和自我药疗。

2. 放松练习。

3. 喝大量水，不要喝酒，酒精会增加恐惧并引起脱水。

4. 注意你的呼吸节奏，定期进行呼吸训练。

5. 飞机颠簸令人不安，但是系好安全带就是安全的。

6. 不要"假想"，关注"是什么"。

7. 不要逃避，继续乘坐飞机。

8. 动机是改变的关键。

9. 设计飞机就是为了飞行。

10. 写下对你有效的个人应对提示卡片。

## 6.11 航空旅行中的苦与乐

144

2001年9月11日后，由于美国受到的袭击，有一段时间，很多人回避坐飞机旅行，造成了客运量的直线下降。在2003年，旅客的人数或多或少出现反弹；然而，美国人境外游的数量仍旧在减少（Swanson & McIntosh, 2006）。在英国的一项研究中，绝大多数的受访者（85%）表示，"9·11事件"并没有影响他们未来的旅行计划（Gauld et al., 2003）。大多数人可能视这起恐怖袭击为个别事件，并认为不会发生在自己身上。

结合媒体的关注和报道，对一些人来说，健康风险是一件令人担忧的事，例如深静脉血栓、心血管疾病和传染病［如严重急性呼吸系统综合征（SARS）］。其实，与飞行相关的血栓是极少发生的，除了特别敏感的个体（Bendz, 2002; Owe, 1998）；然而，在真实、客观的风险与观察到的主观风险之间存在差异。人们在风险规避方面也存在显著的差异。通常情况下，人们处于控制或支配时更愿意冒险，这种情况较少出现在航空旅行中，除非这个人自己驾驶飞机。

此外，日常生活事件或因素可能成为应激源。例如旅行本身的目的，如人们要做不想做的事或要离开家很长一段时间。其他方面例如前往机场、办理值机手续，以及安全控制，这些条件不断变化，而且变得越来越严格。这使得人们很难估计登机过程需要耗费的时间以及飞机延误是否会接踵而至。有时，许多不相同的事情在同一时间出错，导致了各种应激源的累积。人们在个性和应对方法方面存在着差异，因而人们对同一件事情的反应不尽相同。同样的，人们对工作应激的反应也不同。在英国的一项研究中，询问旅客哪些因素导致了焦虑，最常见的回答是延误（50%的受访者提及）和登机（42%的受访者提及）（McIntosh et al., 1998）。

在最近的研究中，研究者调查了挪威乘客对空中旅行的积极与消极面的看法（Martinussen et al., 2008）。共有268人参加了调查，被试一部分是旅客，另一部分来自特罗姆瑟大学。研究询问被试他们经历值机和安检的通常感受。24%的受访者表示登机的感受是适度的或是非常紧张的，11%的受访者表示不满意办理登机手续的方式。关于安全控制方面，24%的受访者表示对其执行方式不满意，40%的受访者表示空中旅行这方面的感受是适度或者是非常紧张的。那些感觉无法影响事件，并感觉机场信息缺乏的人，可能在值机和安检时感觉更加紧张。这些受访者在航空旅行中感受到的欢愉更少，更多感受到的是焦虑（Martinussen et al., 2008）。

被问到航空旅行的积极面时，72%的被试表示，他们对此充满期待，56%的被试说在机场时会很兴奋。换而言之，即使航空旅行有消极的一面，但大多数人还是看到了它积极的一面。

斯旺森和麦金托什（Swanson & McIntosh, 2006）提出了航空旅行相关的压力模型。这一模型描述了可能的各种因素，如乘客暴露出的需求或应激源。这些因素，涵盖了值机、安全控制、飞行自身和客舱条件（如不良的空气质量和有限的空间）。人格特质、应对机制和人口变量（如性别），可以描述为调节变量，这些变量可以增强也可以减少应激源的影响。这一模型也描述了飞行相关应激的可能效应，例如生理反应、健康疾病、飞行恐惧症，甚至是愤怒和沮丧。尽管模型与一般应激模型十分类似，极具说服力，但值得注意的是，尚没有大量的研究能证明这一模型。该模型可以加以延伸以涵盖缓解应激的资源——如获取信息和影响（或控制）情境。

## 6.12　不守规矩的乘客行为

在10000英尺（约3048米）的高空，从瑞士苏黎世到丹麦哥本哈根的航空旅行中，一名女性乘客试图打开后舱门。据推测，这名女性有精神病，想要结束自己的生命。机组人员设法制服她，并在着陆后将其移交给了哥本哈根警方（挪威报纸Dagbladet，2006年11月23日）。媒体报道的另一件事，发生在从曼谷飞向哥本哈根的航班上，一名挪威籍男子行为粗暴。该男子受酒精影响，想要离开飞机，声音特别大，咄咄逼人且不愿合作。为了使这名男子平静下来，数名乘客参与到斗争中，飞机上的医生给男子注射了镇定剂，才似乎小有成效。最终，这位不守规矩的乘客被控制并被飞机上的其余人员绑在了他的座位上，之后，哥本哈根警方处理了这起严峻的事件（挪威报纸Dagbladet，2003年12月13日）。

这只是飞行中乘客行为违反了航空旅行规则和规程的少数几个例子。据推测，媒体只报道了较严重的事件，轻微事件没有报道。轻微事件的例子通常包含谩骂，例如对客舱的乘务人员或其他乘客说含侮辱、骚扰或色情的话。

缘何那位女士想要离开飞机？是试图轻生，还是根本无法意识到周围环境？同样，人们对曼谷航班上的酗酒男士挑事的缘由及酒精是如何影响当时的情境感到疑惑。在这几种情况下，必须考虑到机组人员及其他乘客卷入或察觉到此事的后果。在深入探讨术语"空中愤怒"后，我们再回到这些问题上来。

### 6.12.1　空中愤怒是什么

挑衅的乘客或客户并不是航空旅行中独有的。通常认为这些与工作相关的暴力事件，出现在许多行业中，包括医疗服务、教育及服务行业等。本章仅调查由乘客引发的工作相关暴力事件（而非同事）。此类事件的诱因往往是提供服务时或真或假的不足之处或是需求没得以满足，例如座位预订的问题或附带酒水的规定。在某些情况下，乘客可能反对所给的指令，或是拒绝接受有关吸烟或安全带的现行规定。航空业的独特之处在于不能简单地让无序的乘客"在下一站离开"，且获得外援相当困难：一旦乘客登上飞机，飞机起飞后，发生的问题需要机组人员自己解决。

　　一般而言，术语"空中愤怒"与不守规矩或不当行为之间存在差别。不守规矩的乘客通常拒绝接受应用于飞机上的规定。他或她可能进行威胁，使用侮辱性的语言，或表现出不适当的行为，且拒绝听从机组人员发出的指示。然而，无序的乘客依旧是非暴力的。空中愤怒的概念适用于涉及身体暴力的案件。无序的乘客和空中愤怒的问题在世界范围内发生，在最坏的情况下，可被认知为一种安全隐患。美国航天局调查显示，在152起飞行员被迫加入制服无序乘客或者被机组成员寻求帮助的案例中，有15起发生了严重的事故。这些严重的事故包括错误的飞行高度或选择了错误的飞行路线——潜在的危险情况。

　　空中愤怒和不守规则的乘客除了威胁安全外，还会引起其他的乘客、乘务人员甚至飞行员的不适，还可能造成飞机复飞和延误。在某些案例中，这一情况可能从对无序乘客的处理升级为对空中愤怒的处理（例如，人们以武力告终）。在其他案例中，几乎没有迹象表明有何问题，但仍对乘务人员发生了无端的攻击。如2004年从纳尔维克到波杜（挪威北部的两个城市）的加藤航班中，一名乘客用斧头攻击飞行员，差点发生重大灾难。随后，这位乘客被判处有期徒刑15年。这类事件的出现类似于恐怖主义；然而，无序的乘客和空中愤怒并未被看作是由政治或意识形态驱使的。

## 6.12.2　空中愤怒发生的频率

　　很难判断空中愤怒问题的程度，以及其程度是否上升，主要因为在很多国家，对此问题的登记资料仍旧不够。在20世纪90年代中期，这一现象首次得到广泛的关注。人们开始关注这一问题的原因比较复杂，可能是由于此类事件发生频率的上升，也可能是因为航空业的变化引起了客户的不满，进而导致了更多的无序乘客。目前，这一特定领域还缺乏实证数据。缺少实证数据的一个可能解释是，很难界定是什么构成了不守规矩的行为（或空中愤怒），以及各航空公司使用的登记方法没有采用必要的标准化过程。

　　现有的统计数据分析表明，尽管多数航空公司报告了空中愤怒和无序行为的增长，但不同航空公司之间仍存在差异（Bor，1999）。英国航空公司在一年间（1997—1998）总共运输了4100万乘客，报告了266起事件，因此，见证或经历空中愤怒的概率似乎相当小。然而，这些事件报告存在不足。例如，我们也可以猜想只有比较严重的事件才会被写进报告。

### 6.12.3 空中愤怒和不守规矩行为的起因

许多因素被认为与引起乘客骚动的因素相关。然而，这些说法都缺乏数据支持，结论也往往基于二手资源的信息（如媒体）。一项基于数百家媒体关于此问题的报道表明，从根本上说，有三个因素与乘客的骚乱或暴力相关：酒精、禁烟以及心理疾病（Anglin et al., 2003）。所有这些因素可以通过环境应激源被放大，如受限的空间、较差的空气质量、延误，也可能是不佳的服务。空中愤怒的一个典型例子中，一名有暴力行为历史的男性乘客，每天连续不断地吸烟和大量喝酒。他在飞机上继续喝酒，当要求吸烟被拒时引发暴怒。该研究表明在40%的案例中酒精是主因（Anglin et al., 2003）。

其他基于美国和英国公司报告的研究发现，酒精分别占报告案例原因的43%和50%（Connell, Mellone & Morrison, 1999）。几乎在所有其他事件中，暴力的乘客在登上飞机前已经饮酒。尽管我们对酒精与其他因素间的相互作用认识有限，我们可以假设它并不是唯一的因素。酒精很有可能降低了人们的抑制力和判断力；在高应激情境下，导致他或她采取攻击行为来解决问题。

总体而言，很少有数据能够描述出无序乘客的典型特征。他们可能是独自旅行，也可能是伴侣，或是成群结队的旅行者。有时，有良好社会经济地位的个体，如艺术家或律师，也会卷入使用言语侮辱或身体侮辱的事件中。这类人的人格类型可能不习惯于接受他人的命令或指导，他们可能不愿意接受来自他们认为比自己等级低的他人的指示。乘务人员必须在服务乘客与负责机组安全之间做出选择。一些乘客很难接受这种二元性，因为他们预期的是服务，而不是指令或命令。

根据一般应激理论，结合一些影响因素，可以更好地理解空中愤怒和无序乘客的现象。混乱的原因在于，接触到的一系列事件，每一件事皆可作为挫折源（延误、排队和安全检查）。另外，还要考虑到酒精的影响，以及一些诱发挫折的事件，如不允许携带随机行李。此外，许多人一定程度上对飞行感到焦虑，这可能也是一种因素。在某些情况下，乘务人员的行为以及与无序个体的交流会促使事件向消极的方向发展。例如，由于通常有相当大的背景噪声，乘务人员提高自己的声音使得客舱里的乘客能听见是必要的。然而，心烦意乱的人可能认为这是无礼的指责。

### 6.12.4　如何避免空中愤怒的产生

　　航空公司训练乘务人员如何应对不文明乘客，最坏的情况是，把乘客绑在他们的座位上。一些公司对空中愤怒事件实施零容忍政策，导致乘客向警方起诉并拒绝乘坐该公司的后续航班。另一个重要方法在于从整体上训练乘务人员如何应对沮丧、不安的乘客。机组成员理所当然地必须以一种礼貌并尊重的方式来回应乘客的投诉和表达不便，提供飞机延误和其他非常规信息也很重要。训练部分涉及识别并且优先处理患有心理疾病或是受酒精影响的乘客的问题。一个重要的预防措施是拒绝醉酒的人登机，并且在机场限制供应酒精类饮品，尤其是飞机上。训练也应包括学习如何用礼貌的方式使人平静下来而不至于事态恶化。

## 6.13　总结

　　本章讨论了人们在生活中应对不同应激源的个体差异和共同方式。我们可以确定的是：当应激超过个体所能承受的范围时，将会产生不同的情绪、认知和心理反应。这些反应会显著影响个体的健康状况、工作成就、绩效和工作满意度。应激对个人来说既有短期影响也有长期影响。因此熟悉这些影响对个人来说大有裨益，因为大多数航空业人士都需要与同事和其他人的紧密合作。尽管我们描述了一些乘客的问题，但是本章主要涉及的是航空业内人士。

### 推荐阅读

Bor, R., & Hubbard, T. 2006. Aviation mental health: Psychological implications for air transportation. Aldershot, England: Ashgate.

Dahlberg, A. 2001. Air rage. The underestimated safety risk. Aldershot, England: Ashgate.

# 参考文献

Åkerstedt, T. 2007. Altered sleep/wake patterns and mental performance. Physiology and Behavior 90:209–218.

Allen, T. D., Herst, D. E. L., Bruck, C. S., & Sutton, M. 2000. Consequences associated with work-to-family conflict: A review & agenda for future research. Journal of Occupational Health Psychology 5:278–308.

Anglin, L., Neves, P., Giesbrecht, N., & Kobus-Matthews, M. 2003. Alcohol-related air rage: From damage control to primary prevention. Journal of Primary Prevention 23:283–297.

Bendz, B. 2002. Flyreiser og venøs trombose [Air travel & deep vein thrombosis]. Tidsskrift for Den Norske Legeforening [Journal of Norwegian Medical Association] 122:1579–1581.

Block, J. 1995. A contrarian view of the five-factor approach to personality description. Psychological Bulletin 117:187–215.

Bor, R. 1999. Unruly passenger behaviour & in-flight violence. A psychological perspective. In Proceedings of the Tenth International Symposium on Aviation Psychology, ed. R. Jensen, B. Cox, J. Callister, & R. Lavis. Columbus: Ohio State University.

Bourgeois-Bougrine, S., Carbon, P., Gounelle, C., Mollard, R., & Coblentz, A. 2003. Perceived fatigue for short & long-haul flights: A survey of 739 airline pilots. Aviation, Space, & Environmental Medicine 74:1072–1077.

Bradley, R., Greene, J., Russ, E., Dutra, L., & Westen, D. 2005. A multidimensional meta-analysis for psychotherapy for PTSD. American Journal of Psychiatry 162:214–227.

Clarke, S., & Robertson, I. T. 2005. A meta-analytic review of the big five personality factors & accident involvement in occupational & nonoccupational settings. Journal of Occupational & Organizational Psychology 78:355–376.

Connell, L., Mellone, V. J., & Morrison, R. M. 1999. Cabin crew safety information article. In Proceedings of the Tenth International Symposium on Aviation Psychology, ed. R. Jensen, B. Cox, J. Callister, & R. Lavis. Columbus: Ohio State University.

Costa, G. 1996. The impact of shift & night work on health. Applied Ergonomics 27:9–16.

———. 2003. Factors influencing health of workers & tolerance to shift work. Theoretical Issues in Ergonomics Science 4:263–288.

Costa, G., Sartori, S., & Åkerstedt, T. 2006. Influence of flexibility & variability of working hours on health & well-being. Chronobiology International 23:1125–1137.

Costa, P. T., & McCrae, R. R. 1985. The NEO personality inventory manual. Odessa, FL:

Psychological Assessment Resources.

———. 1997. Personality trait structure as a human universal. American Psychologist 52:509–516.

Demerouti, E., Geurts, S. A., Bakker, A., & Euwema, M. 2004. The impact of shiftwork on work–home conflict, job attitudes & health. Ergonomics 47:987–1002.

Digman, J. M. 1990. Personality structure: Emergence of the five-factor model. Annual Review of Psychology 41:417–440.

Ekeberg, Ø., Seeberg, I., & Ellertsen, B. B. 1989. The prevalence of flight anxiety in Norway. Nordic Journal of Psychiatry 43:443–448.

Folkard, S., & Tucker, P. 2003. Shift work, safety, & productivity. Occupational Medicine 53:95–101.

Frankenhaeuser, M. 1991. The psychophysiology of sex differences as related to occupational status. In Women, work, & health. Stress & opportunities, ed. M. Frankenaeuser, U. Lundberg, & M. Chesney, 39–61. New York: Plenum Press.

Friborg, O., Barlaug, D., Martinussen, M., Rosenvinge, J. H., & Hjemdal, O. 2005. Resilience in relation to personality & intelligence. International Journal of Methods in Psychiatric Research 14:29–42.

Gauld, J., Hirst, M., McIntosh, I. B., & Swanson, V. 2003. Attitudes to air travel after terrorist events. British Travel Health Association Journal 3:62–67.

Goldberg, L. R. 1993. The structure of phenotypic personality traits. American Psychologist 48:26–34.

Karasek, R. A. 1979. Job demands, job decision latitude, & mental strain: Implications for job redesign. Administrative Science Quarterly 24:285–308.

Karasek, R. A., & Theorell, T. 1990. Healthy work: Stress, productivity, & the reconstruction of working life. New York: Basic Books.

Kitterød, R. H. 2005. Han jobber, hun jobber, de jobber. Arbeidstid blant par av småbarnsfore- ldre [He works, she works, they work. Work hours among couples with small children]. Oslo: Statistics Norway.

Klein, D. E., Brüner, H., & Holtman, H. 1970. Circadian rhythm of pilot's efficiency, & effects of multiple time zone travel. Aerospace Medicine 41:125–132.

Klein, G. A. 1995. A recognition-primed decision making (RPD) model of rapid decision making. In Desicion models in action: Models & methods, ed. G. A. Klein, J. Orasanu, R. Calderwook, & C. E. Zsambok, 138–147. Norwood, NJ: Ablex Publishing Corporation.

Knutsson, A. 2003. Health disorders of shift workers. Occupational Medicine 53:103–108.

Lazarus, R. S., & Folkman, S. 1984. Stress, appraisal & coping. New York: Springer.

150

Leiter, M., & Maslach, C. 2005. Banishing burnout. Six strategies for improving your relationship with work. San Francisco, CA: Jossey–Bass.

Lundberg, U. 2005. Stress hormones in health & illness: The roles of work & gender.

Psychoneuroendocrinology 30:1017–1021.

Lundberg. U., & Frankenhaeuser, M. 1999. Stress & workload of men & women in high-ranking positions. Journal of Occupational Health Psychology 4:142–151.

Lundberg, U., Mårdberg, B., & Frankenhaeuser, M. 1994. The total workload of male & female white collar workers as related to age, occupational level, & number of children. Scand inavian Journal of Psychology 35:315–327.

Martinussen, M., & Richardsen, A. M. 2006. Job demands, job resources, & burnout among air traffic controllers. Aviation, Space, & Environmental Medicine 77:422–428.

Martinussen, M., Richardsen, A. M., & Burke, R. J. 2007. Job dem&s, job resources & burnout among police officers. Journal of Criminal Justice 35:239–249.

Martinussen, M., Gundersen, E., & Pedersen, R. 2008. The joys & stressors of air travel. Paper presented at the 28th EAAP conference in Valencia, Spain, Oct. 27–31.

Maslach, C., & Jackson, S. E. 1981. The measurement of experienced burnout. Journal of Occupational Behavior 2:99–113.

———. 1986. Maslach burnout inventory manual, 2nd ed. Palo Alto, CA: Consulting Psychologists Press, Inc.

Maslach, C., Schaufeli, W., & Leiter, M. P. 2001. Job burnout. Annual Review of Psychology 52:397–422.

McIntosh, I. B., Swanson, V., Power, K. G., Raeside, F., & Dempster, C. 1998. Anxiety & health problems related to air travel. Journal of Travel Medicine 5:198–204.

Medialdea, J., & Tejada, F. R. 2005. Phobic fear of flying in aircrews: Epidemiological aspects & comorbidity. Aviation, Space, & Environmental Medicine 76:566–568.

Megdal, S. P., Kroenke, C. H., Laden, F., Pukkala. E., & Schernhammer, E. S. 2005. Night work & breast cancer risk: A systematic review & meta-analysis. European Journal of Cancer 41:2023–2032.

Ng, T. W. H., Sorensen, K. L., & Eby, L. T. 2006. Locus of control at work: A meta-analysis. Journal of Organizational Behavior 27:1057–1087.

Nicholson, A. N. 2006. Sleep & intercontinental flights. Travel Medicine & Infectious Disease 4:336–339.

Orasanu, J. 1997. Stress & naturalistic decision making: Strengthening the weak links. In Decision making under stress. Emerging themes & applications, ed. R. Flin, E. Salas, M. Strub, & L. Martin, 43–66. Aldershot, England: Ashgate.

Orth, U., & Wieland, E. 2006. Anger, hostility, & posttraumatic stress disorder in trauma-exposed adults: A meta-analysis. Journal of Consulting & Clinical Psychology 74:698–706.

Østlyngen, A., Storjord, T., Stellander B., & Martinussen, M. 2003. En undersøkelse av total arbeidsbelastning og tilfredshet for psykologer i Norge [A survey of total work-load & work satisfaction among psychologists in Norway]. Tidsskrift for Norsk Psykologforening [Journal of the Norwegian Psychological Association] 40:570–581.

Owe, J. O. 1998. Helsemessige problemer hos flypassasjerer [Health problems in airline passengers]. Tidsskrift for Den Norske Legeforening [Journal of the Norwegian Medical Association] 118:3623–3627.

Ozer, E. J., Best, S. R., Lipsey, T. L., & Weiss, D. S. 2003. Predictors of posttraumatic stress disorder & symptoms in adults: A meta-analysis. Psychological Bulletin 129:52–73.

Pallesen, S. 2006. Søvn [Sleep]. In Operativ psykologi [Operational psychology], ed. J. Eid & B. J. Johnsen, 196–215. Bergen, Norway: Fagbokforlaget.

Richardsen, A. M., & Martinussen, M. 2006. Måling av utbrenthet: Maslach burnout inventory [Measuring burnout: The Maslach burnout inventory]. Tidsskrift for Norsk Psykologforening [Journal of the Norwegian Psychological Association] 43:1179–1181.

Rosenman, R. H., & Friedman, M. 1974. Neurogenic factors in pathogenesis of coronary heart disease. Medical Clinics of North America 58:269–279.

Schaufeli, W. B., & Bakker, A. 2004. Job demands, job resources, & their relationship with burnout & engagement: A multisample study. Journal of Organizational Psychology 25:293–315.

Schultz, M. S., Cowan, P. A., Pape Cowan, C., & Brennan, R. T. 2004. Coming home upset: Gender, marital satisfaction, & the daily spillover of workplace experience into couple interactions. Journal of Family Psychology 18:250–263.

Selye, H. 1978. The stress of life. New York: McGraw–Hill.

Silvera, D., Martinussen, M., & Dahl, T. I. 2001. The Tromsø social intelligence scale, a self-report measure of social intelligence. Scandinavian Journal of Psychology 42:313–319.

Swanson, V., & McIntosh, I. B. 2006. Psychological stress & air travel: An overview of psychological stress affecting airline passengers. In Aviation mental health: Psychological implications for air transportation, ed. R. Bor & T. Hubbard, 13–26. Aldershot, England: Ashgate.

Terracciano, A., Costa, P. T., & McCrae, R. R. 2006. Personality plasticity after age 30. Personality & Psychology Bulletin 32:999–1009.

Tüchsen, F., Hannerz, H., & Burr, H. 2007. A 12 year prospective study of circulatory disease among Danish shift workers. Occupational Environmental Medicine 63:451–455.

Ursin, R. 1996. Søvn: En lærebok om søvnfysiologi og søvnsykdommer [Sleep: A textbook on sleep physiology & sleep pathology]. Oslo: Cappelen Akademisk Forlag.

Van Gerwen, L. J., Spinhoven, P., Van Dyck, R., & Diekstra, R. F. W. 1999. Construction & psychometric characteristics of two self-report questionnaires for the assessment of fear of flying. Psychological Assessment 11:146–158.

Van Gerwen, L. J., Delorme, C., Van Dyck, R., & Spinhoven, P. 2003. Personality pathology & cognitive–behavioral treatment of fear of flying. Journal of Behavior Therapy & Experimental Psychiatry 34:171–189.

Van Gerwen, L. J., Diekstra, R. F. W., Arondeus, J. M., & Wolfger, R. 2004. Fear of flying treatment programs for passengers: An international update. Travel Medicine & Infectious Disease 2:27-35.

Waage, S., Pallesen, S., & Bjorvatn, B. 2006. Skiftarbeid og søvn [Shift work and sleep]. Tidsskrift for Norsk Psykologforening [Journal of the Norwegian Psychological Association] 44:428–433.

Westman, M., & Etzion, D. 1995. Crossover of stress, strain and resources from one spouse to another. Journal of Organizational Behavior 16:169–181.

Yoshimasu, K. 2001. Relation of type A behavior pattern and job-related psychosocial factors to nonfatal myocardial infarction: A case-control study of Japanese male workers and women. Psychosomatic Medicine 63:797–804.nfectious Disease 2:27–35.

# 第七章

# 文化、组织和领导力

## 7.1 前言

本章讨论组织和文化因素，以及这些因素如何影响航空从业人员。航空业是一种国际性的行业，需要不同文化背景的个体共同努力，以确保飞机安全及时地到达目的地。沟通有问题时可能会导致不悦和分歧，甚至可能引起严重的安全后果。与不同文化背景、性别和语言的人进行沟通与合作特别具有挑战性。在本章的最后，我们讨论了组织变革和领导，以及它们是如何影响员工和工作的。

## 7.2 组织问题在事故中的重要性

在过去的几十年中，发生了一些重大事故，如1986年切尔诺贝利核电站的爆炸灾难、1988年北海派珀·阿尔法钻井平台爆炸以及2003年的哥伦比亚号航天飞机爆炸。导致这些事故的共同之处是，调查原因时被屡屡提及的组织因素（Pidgeon & O'Leary, 2000）。当谈到组织的事故和问题中的原因时，人们经常会提到文化或安全文化的问题。

在前几章，我们关注了个体和个体差异，包括选拔、训练和个人绩效的重要性。本章中，我们将关注组织问题和系统方面，这对个体如何行动，特别是如何安全行动具有重要意义。

重大事故，无论是飞机坠毁还是核灾难，都会对人、经济和环境等方面造成极其严重的后果。因此，试图揭示事故的原因是一件新鲜事。维格曼和他的同事（Wiegmann et al, 2004）描述了如何解释这些事故的不同阶段。第一阶段（技术阶段）是根据该阶段快速的技术发展而划分的。在本阶段，调查人员在技术系统中寻找不足与致命的缺陷。在下一阶段，焦点转向于人为错误（人为错误阶段），调查人员试图在人的操作中发现错误。随后，社会技术阶段检查人的操作和技术之间的交互作用。最后阶段为组织文化阶段，个体不再被认为是与世隔绝的机械操作者，而是在特定文化情境下作为团队的一名工作者。

## 7.3　什么是文化

自20世纪80年代初，"文化"一词已与组织联系在一起。有多少种关于文化的出版物，就有多少种关于文化的定义。尽管并不是很准确，但"组织文化"通常是指组织内部做事的方式。亨宁·邦在他的《组织文化》一书中将"组织文化"正式定义为"组织中的成员间以及人与环境间的相互作用而发展出一系列共有的规范、价值观和对现实的感知"（Henning Bang, 1995）。沙因（Schein, 1996）将"组织文化"定义为"一群人所共同持有的认为是理所当然的一系列的内隐假设，这些假设决定了他们的认知、思想及对环境的应对"。这些定义有所不同，前者描述了文化如何形成（如通过互动），而后者描述了文化对组织团队成员的影响。

还有一些其他的相关术语，如氛围。许多文章和实证研究交替使用这些术语。也就是说，这些文章并没有区分它们之间的差异。因此，尽管研究这些现象的研究者们似乎采用了不同的建构，但事实上他们指的是同一件事情（Mearns & Flin, 1999）。

沙因（Schein, 1990）认为氛围是文化的一种表现，并且可测量。因此，文化是一种深层次且不能轻易描绘和分类的现象。也有人说，文化对于组织成员来说是共享的，或共同的，然而，氛围是团队成员的一种"典型"感受，特别是组织内的人际关系。在某种程度上，文化和氛围可能具有不同的渊源和相关的测量技术。不管是研究文化还是研究氛围，这些研究其实探究的是同一种现象。氛围通常使用标准化量表测量——这种方法由于不足以测量文化而受到质疑（Schein, 1990）。访谈和观察的方法都是可替代的方案。然而，大多数的实证研究使用问卷来测量这个构念。

　　因为涉及文化的定义，"组织"这个术语既可应用于企业（如航空公司），也可应用于以不同方式组成的群体，如飞行员（一种职业）或女性、技术人员（企业的子群体）。研究民族文化也很常见，即探究民族和民族之间存在多大差异。因此，我们可以假设在航空业，个体也受多种文化的影响：民族、专业和公司（人们工作的航空公司）的文化。随着时间的推移，人和人之间不断地发生交往，文化在不同的社会系统中得以发展。根据沙因（Schein, 1990）的观点，文化发展的必要条件，包括人们必须一起工作了足够长的时间才能共同经历和面对问题。他们需要机会来解决这些问题，并观察实施解决方案的效果。最后，最重要的是，群体或组织必须能让新成员按照组织的思考、感受和解决问题的方式进行社会化。拥有文化的优势使得事件具有预见性和意义，这有助于减轻群体成员的焦虑（Schein, 1990）。

　　组织内也可能形成亚文化，它们可能互相冲突或相互支持。亚文化通常是基于职业、工作场所（海洋与陆地）、性别或年龄等形成的。在企业并购后，亚文化的形成可能基于原先的企业。在子群体之间的冲突中，每一方用极端化的视角去看待对方："他们是糟糕的，我们是优秀的——我们有正确的价值观。"对于这种冲突升级的解释可能是，群体需要维持自己的社会身份，并且会与那些意欲破坏或威胁到自身群体文化的人相抗衡以保护自己（Bang, 1995）。然而，任由这种冲突滋生，有时对组织来说是极具毁灭性的。最糟糕的情况是对个体的幸福感和健康造成不利的影响。亚文化出现在大多数组织中，那些认为这些亚文化之间不会出现冲突的观点是天真的。组织和领导如何应对这些冲突比阻止亚文化冲突的发生更为重要。

## 7.4　国家文化

　　航空业几乎在任何维度都是一个国际化的产业。这促使企业和个体与其他文化产生互动，这些文化下的个体经常使用英语之外的语言作为第一语言。国家文化影响了人们交流和行动的方式。研究这些国家差异最流行的模型和方法

155

是基于吉尔特·霍夫斯塔德与工作相关的价值问卷（Hofstede, 1980, 2001）。霍夫斯塔德从1967年到1973年间，在66个国家对IBM员工的大型研究中发展了测量工具。被试指出给定价值的重要性或意义——也就是说，他们同意或不同意表述的程度。问卷设置了四个维度［权力距离（power distance，PD）；不确定性规避（uncertainty avoidance，UAV）；个人主义与集体主义（individualism collectivism，IND）；男性化和女性化（masculinity-femininity，MAS）］。表7.1给出了相应示例语句的描述。

表7.1　霍夫斯塔德民族文化测量表

| | 怎么测量 | 问题范例 |
| --- | --- | --- |
| 权力距离（PD） | 指管理者和下属之间的权力的不均和所接受的程度。奥地利、以色列和北欧国家记录了较低的PD值，在菲律宾和墨西哥记录了较高的PD值。 | 雇员害怕对他们的管理者表达不同意见的频率有多高？ |
| 不确定性规避（UAV） | 指一种文化的成员因为不确定性和不可预测情况感到威胁或者焦虑的程度。希腊、葡萄牙和一些拉丁语国家报告了较高的UAV值；美国、新加坡、瑞士和丹麦报告了较低的UAV值。 | 你工作的时候感到紧张和压力的频率有多高？ |
| 个人主义—集体主义（IND） | 焦点集中在个人身上的程度（例如个人相较于集体的权利和责任）。例如美国这样的西方国家有着较高水平的个人主义分数，亚洲的几个国家分数较低。 | 你在工作上完全运用你的技巧和能力有多重要？ |

续表

| | 怎么测量 | 问题范例 |
|---|---|---|
| 男性化和女性化（MAS） | 测量文化相比较社会（女性）价值更重视效率和竞争的程度。包括斯堪的纳维亚国家在内的国家有较高的女性特质分数；日本和南欧的一些国家以及拉丁美洲分数较低。 | 拥有雇用保障有多重要？ |

来源：Hofstede, G. 1980. Culture's consequrnces:International differences in work-related values. Beverly Hills, CA: Sage.

　　其他的研究者已经在相应的跨文化研究中使用了这种测量工具，为四种维度提供了一定的支持。然而，这一工具也受到了批评，尤其是不同维度间较低的内部一致性（Spector & Cooper, 2002; Hofstede, 2002）。不过，霍夫斯塔德的研究依旧是重要的，因为大量的国家和个体参与其中，促进了研究结果之间的比较。

　　梅里特（Merrit, 2002）研究了来自19个国家的10000位飞行员，结果表明，四个维度中的两个维度（个人主义与集体主义、权力距离）是重复的，而测量男性化和不确定性规避的题项存在问题。但是，在霍夫斯塔德的研究中，根据文化维度的国家排名和来自不同国家飞行员得分的国家排名之间有着清晰的对应关系。此外，飞行员群体与作为霍夫斯塔德参照的IBM员工之间存在一些差异。例如，飞行员比IBM员工具有更高的权力距离，一般认为这可能是飞行员职业强调旗帜鲜明的等级结构（如机长与副驾驶员）。

　　谢尔曼、海姆里奇和梅里特（Sherman, Helmreich & Merrit, 1977）的研究发现，在飞行员如何对待规则和程序、自动化的实用性，以及他们接受机长和副驾驶员间的权威等级（指挥系统）等维度上，存在国家间的差异。

　　一项对14个北约国家的军事飞行员进行的研究，将霍夫斯塔德量表所测得的价值观与这些国家事故率做相关统计（Soeters & Boer, 2000）。收集数据花费了5年时间（1988—1992），并且用每10000小时飞行时间损失的飞机数量来描述事故率。将这一数据与国家价值观的四个文化维度做相关分析。四个维度中有三个维度与结果显著相关，即个体主义与集体主义（$r = 0.55$）、权力距离（$r = 0.48$）及不确定性规避（$r = 0.54$）（Soeters & Boer, 2000）。只有男性化与事故率之间没有显著的相关性。当去除由于机械故障导致的事故时，相关性增加。数据表明，来自低个体主义得分和高权力距离及高不确定性规避的国家的飞行员，事故率会更高。

该结果非常有趣。然而，需要注意的是该研究只包含14个国家，且研究的主体是国家而不是飞行员。换言之，该研究所发现的相关关系是基于很小的样本。此外，相关关系不等同于因果关系。造成各国之间差异的有很多其他因素，这些因素可能导致事故数量的变化。此外，该研究没有测量军事飞行员的文化，而是采用了霍夫斯塔德的文化研究结果。因此，在收集事故数据的同时，若测量军事飞行员的文化，那么结果可能会略有不同。然而，该研究表明，文化因素如何与事故相联系值得进一步研究。

第三个研究（Li, Harris & Chen, 2007）比较了印度和美国的事故统计数据及其原因。总共523起事故，包含1762例人因失误。研究总结了先前的事故调查结果，并使用了HFACS系统（Wiegmann & Shappell, 2003）将错误分类。这一系统基于里森模型，将会在第8章详细讨论。该研究发现，不同国家在报告事故原因上存在显著差异。相比美国，印度（高权力距离和低个体主义国家）报告组织失误更为频繁。这表明在等级制度下的员工希望被告知做什么（很大程度上超过西方国家），且更倾向做出集体主义的决策。研究者认为，这可以作为印度更频繁报告组织失误的一种解释。在印度这种文化下，公开讨论很少得到即时的反馈，并且下属在决策以及纠正错误和缺陷时有较少的权力和自主性。

### 文化差异研究中的问题

研究国家间的文化差异是一项复杂的工作。其中一个挑战是在不同国家间以相同或类似的方法完成这项研究或调查。例如，是否可能以相同的方式取样？在研究中所有国家是否采用相同的程序？问题的本质在于，差异越大的国家，就越难以完成这样的任务。关于获得目标团队的档案和是否能够从这些团队中得到获取信息的授权，存在不同的规定。例如，比较荷兰的护士和马来西亚的飞行员，很难将可能的研究结果单单归因于文化的差异。理想状态下，所要研究的团队应该尽可能相似。尽管研究者通常会承认，在实际中不可能在所有国家中以完全相同的方式完成调查。团队间相似度越高就越能得到确定性结论，这种差异是文化因素导致的。

另一个挑战是对不同语言问卷的翻译。即使在翻译时投入了大量精力，这种表述也可能在翻译成另一种语言时表达了不同的意思，某些词或表达在目标语言中找不到与原文相对应的词或表达。通常，翻译是由原来的语言到目标语言（例如，英语到挪威语）。然后，又请另一精通两种语言的人，将文本翻译回原来的语言（英语）。最终，将两种英文版本加以对比。这时候，翻译者需努力进行调整的地方就变得清晰了。重要的是，一个完美的逐词翻译并不可取，保留原意才更加重要。最后，在跨文化研究中，可能还存在一个问题，不同文化的人有不同的反应方式。这意味着，一些文化中的个体可能更倾向于认同某一种特定的陈述；另一些文化下，观点的表达更为自由，因此会在更大程度上做出极端的应答。

## 7.5 职业文化

许多行业或职业都有其强大的文化特征，如心理学家、空中交通管制员和飞行员等。通常情况下，人们需要经过激烈的竞争才能在这些职业中胜出，并且还需要顺利完成所要求的大量的培训。在完成培训后，行业内许多人会加入强大的工会，工会能够维护成员的权利和利益。一些工会向成员提供教育资助，以维持或发展额外的技能；工会通常还规定了职业道德行为准则。因此，工会在一定程度上能促使新成员尽快适应团队或职业。这些职业人，包括飞行员、心理学家和医生，往往是具有高度热情和自豪感的工作者。他们会尽一切努力取得成功，并很少有人在获得这个工作之后放弃这个职业。海穆里奇和梅里特（Helmreich & Merrit, 1998）认为，强有力的职业文化会给个人无懈可击的错觉，根本无视其自身局限性。有些人可能会意识到人的各种局限性，但不会意识到这种局限性会对自身有影响（这是不现实乐观的一种形式）。

海穆里奇和梅里特（Helmreich & Merrit, 1998）的一项研究显示，有很大一部分飞行员和医生坚信，他们在低于平均水平的工作条件下同样能够做好自己的工作。也就是说，紧急情况下他们能够做出与正常情况相同的判断，在工作时会暂时搁置个人问题。但是，结果显示两个职业群体之间存在一些差异：

159

60%的医生宣称他们在劳累的时候仍然能够有效地工作，相比之下，只有30%的飞行员有同样的回答。总而言之，医生的认知相较于飞行员不太现实。造成这种差异的原因目前尚不清楚。然而，航空人因方面的长期研究可能发现了部分影响因素。例如，飞行员必须强制性地完成机组资源管理系列课程，而这对于医生职业来说是新鲜事物。

在一个职业内部，可能或多或少有一些与个体存在联结的子群体。子群体的建立可能是基于专业分工、工作场所、性别等因素。例如，军事飞行员与民用飞行员，以及临床心理学家与心理学教授。

一项以190名飞行员为被试的研究，调查了挪威一个主要航空公司的文化变迁（Mjøs, 2002）。用霍夫斯泰德的方法（Hofstede, 2002）研究发现，这个群体的得分与全国常模有显著差异。其中最大的差异为飞行员的男子气概指数得分远高于预期。

另一项国际研究对来自新加坡、新西兰、加拿大的航空调度员进行调查，探讨他们如何感知自己的工作环境（Shouksmith & Taylor, 1997）。研究假设认为，东方文化下的航空调度员与来自两个西方国家的航空调度员之间存在较大差异。当被问及工作环境中的压力来源时，发现这些航空调度员之间存在很多相似之处。例如，来自这三个国家的航空调度员均提到技术的局限、高负荷时期、担心造成意外事故，为排名前五的最为重要压力来源。

另外，新加坡的航空调度员提到的当地管理问题也在压力来源的前五位，而其余两组则认为日常工作环境为前五大压力源之一。研究者将这种差异部分归为文化因素，如相对于西方国家，亚洲国家具有高权力梯度，因此下属和管理层产生分歧易造成更严重的影响。外部环境因素同样可以解释一些差异。例如，加拿大频繁发生的恶劣天气，可能导致航空调度员将这一因素作为与工作相关的最显著的压力源之一。

## 7.6   组织文化

正如民族文化和职业文化，同一个国家的航空公司之间可能也存在文化差异。一项对挪威的三家航空公司的研究显示（Mjøs, 2004），霍夫斯泰德四个文化维度中有三个存在显著差异（权力距离、男性化与女性化和不确定性规避）。调查要求440名飞行员报告在过去一年中是否出现过失误。共统计10个指标，如忘记检查重要的仪表或选择了错误的飞机跑道等。并统计出每一个飞行员的总误差分数，这个误差分数与规定的文化维度相关（权力距离、不确定性规避、个人主义、男性化）。结果发现，权力距离与操作错误的数量之间存在强相关关系（$r = 0.54$）（即错误会随着感知到的权力距离的增加而增加）。如前所述，相关关系不一定是因果关系，但结果是有意义的。我们可以依据相关性推测其背后的机制。谢尔·姆乔斯（Mjøs, 2004）由此提出了一个模型，即文化因素会影响驾驶舱的社会环境，飞行员之间的沟通可能会反过来导致操作失误。

第一次收集数据十年后，一个后续研究对先前研究中最大的航空公司的飞行员进行小范围的筛选（Mjøs, 2002）。其研究是为了调查随着时间的推移，航空公司文化的潜在变化。谢尔发现权力距离、个人主义和不确定性规避的分数均出现显著的变化，社会风气在这期间也有所改善。对飞行员在模拟器中的表现进行评估，结果发现，与十年前相比，后续研究中错误操作出现的次数较少。这项研究存在一个缺陷，即难以完成对完全相同的人进行两次调查的任务。此外，由于调查是匿名的，所以不可能对个人随着时间推移所得到的成绩进行记录。同样值得注意的是，这项研究既不能解释文化变迁的原因，研究中发现操作上的改进也不能归因于这些文化变化。

## 7.7　安全文化

安全文化是广泛用于航空领域的术语，同时该术语也用于那些失误会导致严重后果的行业，如高科技企业、核电厂、手术室，以及各种各样的交通运输业。这些系统往往涉及技术和人工操作员之间的大量交互，因此失误可能会带来灾难性的后果（Wiegmann et al., 2004）。一个相对简单的定义是：安全文化是指一个群体所共同持有的有关风险和安全的一系列基本价值、规范、假设和期望（Mearns & Flin, 1999）。

与组织文化和组织氛围一样，安全文化和安全氛围之间的界限也是不清晰的。有些人认为，它们是不同但相关的术语。其中，安全氛围主要是通过问卷调查以了解员工如何感知安全的基本状况（通常涉及一个特定的问题），而安全文化指的是更持久的基本价值和规范，而这些与组织所在的国家文化有部分重叠（Mearns & Flin, 1999）。因而在实践中，概念交替使用，通常量化的问卷在内容上都会重叠。

维格曼和同事（Wiegmann et al., 2004）总结了不同定义安全文化中的一些共同特征。这些共性包括安全文化是一个群体所共有的，它具有跨时间的稳定性，它还反映在从错误事件和事故中吸取教训的组织意愿上。安全文化影响群体成员的行为，主要是通过直接或间接影响员工的态度和动机行为的方式，最终提高安全性。

## 7.7.1 什么是合理的安全文化

合理的安全文化的一个重要方面是管理层承诺并参与促进安全的工作。要实现这一点，至关重要的是，最高管理层要能提供必要的资源，并支持与安全有关的工作。它必须反映在组织的各个方面，并要进行日常评估和系统升级。然而，同样重要的是，较低级别的管理员也需要参与安全提升的活动。让那些仅参与常规检查而不参与安全活动的员工参加安全培训是没有作用的。

安全文化的另一个指标是，那些执行特定工作的人会被赋予责任和权力，作为防止错误发生的手段。换句话说，他们感觉到自己被赋予了权力，就会感到自己在确保安全方面有着很大的责任。这使得他们在工作中能够发挥积极作用，提高安全性。组织的奖励制度则是指标的另一方面。奖励制度可以用来促进安全，或者说员工承担了某个问题是否该受到惩罚？最后一个方面是组织在多大程度上愿意从以往的错误中吸取教训，并通过汇报系统反馈给员工。只鼓励员工报告错误或失误但不做任何努力去纠正，会让那些报告的人失去动力。

## 7.7.2 安全文化是如何发展的

安全文化可以分为几种形式，它们通常是建立在前面提到的成分的基础上。哈得逊（Hudson, 2003）建立了一个多重安全文化模型。该模型涉及各种不同的文化，从病态的文化、成熟的文化到发展的文化。表7.2是不同类别与典

型的安全问题的示例表。该模型扩展了外斯特姆的模型（Westrum & Adamski,
1999），其中包含三个阶段的组织类型：病态的、官僚的和可生的。

表7.2　安全文化的发展

| | 类型 | 陈述的典型文化 |
| --- | --- | --- |
| 高信息流动和信任 | 可生性 | 安全是我们做生意的方式。 |
| | 前瞻性 | 我们为正在解决的问题而工作。 |
| | 计算性 | 我们有完备的系统来管理所有风险。 |
| | 反应性 | 安全很重要。我们为每次的事故付出了很多。 |
| 低信息流动和信任 | 病态性 | 只要我们不被抓住，谁在乎？ |

来源：Hudson, p. 2003. Quality and Safety in Health Care 12:7-12.

哈得逊模型的五个阶段为安全文化的分类提供了一个框架，并描述了不同
层次的文化成熟度。在病态性文化中，安全性被视为经营者所造成的问题。获
得金钱并避免被政府发现是其主要动机。在反应性组织中，安全开始受到重
视，但只是在事故发生之后才重视起来。在计算性文化中，安全是由各种管理
系统维护，且主要针对员工。前瞻性文化的特点是让一定数量的人力参与安全
工作；在最先进的一种安全文化类型（可生性）中，安全是每个人的责任。对
安全的重视是如何开展工作的一个重要部分。尽管很少有事故或意外事件，但
人们也不会放松（居功自傲），仍然对危险提高警惕。

哈得逊（Hudson, 2003）提出，先进的安全文化也可以由如图7.1所示的四
个要素组成：

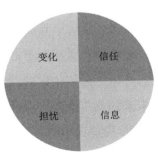

图7.1　良好安全文化的要素

1. 信息意味着所有员工均知情，且组织内的信息是共享的。重要的是，报
告坏消息的人不会被责怪。相反，组织鼓励员工报告问题。

2. 信任的提高则是通过公平地对待雇员，而不是惩罚那些报告失误和错误的人。

3. 变化描述的是这样的组织：组织具有良好的适应性，在工作出现错误或工作进展良好的时候，员工均能从中吸取经验和教训。

4. 担忧所指的是，即使所有的预防措施均已到位，但员工依然担忧可能会出错。

### 7.7.3　航空安全文化的研究

研究者已经设计了一些描述航空安全文化的问卷，其中大多是多维的，并已将前面所提到的许多因素考虑在内。瑞典航空公司一项针对地勤人员的研究调查了九个方面，包括沟通、学习、报告和风险知觉等（Ek & Akselsson, 2007）。在调查中，要求管理人员思考他们认为员工会怎么回答这些问题。结果显示，管理人员对安全文化的积极程度要高于员工。同时，管理人员和员工对公司安全文化的各方面的评价具有显著的一致性。分数最低的维度是"公正性"和"灵活性"维度，这对管理人员和员工均适用。前一个维度评估的是接受偶尔犯错误的程度，而后一个维度测量的则是鼓励员工提供改善建议的程度。得分最高的维度是"沟通"和"风险知觉"（Ek & Akselsson, 2007）。

## 7.8　女性和航空

来自美国的数据显示，美国的飞行员有90%是白人男性，这意味着女性和其他民族群体在驾驶舱内处于弱势。在未来的就业市场中，有理由相信这种情形可能会改变，但它发展的态势依然是不确定的。当然，随着时间的推移很难预测该行业如何变化，以及未来的几年里各行业的需求会发生怎样的变化。一些挪威公司对未来飞行员短缺的问题表示担忧。

因此，我们有理由相信，相较于传统的飞行职业，航空公司将超越国界，招聘更多来自其他国家的飞行员和工作人员。我们很难准确地知道是什么影响着年轻人的职业选择。可能的影响因素包括能力和兴趣等主观因素、可用的机会、财务状况，以及他们通过家人或朋友所熟悉的事物等外部因素。有时，甚至个人的经历决定了自己的职业道路，就像姬德胜垦雅各布森（Gidsken Jacobsen）——挪威的第一个女飞行员一样（Gynnild, 2008）。

> 1928年6月的一天，一架拥有三个引擎的大型水上飞机轰鸣着降落在奥福特峡湾的外槽——纳尔维克。姬德胜垦雅各布森在海岸边目睹了整个过程。这成为她生命的一个转折点。"从我在码头上看到尼尔森（Nilsson）的（飞行）机器的那一天，除了飞行我没有更愿意做的事了。"她在几年后说。想象一下，像尼尔森和他的机组成员一样在空中飞行，从这个地方到那个地方，从空中了解这个国家，并激起成千上万的喜欢该行业的人的兴趣：那就是飞行！

20世纪的20年代，姬德胜垦雅各布森在纳尔维克长大。不像其他的女孩，她在很小的时候就学会了如何驾驶汽车和摩托车。21岁时，她前往斯德哥尔摩的官方航空战斗学校考取飞行员执照。随后，她学会了驾驶水上飞机，并在父亲的帮助下，买了一架水上飞机，命名为码森（海鸥）（Gynnild, 2008）。毫无疑问，姬德胜垦雅各布森过着一种伴随着坚定行动和对生活渴望的非传统但令人兴奋的生活。在挪威或其他国家同样能找到其他女性先驱的例子，如分别在1927年和1910年拿到飞行员执照的达格妮伯杰和爱丽丝德罗什，以及1912年横渡英吉利海峡的哈丽特昆比和1932年穿越大西洋的阿米莉亚埃尔哈特（Wilson, 2004）。

在早期航空中，尽管女性处于中心地位且有很多的女性先驱，但是今天的驾驶职业无疑是以男性为主导。虽然你很难准确地预测在这个行业中全球有多少女性，但可以估计的是，在西方国家这个比例是3%到4%（Mitchell et al., 2005）。

很难说为什么越来越多的女性对飞行不感兴趣。大概有个人的原因，也有基于航空本身性质的原因。也许这个职业之所以被视为特别男性化，是因为历史上充满了男性的英雄壮举——"正确的东西"。因此，年轻女性更愿意选择其他的教育路径和职业机会。也许想到进入一个存在被疏远的风险，且生活在他人负面的性别歧视评论下的行业，就没有那么大的吸引力了。而航空业是否愿意让女性进入驾驶舱？以及对女飞行员持有怎样的态度？一个女性求职者怎样才能够达到该职业的要求？以及性别问题如何影响传统上由两个男人占据并相互作用的驾驶舱？飞行员之间交互作用的研究，长期以来一直关注于沟通和文化差异及其对航空安全的影响。然而，航空领域内关于性别问题的研究，无论是对女飞行员的态度研究，还是飞行员之间交互作用的研究，均是不足的。

### 对女飞行员的态度

　　为了探讨人们对女性飞行员的态度，一项研究对南非、美国、澳大利亚和挪威等国进行了调查。研究中，询问女性和男性飞行员如何看待女性飞行员（Kristovics et al., 2006）。研究要求被试对一些关于女性飞行员的陈述发表自己的看法。此外，调查中有一个开放式的问题，即让被试用自己的话表述他们如何看待调查中所提到的问题，以及他们对于调查本身的看法。调查共包括四部分的问题（如表7.3），被试需要在五点量表中选择自己在多大程度上同意或不同意。研究者对每个维度的结果进行计算，高分代表积极态度，低分代表消极态度。因此，问卷中的部分问题需要反转，以换算成一个统一的指数。

表 7.3　女飞行员态度研究的问卷样例

| 类别 | 示例陈述 |
| --- | --- |
| 决策/领导力 | 女性飞行员在紧急情况下经常很难做出决策。 |
| | 女性飞行员在紧急情况下的决策能力与常规飞行中一样好。 |
| 果断性 | 在飞行情况下，男性飞行员比女性飞行员更负责任。 |
| | 在学习失速程序时，男性飞行员比女性飞行员更不害怕。 |
| 危险行为 | 男性飞行员相较于女性飞行员，更容易将燃料耗尽。 |
| | 男性飞行员往往比女性飞行员冒更大的风险。 |
| 平权行动 | 之所以有职业女飞行员，是因为航空公司需要满足平权措施的配额。 |
| | 飞行训练标准降低，因此女性更容易达标。 |

　　共有2009名（312名女性和1697名男性）平均年龄为36岁的飞行员参与调查。他们来自四个不同国家，且被试比例不同，其中53%来自澳大利亚，28%来自南非，9%来自美国，10%来自挪威。结果显示，所有维度均存在性别差异，即男性飞行员对女性飞行员的态度，比女性飞行员对女性飞行员的态度更消极。差异最大的维度是"决策/领导力"和"平权行动"。

　　各国之间也存在差异，如图7.2所示。由于部分国家的女性飞行员人数较低，因此以下结果是基于男性飞行员的。在四个维度中有三个维度，挪威飞行员比其他国家的飞行员更积极，而在"危险行为"这个维度上结果则相反。后者类别中的语句类型是："男性飞行员往往比女飞行员冒更大的风险。"而挪威的飞行员不太同意这种观点。这可能反映了挪威人人平等的思想，在这种思想中，女性飞行员不会被视为比男同事更小心或忧虑。总之，研究结果显示，对女性飞行员的态度，男性挪威飞行员比美国、澳大利亚和南非的男性飞行员更积极。也许正是因为如此，相对于研究中的其他国家，挪威人具有更强烈的平等思想，这与霍夫斯泰德（Hofstede, 1980）对斯堪的纳维亚国家的研究结果相一致。

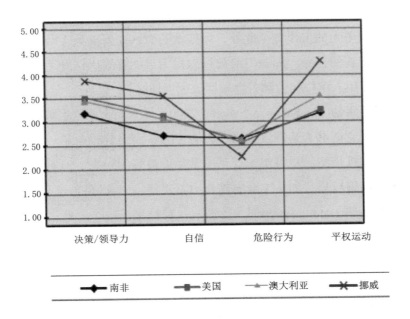

图7.2　四个国家男性飞行员的态度差异

　　研究群体中有158个飞行员教官。作为一个子群体，研究飞行员教官对女性飞行员的态度，比其他大多数群体更积极。此外，那些有机会与女性副驾驶员一起飞□□□□□□其他人更积极。

　　被试还为调查提供了补充意见。有一些来自不同国家的相似的负面评论（Mitchell et al., 2005）。这些意见包括认为女性并不适合航空业，例如有飞行员这样说："一个女飞行员＝一个空中厨房"和"如果女性要飞行，天空将变为粉红色"。负面评论最少的是挪威群体，其正面的评价大多是关于女性飞行员和男性飞行员一样好，或者更好，仅仅根据性别来判断个人，这是不合理的。许多挪威的受访者（其中大部分是军事飞行员）评论说，因为男性和女性都经历了相同的选择过程，他们同样能够完成给定的任务。

## 7.9  重组和适应新的工作环境

许多公司都经历过结构调整和重组。这种变化往往是因为需要或希望提高公司的效率和盈利能力。有时，经济条件或战略决策会导致裁员。但是，随之而来的一个问题是，要执行的任务不会受到解雇员工的影响。因此，那些留在公司的人会有更大的工作量。此外，新技术的引入，要求员工必须愿意学习新的技能和执行新的任务。那些以前被视为稳定且能够提供良好工作条件的公司不多见，因而用人单位和劳动者会采取短视规划。

麦金利和谢勒（McKinley & Scherer, 2000）认为，企业重组被当作一种常见的正确战略，它能够为管理者提供一种有序感，而这种感觉是一种增加进一步重组概率的积极情绪。尽管组织变革通常带着最好的初衷，但研究发现，这种变革会带来消极后果，如员工会有高压力且工作满意度降低，以及公司的财务收益会低于预期（Mentzer, 2005）。造成这种结果的一个解释，是因为对人为因素的管理上存在不足或不恰当——换句话说，低估了这种扩张重组对于员工的影响。

### 7.9.1  对组织变革的反应

对于员工，企业重组带来的影响可能是相当大的。对于大部分人来说，工作是生活中一个非常重要的组成部分，因此公司的重大变化可以被视为一个重要的生活事件。每个人最关心的会有所不同，但可能包括以下方面：

1. 这会如何影响我的日常工作和我的事业？

2. 我已有的技能和经验对于未来的工作是否足够？

3. 在新的组织中，我是否会受到欢迎？

4. 在重组过程中，我会得到公平的待遇吗？

从一般压力理论的角度看重组，如弗兰肯哈斯的生物心理社会模型（在第六章已介绍）。 在这个模型中，重组被视为一个压力源。在这过程中个体通常会对他们的资源进行比较。如果需求超过资源，压力就产生了，从而对健康产生负面的影响。这样的比较或评估是困难的，原因在于信息极其匮乏，即个体不知道未来将会发生什么以及什么时候发生。例如，在做出并购的相关决策前，员工通常是不知情的。由于要保护公司利益，因此决策过程通常是保密的。内部经常会流传关于即将发生什么的谣言，这使得员工更难以确定未来组织对他们的要求，以及在新的组织中自己将会承担哪些任务。最常见的就是不知道某个人是否能够在"新"公司工作。但是，并不是每个人都会对结构调整或重组的消息做出消极反应。有些人可能会认为这种变化是自然且合适的，并且这是一个升职的机会。

除了个体反应外，重组和裁员会对组织造成怎样的后果？首先，该组织最好能够具有更有效率和灵活的组织结构。但这种组织不常有。对于可能产生的负面结果，如因病缺勤人数的增加、较高的流动率以及组织骚乱等，必须采取必要的措施。重组特别是裁员导致管理层信任度的降低以及员工工作满意度的降低。员工反应的强烈程度受许多因素影响。一个重要的因素是变化程度。例如两家大公司的合并与一个公司内两个小部门的合并是不同的。另一个决定性因素在于这种变化是如何沟通的——特别是变化的必要性是怎样被强调的。良好的沟通有助于减少焦虑和消极反应，提高员工工作的满意度。

一项研究对比了加拿大医护人员（$N$=321）在应对各种形式组织变革时的反应。这些变革包括结构性改变、工作场所改变、新技术引进等。被试的反应可以直接比较，因为被试经历了相同的变化。对不同类型的变化存在一定比例（约四分之一）相同程度的不适感，而不同类型的变化导致了大多数人（约四分之三）不同程度的不适。因此，似乎是改变的类型（环境因素），而不是个人特征（性格因素），在这种不适水平中起重要作用。

挪威一项对挪威海岸运营的大型石油公司重组和裁员的研究，采用了问卷调查的方式，对员工（$N$ = 467）态度进行调查（Svensen, Neset & Eriksen, 2007）。调查是在宣布（但实施前）重组计划后进行的。约三分之一的个体对

168

这种变化有积极态度。影响这种积极态度的重要因素，包括组织的责任感、卷入感、参与感、团队领导力和效率等。

## 7.9.2 裁员

裁员会对那些失业以及那些留在企业的人们有一些负面的影响。同时，一些研究表明，裁员后的企业盈利并没有多大改善（Mentzer, 1996）。留在企业的人可能会遭受所谓的"裁员幸存者心态"——一种由工作安全问题引起的和对企业的消极或愤世嫉俗的态度为特点的状态。管理者在执行重组和裁员过程中可能会遇到压力、内疚感，甚至偶尔会侵犯员工。

一项研究对不同行业员工（包括银行、保险、制造业）在裁员后的反应进行了探讨（Kets de Vries & Balazs, 1997）。研究是对60名失去工作的员工和60名仍然留在企业的所谓的"幸存者"进行质性访谈。对前一组被试的反应进行分类：（a）43%能够适应，（b）30%觉得沮丧，（c）17%能够找到新的工作机会，（d）10%存在敌意。此外，对观察到的反应模式进行组合发现，研究中参与裁员过程的管理者大多报告裁员是一个艰难的过程。管理人员所报告的反应差异很大，从使自己远离相关问题，到自己感到抑郁和内疚。

在斯塔万格大学的一项研究（与挪威统计局合作）中，马里雷杰对一群员工进行了为期5年的追踪调查（Rege, Telle & Votruba, 2005）。对在稳定且安全公司的员工与面临裁员公司的员工进行分析比较，发现裁员会对个人健康造成影响，特别是男性。结果显示，14%的男性存在较高的死亡率，24%没有工作，而11%存在离婚的风险。研究者将这种男性失业会造成更严重后果的性别差异，归结于男性自身把失业看作是一件会带来严重后果的事件，因为男性身份通常与能够得到工资的工作紧密联系在一起。这项研究还显示，对失业人员的负面影响取决于他或她工作的行业，而制造业的负面影响最为严重。

## 7.9.3 心理契约

当孤立或单独看待问题时，管理人员和员工在前面所描述情境中的反应可能会显得奇怪、不合理，甚至令人惊讶。然而，当将其视为遇到强烈压力时的反应，他们的反应则会变得容易预测。双方都经历了一个非常艰难的过程，包括失去一个或多个同事，甚至是朋友们。以及不得不改变他们是在一个财力稳定的公司工作的看法。

"裁员"严重破坏了雇员和雇主之间的心理契约。心理契约是一种受到组织影响的关于员工与组织之间应该怎样交换的个体期望（Rousseau, 1995）。契约是建立在信任、接受和互惠基础上的一种对未来的期望，它使人们能够更容易地计划和预测未来事件。通常这些契约包含员工的期望贡献以及企业提供的相应回报。例如，员工承诺努力工作、忠诚，并努力完成公司的使命宗旨。雇主承诺提供持续的工作、报酬，并为个人发展和职业晋升提供机会。这样的契约和书面合同不一定一致，契约中涉及的问题可能在某些地方与书面合同存在意见不一致的地方。

心理契约的形成有多种形式，如通过口头表达、书面文件、观察组织内的其他人如何被对待，以及公司的政策或文化。它们通常是用文字、故事或流言的方式，来描述曾经发生的事情是如何被处理的。由于契约是由人的感知和信息整合而形成的，因此很有可能出现误解。当一名员工认为该组织没有履行其职责时，违反契约的行为即出现。但是，该企业或本地管理者可能会有不同的看法。

研究发现，在人们刚开始工作时，契约往往会被破坏。一项研究显示，约54%的人在工作的前2年经历过违约（Robinson & Rousseau, 1994）。由此可知，在企业中违反心理契约的现象并不少见。违约的严重程度会影响到反应和后果的严重程度。违约的发生可能是故意或无意的，或是由于企业缺乏满足契约所要求的必要的资源。通常，严重违反契约会造成破坏性的结果，进而导致员工的消极反应，如不信任、愤怒，或想放弃工作等。一般情况下，不断地违约会损害雇员和企业之间的关系（Robinson & Rousseau, 1994）。

许多因素会影响违约后果的性质和严重性。一个因素是是否故意发生违约的，或者说以前是否发生过类似的违规行为（"一系列"的违规行为）。如果雇主由于预算赤字，不能保证其承诺提供的教育资助，比经理认为这样的培训毫无价值的理由，可能更让员工觉得可以接受。违约之后发生的事件可能有助

170

于修复关系，相反也可能导致更消极的后果。

## 7.10    领导力

合理的管理在工作环境中扮演着重要的角色，尤其在组织变革进程中与企业安全文化的发展有关。关于各类领导者或者领导类型的理论有很多。领导力绝不是凭空产生的，它有着深厚的历史和文化背景。一种特定情境下的领导力，通常不会自动转移到一个不同的组织或者不同的时间点。当一个组织经常面临重大变革时，管理者肩上背负着激励员工的重任。许多研究已经揭示了工作压力（职业倦怠）与管理者支持之间的关系（Lee & Ashforth, 1996）。因此，对企业来说，选择和培养那些能够赢得并维护员工信任的领导者至关重要。

### 7.10.1    三种领导力类型

许多理论与传统研究曾经阐释过这样一个问题："什么样的人会是一个好领导？"一些理论侧重于优秀领导者的人格特征，而其他理论则侧重于他们在工作中的实际表现。"二战"后，俄亥俄州立大学的研究者开展了大量的关于领导力的研究。现在普遍认为高效领导者有两个特性：一是体贴的，二是在组织建构方面具有创新性（Judge, Piccolo & Ilies, 2004）。其他一些研究也得出了相似的维度，只是名称不同而已，比如"关系导向型领导"与"任务导向型领导"。

近些年，许多关于"交易型领导"和"变革型领导"的书出版（Burns, 1978; Bass, 2007）。这些领导力理论涉及管理者、下属以及二者的互动。

交易型领导：交易型领导关注的是报酬与绩效的关系，以及工作任务的完成情况。只要生产目标实现了，员工就可以去做他们自己的事情。交易型领导会充分纠正工作失误。交易型领导既包括一种被动的模式（管理者在工作事故发生之前不作为），也包括一种主动的模式（管理者会纠正员工工作中的失误行为）。

变革型领导：变革型领导不仅仅注重员工和管理者之间的事务，还强调领导者在激励、促进和设计新想法之中的能力。在变革型领导理论看来，管理者应当魅力超凡，能做出良好表率，并能以恰当的方式与下属沟通其思路与想法，从而引领员工们一同向着企业的共同目标奋进。变革型领导的特点还体现在他对员工的影响上，变革型领导能提升员工的工作满意度，激励员工更好地表现。

这两种领导模式并不是相互矛盾和冲突的，相反，它们是互补的。管理者—员工关系的建立通常从交易型关系的确立开始，即双方的期待与目标清晰化的过程。然而，当需要鼓励员工去付出更多的努力时，变革型领导就显得十分必要（Bass, 2007）。变革型领导者不仅仅善于激发员工工作的直接近景性动机（如：薪水等），还善于激发员工工作的间接远景性动机，使员工意识到自己从事的工作不仅有益于自身，而且有益于整个团队、整个企业，甚至是整个国家。这样一来，工作的意义不仅仅只是薪酬，这样的理念还将有利于提升员工的自尊和对工作的热爱。

有关证据表明，交易型—变革型领导并不是固定限制在某一种特定的组织或文化中。这个维度在许多组织类型中得到验证，如武装部队、私人或公共部门等（Bass, 2007）。然而，领导力的表现方式有着一定的区域文化差异性。比如，挪威（北欧国家）和日本（东亚国家）管理者对员工表示赏识的方式就大不相同。

人们经常将这两种形式的领导力与放任型领导（或领导力匮乏）进行比较。在放任型领导的情况下，管理者难以激发自身的责任意识，不能提供帮助，也不能及时与员工交流自己关于组织内部的重要想法。放任型领导不仅是低效的，而且会导致员工对工作现状的不满。

不同类型领导力是通过《多因素领导行为问卷》（MQL）（Bass, 1985）量化的。这一量表随后被修订，由多个关于领导力的陈述句组成。在施测阶段，要求员工根据其领导者在工作中的实际表现情况，在"0—4"的赋分区间上对题目进行评分（0分表示题目所描述的行为从未在领导者身上出现，4分表示题目所描述的行为经常在领导者身上出现）。在《多因素领导行为问卷》中，有三个分量表涉及"变革型领导"，三个分量表涉及"交易型领导"，只有一个分量表涉及"放任型领导"。《多因素领导行为问卷》及其变式（比如与工作

172

表现量表相结合）被许多研究者作为研究工具来使用，并且与主观或客观的工作绩效存在相关。许多北美地区学者的研究结果显示，交易型领导与变革型领导与工作绩效之间呈显著正相关，而放任型领导与工作绩效之间呈负相关（如Bass, 2007）。来自挪威地区的研究者的研究结果同样显示，变革型领导与工作满意度、工作效率等变量之间存在显著的相关（Hetland & Sandal, 2003）。

性别与领导力的关系也引起了研究者的极大兴趣和关注。比如，女性管理者采用的领导方式与男性管理者是否存在区别？在许多企业中，很少有女性管理者，而在高层管理者中，女性更是少之又少，这是否是女性领导者的领导方式制约了这些高层次的管理工作呢？一项基于45个关于领导力性别差异研究的元分析结果显示，男性管理者与女性管理者的领导力不存在显著差异（Eagly, Johannesen-Schmidt & van Engen, 2003）。女性管理者稍微在变革型领导量表上的得分高一些，而男性领导者在放任型领导和交易型领导的两个维度上的得分较高。也就是说，男性领导者只在工作失误出现时才对员工进行干预。换句话说，没有证据说明，女性领导者不懂得采用有效的管理模式。恰恰相反，该结果对女性领导者持积极的看法。

还有一些研究探讨了人格特质与领导力之间的关系。博诺和贾奇（Bono & Judge, 2004）开展的一项元分析研究显示，通过对20项有关研究的分析，人格特征（以人格五因素模型为例）与《多因素领导行为问卷》的大多数分量表的测验结果的相关程度较低。其中外倾性和神经质与变革型领导力的相关程度最大且稳定，其中外倾性$r = 0.24$，神经质$r = -0.17$。

## 7.10.2 领导力与安全

目前涉及航空领域的领导力研究非常少。然而，其他领域的一些研究启发了人们对于领导力和安全之间关系的思考。有些研究致力于探讨领导力与安全氛围、工作生产事故之间的关系。巴林、洛克林和凯勒威（Barling, Loughlin & Kelloway, 2002）三位学者提出包含领导力、安全氛围和工作生产事故关系的模型。该模型认为，变革型领导会对安全氛围产生影响，进而影响生产事故的发生。这个模型也强调安全意识的重要性。对于安全意识的强调需要员工认识到生产事故与工作操作的潜在联系，并在安全事故出现的时候懂得如何应对。

"领导力—安全氛围—安全事故"关系模型的提出，建立在一个以年轻员工群体（主要来自服务业）为被试的实证研究之上。实验结果显示，变革型领导模式能够在很大程度上，影响员工个体的安全意识，进而影响安全氛围，并最终影响事故出现的次数（Barling, Loughlin & Kelloway, 2002）。

另外一些研究试图将上述关系模型推广到其他行业部门，例如，有研究者将以色列某工厂员工作为研究对象，研究者发现"安全氛围"是"领导力类型"与"事故发生次数"的中介变量（Zohar, 2002）。在该研究中，虽然交易型领导与变革型领导两种模式都能对生产事故产生预测作用，但是这种预测作用都需要通过中介变量，也就是安全氛围得以体现，我们称之为"预防措施"。"预防措施"这一维度反映的是管理者能否和员工及时探讨与生产安全有关的话题，以及管理者在多大程度上能够接受员工提出的关于生产安全的建议。研究的结论表明，领导力模式往往与员工福利与人际关系的提升相结合，共同促进监督以及安全氛围的构建，进而减少事故的发生。

# 7.11 总结

总而言之，企业文化和组织氛围会对员工产生深刻的影响。在本章中，我们已经系统地阐述了一个国家、一种职业以及一个组织的文化内涵是如何影响飞行员工作表现的。文化因素不仅会影响一个人的言行，还会影响个体如何与他人沟通以及如何看待外部世界。

与其他行业一样，具有内在国际性的航空业，不仅面临着激烈的市场竞争、市场不稳定性，还可能经受来自恐怖袭击等威胁飞行安全的事件的影响。重组和裁员对于员工福利是重要的，进而会对组织中员工的绩效和职责产生重要影响。合理的领导力对于安全文化的发展，以及减少重组带来的负面效果等方面有着极其重要的作用。

## 推荐阅读

Helmreich, R. L., and Merritt, A. C. 1998. Culture at work in aviation and medicine.

Aldershot, England: Ashgate.

Maslach, C., and Leiter, M. 1997. The truth about burnout. San Francisco, CA: Jossey–Bass.

## 参考文献

Bang, H. 1995. Organisasjonskultur (3.utgave) [Organizational culture]. Oslo: Tano AS.

Bareil, C., Savoie, A., and Meunier, S. 2007. Patterns of discomfort with organizational change. Journal of Change Management 7:13–24.

Barling, J., Loughlin, C., and Kelloway, E. K. 2002. Development and test of a model linking safety-specific transformational leadership and occupational safety. Journal of Applied Psychology 87:488–496.

Bass, B. M. 1985. Leadership and performance beyond expectations. New York: Free Press.

———. 2007. Does the transactional–transformational leadership paradigm transcend organizational and national boundaries? American Psychologist 52:130–139.

Bono, J. E. and Judge, T. A. 2004. Personality and transformational and transactional leadership: A meta-analysis. Journal of Applied Psychology 89:901–910.

Burns, J. M. 1978. Leadership. New York: Harper & Row.

Eagly, A. H., Johannsesen-Schmidt, M. C., and van Engen, M. L. 2003. Transformational, transactional, and lassez-faire leadership styles: A meta-analysis comparing women and men. Psychological Bulletin 129:569–591.

Ek, A., and Akselsson, R. 2007. Aviation on the ground: Safety culture in a ground handling company. International Journal of Aviation Psychology 17:59–76.

Gynnild, O. 2008. Seilas i storm. Et portrett av flypioneren Gidsken Jakobsen [Sailing in storm: A portrait of the aviation pioneer Gidsken Jacobsen]. Stamsund: Orkana Forlag og Norsk luftfartsmuseum.

Helmreich, R. L., and Merritt, A. C. 1998. Culture at work in aviation and medicine. Aldershot, England: Ashgate.

Hetland, H., and Sandal, G. M. 2003. Transformational leadership in Norway: Outcomes and personality correlates. European Journal of Work and Organizational Psychology 12:147–170.

Hofstede, G. 1980. Culture's consequences: International differences in work-related values. Beverly Hills, CA: Sage.

————. 2001. Culture's consequences: Comparing values, behaviors, institutions and organizations across nations, 2nd ed. Thousand Oaks, CA: Sage.

————. 2002. Commentary on "An international study of the psychometric properties of the Hofstede values survey module 1994: A comparison of individual and country/ province level results". Applied Psychology: An International Review 51:170–178.

Hudson, P. 2003. Applying the lessons of high-risk industries to health care. Quality and Safety in Health Care 12:7–12.

Judge, T. A., Piccolo, R. F., and Ilies, R. 2004. The forgotten one? The validity of consideration and initiating structure in leadership research. Journal of Applied Psychology 89:36–51.

Kets de Vries, M. F. R., and Balazs, K. 1997. The downside of downsizing. Human Relations 50:11–50.

Kristovics, A., Mitchell, J., Vermeulen, L., Wilson, J., and Martinussen, M. 2006. Gender issues on the flight-deck: An exploratory analysis. International Journal of Applied Aviation Studies 6:99–119.

Lee, R. T., and Ashforth, B. E. 1996. A meta-analytic examination of the correlates of the three dimensions of job burnout. Journal of Applied Psychology 81:123–133.

Li, W. C., Harris, D., and Chen, A. 2007. Eastern minds in Western cockpits: Meta-analysis of human factors in mishaps from three nations. Aviation, Space, and Environmental Medicine 78:420–425.

McKinley, W., and Scherer, A. G. 2000. Some unanticipated consequences of organizational restructuring. Academy of Management Review 25:735–752.

Mearns, K. J., and Flin, R. 1999. Assessing the state of organizational safety—culture or climate? Current Psychology 18:5–17.

Mentzer, M. S. 1996. Corporate downsizing and profitability in Canada. Canadian Journal of Administrative Sciences 13:237–250.

————. 2005. Toward a psychological and cultural model of downsizing. Journal of Organizational Behavior 26:993–997.

Merritt, A. 2000. Culture in the cockpit. Do Hofstede's dimensions replicate? Journal of Cross-Cultural Psychology 31:283–301.

Mitchell, J., Kristovics, A., Vermeulen, L., Wilson, J., and Martinussen, M. 2005. How pink is the sky? A cross-national study of the gendered occupation of pilot. Employment Relations Record 5:43–60.

Mjøs, K. 2002. Cultural changes (1986–96) in a Norwegian airline company. Scandinavian Journal of Psychology 43:9–18.

————. 2004. Basic cultural elements affecting the team function on the flight deck.

International Journal of Aviation Psychology 14:151–169.

Pidgeon, N., and O'Leary, M. 2000. Man-made disasters: Why technology and organizations (sometimes) fail. Safety Science 34:15–30.

Rege, M., Telle, K., and Votruba, M. In press. The effect of plant downsizing on disability pension utilization. Journal of the European Economic Association.

175　Robinson, S. L., and Rousseau, D. M. 1994. Violating the psychological contract: Not the exception but the norm. Journal of Organizational Behavior 15:245–259.

Rousseau, D. M. 1995. Psychological contracts in organizations. London: Sage Publications.

Schein, E. H. 1990. Organizational culture. American Psychologist 45:109–119.

———. 1996. Culture: The missing concept in organization studies. Administrative Science Quarterly 41:229–240.

Sherman, P. J., Helmreich, R. L., and Merritt, A. C. 1997. National culture and flight deck automation: Results of a multination survey. International Journal of Aviation Psychology 7:311–329.

Shouksmith, G., and Taylor, J. E. 1997. The interaction of culture with general job stressors in air traffic controllers. International Journal of Aviation Psychology 7:343–352.

Soeters, J. L., and Boer, P. C. 2000. Culture and flight safety in military aviation. International Journal of Aviation Psychology 10:111–113.

Spector, P. E., and Cooper, C. L. 2002. The pitfalls of poor psychometric properties: A rejoinder to Hofstede's reply to us. Applied Psychology: An International Review 51:174–178.

Svensen, E., Neset, G., and Eriksen, H. R. 2007. Factors associated with a positive attitude towards change among employees during early phase of a downsizing process. Scandinavian Journal of Psychology 48:153–159.

Turney, M. A., and Maxant, R. F. 2004. Tapping diverse talent: A must for the new century. In Tapping diverse talent in aviation, ed. M. A. Turney, 3–10. Aldershot, England: Ashgate.

Westrum, R., and Adamski, A. J. 1999. Organizational factors associated with safety and mission success in aviation environments. In Handbook of aviation human factors, ed. D. J. Garland, J. A. Wise, and V. D. Hopkin, 67–104. Mahwah, NJ: Lawrence Erlbaum Associates.

Wiegmann, D. A., and Shappell, S. A. 2003. A human error approach to aviation accident analysis: The human factors analysis and classification system. Burlington, VT: Ashgate.

Wiegmann, D. A., Zang, H., Von Thaden, T. L., Sharma, G., and Gibbons, A. M. 2004. Safety culture: An integrative review. International Journal of Aviation Psychology 14:117–134.

Wilson, J. 2004. Gender-based issues in aviation, attitudes towards female pilots: A cross-cultural analysis. Unpublished doctoral dissertation. Pretoria, South Africa: Faculty of Economic and Management Sciences, University of Pretoria.

Zohar, D. 2002. The effects of leadership dimensions, safety climate, and assigned priorities on minor injuries in work groups. Journal of Organizational Behavior 23:75–92.

# 第八章

# 航空安全

## 8.1　简介

　　有一位美国牛仔曾经说过："世界上没有哪匹马能不被骑士征服，同时，世界上没有哪个骑士能不被甩下马背。"这句话同样适用于航空业：即使是再优秀的飞行员，也不能保证百分百的飞行安全。显然，有些飞行员兼备娴熟的技能与谨慎的心态，但在某些情况下，他们仍然可能会做出错误的判断，或者发现当前飞行情境超出了飞行员（或飞行器）的能力与负荷。优秀的飞行员之所以能够脱颖而出，正是由于他们能够把这些失误出现的次数降到最低，他们的人格特质、良好的心态和性格、良好的心理活动协调能力、丰富的航空知识与技能、丰富的飞行经验，以及重要的个性特征，都会使他们尽可能避免险情，保证飞行安全。

　　相比之下，对于那些技能较差的飞行员，每一次飞行都是一次冒险。那么，不同层次的飞行员有哪些区别？飞行安全事故是如何产生的？如何降低事故发生的可能性？在这一章节，我们会从人因学角度对几项研究进行详细介绍。

## 8.2　飞行安全事故的发生率

　　首先，让我们通过一组关于飞行安全事故发生率的数据，来了解问题的严重程度。表8.1显示的是2004年和2005年美国飞行安全事故发生的次数以及相应的事故发生率（以100000小时飞行时间为单位）。通过表格可以看出，大型航空公司（所占比率很低）、小型航空公司和通用航空公司事故发生率的差异非常显著。同样的飞行距离，飞行事故发生的概率相差近30倍。可以从不同的角度来看这些数据，如果以单位里程来看待这些数据，航空运输的安全系数比陆地运输高50倍，但是通用航空的危险性比陆地运输高7倍。

表8.1　美国2004、2005年航空事故发生率

| | 2004年 | | 2005年 | |
|---|---|---|---|---|
| | 数量 | 比率[a] | 数量 | 比率[a] |
| 大型航空公司 | 30 | 0.16 | 39 | 0.20 |
| 通勤者 | 4 | 1.32 | 6 | 2.00 |
| 空中巴士 | 66 | 2.04 | 66 | 2.02 |
| 通用航空 | 1617 | 6.49 | 1669 | 6.83 |

来源：Federal Aviation Administration. 2007.
比率[a] 是指每100000小时飞行时间的事故率。

在西欧、新西兰、澳大利亚等地区也发现和收集了有关这类典型事故发生率的统计数据。例如，来自澳大利亚国家运输安全局的数据显示，2004年与2005年，固定翼、单引擎设备的通用航空业的事故率分别为10.26和7.42。这组数据比美国稍高，原因在于澳方航空部门没有使用众多航空企业普遍使用的多引擎操作系统，而该系统是传统上最安全的飞行装置之一。

以上信息提醒我们，必须足够重视航空安全统计数据，尤其是这些数据的统计方法。例如在表8.1中，事故率是以100000小时飞行时间为单位进行统计的。这是一个常用的统计单位，当然它不是唯一的。在早期比较陆空运输的安全性时，我们通常以每英里的行程作为单位。还有些统计数据是以固定起飞次数作为单位（一种典型情况是，每百万次起飞发生的事故次数）。需要指出的是，读者要注意这些数据单位，确保在同一分母上进行数据统计。另外，就像我们比较美国和澳大利亚的数据一样，我们还需要精确地知道数据的统计中包含了什么。例如，如果我们忽视了安全的多引擎操作系统这一因素，就可能得出"美国的通用航空安全性比澳大利亚高"，然而，这个结论是不能被数据所证实的。

## 8.3　飞行安全事故产生的原因

对于每个复杂的问题，都有一个简单的答案，但这个答案往往是错误的。

——亨利·路易斯·门肯

　　在我们探讨飞行安全事故产生的原因之前，我们有必要先明确一下我们所说的"原因"是指什么。我们姑且暂不讨论飞行，先举一个在化学实验室里的例子。如果我们将几滴硝酸银溶液滴入氯化钠溶液（与食盐的主要成分相近）中，我们会观察到有白色的沉淀物形成并沉到试管底部（沉淀物的主要成分为氯化银）。这一简单的实验是化学里面最常见的反应之一，很多化学初学者都很了解。在每一次混合两种溶液的时候都会出现形成沉淀物这一反应。也就是说，把硝酸银溶液加入氯化钠溶液，是沉淀物形成的必要和先决条件，前者是因，后者是果。

　　现在，让我们走出实验室，回到现实生活中。让我们想象下面这个场景：一个人在一个交通拥堵的早晨驾车去上班，他紧随前面的车辆。这时，前面的车突然刹车，他必须迅速做出刹车的反应才能避免与前车追尾。当这种情况在上班途中发生数十次，甚至上百次时，他便很容易避免追尾事故。而同样的情境下，假如这个人在路上听广播，并不时地转换电台。该人换电台的动作可能也会在途中发生很多次，则容易遇到事故。但也不排除这样一种情况，他在换台的同时看到前方车辆的刹车尾灯在闪烁并放慢车速。所幸的是，他是一个谨慎的司机，通常能做到保持车距，这样，即使他偶尔分心去调换电台，也能在危急时刻迅速做出反应并避免险情。

　　然而，有一天早上，他睡过了头以至于来不及喝咖啡就匆匆上路，因此他有点昏昏欲睡。疲惫之余，他也感到时间比较紧张，因为他需要按正常时间到单位。这也许使得他不像以往那样与前面的车辆保持足够的车距，而是紧随其后。这时他再次去调换电台，而没能注意到前面车辆的刹车尾灯在闪烁。当他反应过来时，却为时已晚，酿成了追尾的后果。那么到底是什么因素诱发了这起事故呢？

　　按照官方的说法（就像警察将会在报告里写的那样），该人尾随前方车辆

179

距离过近是导致事故的原因，这也是另一个人为失误的例子。但这种说法难免不尽人意，因为紧紧尾随前方车辆是这个人一个保持了很多年的行为，显然不应把它视为失误。当然，这个人因为睡过头而赶时间也是常有之事。同样地，因为来不及喝咖啡而感到困倦也是家常便饭。更不可能是因为无数次地在交通拥挤的情况下去调换电台的行为所致。即使上述所有这些情形在事故发生之前已经出现，我们却不能认定它们是失误或是导致事故的原因，因为它们都不是事故发生的必要和先决条件。但不可否认的是，这些情形都一定程度上增加了事故发生的可能性。

因此，我们认为，理解事故原因最好的方法，是把它们视为增加负面结果（事故）发生可能性的事件或条件。虽然车距过近、注意力不集中、疲劳驾驶、其他事件的干扰等因素出现时都不一定酿成事故，但每一种因素都会提高事故发生的概率。更进一步来说，当上述因素共同存在时，事故发生的概率将远远大于每种因素单独出现时事故发生概率的总和。举个例子，我们都知道"车距过近"和"疲劳驾驶"会增加驾驶风险。假如，两者对事故发生的贡献率均为10%，当两个因素并存时，事故发生的概率为40%，而不是20%（两者单独出现时事故发生概率的总和）。因此，两种条件并存的情况下，危险往往离我们更近。

180

事故的原因应当被理解为事故的促成因素，而不是事故的决定因素。它们使得事故更有可能发生，但不意味着一定会导致事故发生。这一观点是指，一起事故通常有多个促成因素（原因）。

近几年，大多数研究者在他们研究的前言部分承认：事故的原因不止一个。然而，他们接下来在实施研究和理解研究结果的时候忽略了这一观点。按理说，本书的作者也犯下了这类错误。为了弥补前人文献的过失，我们在此有必要重申这一观点：导致事故的原因不止一个。

通常，人们将事故发生之前最后出现的因素或条件认定为事故的原因。而当航空部门也确信这一点时，一架失事空客在哈德逊河被打捞上来。据悉，这架空客从纽约的拉瓜迪亚机场起飞，事发当时正在3200英尺（约975米）的高空，由于两个引擎先后失灵而坠毁。有关媒体迅速报道此事故，并称事故原因是飞机撞上了迁徙的候鸟，候鸟飞入引擎导致发动机失灵。但是，报道同时指出，失事客机的机长是一位有着丰富经验的滑翔机驾驶员，他对于航空安全问题也十分关注。显然，有多种因素在这里起作用：也许是候鸟的撞击导致引擎失灵；也许由于机长有着很好的经验和能力，最终让飞机安全迫降在水上，没有造成灾难。

在探讨因果关系的过程中，我们不仅应当关注事故的最后原因，而且应当对所有不同程度上导致事故发生的原因进行综合、全面的了解和评价。回到前面空客水上迫降的例子，我们不禁要问，候鸟是如何进入飞行区域的？事故的发生是否与机场选址和航线设置的不当因素有关？（事故的发生是否与机场设置在河流旁边，航线与迁徙水鸟的路线重叠有关？）还有一个问题同样值得思考：机长的滑翔经验对于该结果起了什么作用？这些经验是否使得一场灾难性事件化险为夷？当我们采用一种更加情境化的视角看待这起事故时，我们或许会发现，这其中的每一个因素或条件都不是孤立存在的，而是相互联系的。

导致一场事故发生的各种因素处于错综复杂的网络之中，这包括外部环境因素、飞行员自身的因素、飞行器的因素，以及各种保障系统工作上的漏洞（例如：空中交通管制人员、气象监察员工作上的失误等）。所有这些因素是如何相互作用并进而导致事故发生的？以目前的科学研究现状，我们还不能给出一个明确的答案。目前，还没有任何科学研究帮助我们在特定性环境的条件下预测事故的发生。飞行环境毕竟不同于化学实验室。

首先，我们并不清楚在特定情境下这些因素是怎样发挥作用的，也不知道这些因素的相对重要性，以及它们如何恰当组合在一起的。尽管这一问题尚未得到足够的重视，但我们仍然可以在某种程度上确认事故发生的概率。也就是说，我们能够确信哪种情境比另一种情境更容易发生飞行安全事故。研究者们在接下来要关注的问题是，识别出这些容易发生事故的情境以及做出这些论断的自信程度，这种自信又能进一步加强我们的信念。

在过去这些年里，研究者倾注了很多努力去识别飞行安全事故的原因。尽管这些研究都饱受"事故原因是单一的"这个被我们认为很幼稚的内隐假设的困扰，但是，这些研究有助于我们通过识别一些与事故有关的情境和属性来更好地了解事故的原因。

下面，让我们用另外一种稍微不同的视角来审视事故的因果关系，让我们来打个比方。

181

　　想象一下，你位于一片平静的湖面上，你将手伸进衣兜，掏出一把鹅卵石，然后把它们投入水中，每一枚鹅卵石都将打破湖面的平静，使湖面泛起很多复杂的、相互交错的涟漪。由于鹅卵石的大小各不相同，大的鹅卵石产生的涟漪比小的鹅卵石要大。在涟漪交汇的地方，它们将按照代数方式融合，这将取决于涟漪的相位和大小。有时不同的涟漪结合能到达水面的最高处，而有时它们会彼此抵消。偶尔，有些涟漪在某个时刻交汇之后会产生一个有着异常高度的涟漪，它会使水淹没你的靴子——这是一个负面事件。无论是否出于任何意图或目的，异常涟漪的出现是随机的，是不可预测的。它的产生取决于鹅卵石的个数、大小、投掷的高度，以及所有鹅卵石在落水后的散布情况。同时，其他那些和你一样扔鹅卵石的人也会影响异常涟漪的产生。

　　通过多次观察投掷鹅卵石后涟漪形成的情况以及运用统计的方法，我们能够预测到异常涟漪的产生——在这里，我们假定每100次投掷中，有一次会产生异常涟漪。但是，我们不能十分肯定某个特定的投掷是否会导致异常涟漪的产生，以及异常涟漪会在水面的哪个位置产生。即便如此，我们对于阻止它的产生不是无能为力的。比如，我们可以减少投掷鹅卵石的数量，可以选择较小的鹅卵石，可以控制投掷的力度，还可以在投掷的时候避免垂直投掷而选择从侧面投掷以扩大涟漪的发散范围。我们还可以与在岸边投掷鹅卵石的人制定规则，以确定他们投掷鹅卵石的固定频率。

　　尽管异常的涟漪还会出现，但当我们采取上述办法后，现在我们能在每1000次投掷鹅卵石后才看到异常涟漪。我们能进一步使异常涟漪出现的次数变得更少。比如，我们可以在鹅卵石表面包裹一些特别的物质来减少鹅卵石与水面接触时产生的摩擦力，从而使单个涟漪更小一些。但是，不论我们采取哪些办法和技术改进，只要我们依旧往水里扔鹅卵石，异常涟漪总会出现。要想彻底避免异常涟漪的出现（避免脚被沾湿这样一个负面结局），我们只能停止投掷鹅卵石或者等到冬天湖面结冰。

## 8.4　航空事故的分类

航空器拥有者及驾驶员协会（Aircraft Owners and Pilots Association，AOPA）将事故的原因分为三类：

1. 由于飞行员不当行为或不作为引起的与飞行员相关的事故。

2. 机械/维修类事故，这些事故是由于机械零件的故障或维修失误所引起。

3. 其他/未知类事故，事故原因包含如飞行员能力不足等，还有一些不知原因的事故。

2005年通用航空事故中三类事故的原因分布如表8.2所示。显然，对不同严重程度的事故来说，最主要的事故原因都与飞行员有关。航空器拥有者及驾驶员协会将与飞行员有关的事故进一步分类，如表8.3所示。由于将飞行阶段（如起飞前/滑行、起飞/爬升、着陆）和两种在理论上与飞行阶段无关的因素（燃料管理、天气）组合，表8.3中所呈现的数据变得难以理解。这些不同分类的因素混合在一起会让我们怀疑这些数据的价值。

表8.2　2005年通用航空事故的主要原因

| 主要原因 | 所有事故 | | 致命事故 | |
| --- | --- | --- | --- | --- |
| 飞行员 | 1076 | 74.9% | 242 | 82.9% |
| 机械/维护 | 232 | 16.2% | 22 | 7.5% |
| 其他/未知 | 128 | 8.9% | 28 | 9.6% |
| 总计 | 1436 | 100% | 292 | 100% |

表8.3　与飞行员有关事故的类型

| 种类 | 全部事故 | | 致命事故 | |
| --- | --- | --- | --- | --- |
| 起飞前/滑行 | 38 | 3.5% | 1 | 0.4% |
| 起飞/爬升 | 165 | 10.5% | 33 | 13.6% |
| 燃料管理 | 113 | 10.5% | 20 | 8.3% |
| 天气 | 49 | 4.6% | 33 | 13.6% |
| 其他巡航 | 21 | 2% | 14 | 5.8% |
| 下降/抵达 | 49 | 4.6% | 25 | 10.3% |
| 复飞 | 43 | 4.0% | 15 | 6.2% |
| 机动飞行 | 122 | 11.3% | 80 | 33.1% |
| 降落 | 446 | 41.4% | 8 | 3.3% |
| 其他 | 30 | 2.8% | 13 | 5.4% |

来源：Aircraft Owners and Pilots Association. 2006. The Nall report, p. 8. Frederick, MD:Author.

虽然，人们通过观察这些数据可以发现机动飞行阶段很危险，但是，这些数据并没有说明为什么机动飞行很危险，或是证明它确实比其他阶段更危险，这是由于这些数据没有控制在机动飞行阶段所花的时间。

我们反复强调的是，这些分类并不是事故的原因。分类并没有解释事故为什么发生。这些分类仅仅指明了事故更容易发生的时间、条件和情境。不能简单地认为，一个事故的发生是飞行员处于机动飞行这个阶段这一因素，而是因为当飞行员在机动飞行时分心，或飞行速度太小，或飞机失速，或遇到了下降气流，或驾驶的飞机动力不足，或飞机上载有太多的货物等等。这个清单可以继续往下写得很长。读者可以回想一下我们之前的讨论，这些因素可能增加事故的可能性，但这并不是说事故就一定会发生。

在一项里程碑式的具有高影响力的研究中，延森和内贝尔（Jensen & Benel, 1977）指出，所有的机组成员的失误可能主要基于三大类行为活动：程序任务、感知觉运动任务和决策任务。这个结论是通过对1970年至1974年间美国通用航空事故的数据进行大量的回顾得出的，这些数据来源于美国国家运输安全委员会（National Transportation Safety Board, NTSB）。这些与飞行员失误有关的致命事故中，延森和内贝尔发现有264起是因为程序失误，有2496起是感知觉运动失误，还有2940起是决策失误。程序任务包括工具子系统和配置的管理，相关失误包括应该收起飞机襟翼却收起了起落架或者忽略了检查清单项目。感知觉运动任务包含了手动操作飞机控制装置和油门，相关失误包括超出了下滑斜率的规定或飞机失速。决策任务包含飞行计划和飞行中的危险性评估，相关失误包括在紧急情况下分派任务失误或在不适宜天气条件下继续飞行。

迪尔（Diehl, 1991）分析了美国空军（U.S. Air Force）和美国民用航空企业（U.S. civil air carrier）在1987年、1988年和1989年的事故数据。他的分析表明，在民用航空企业的28起重大事故（那些导致机毁人亡的事故）中，有24起都与机组人员的失误有关。这些事故中，有16起是程序失误，21起是感知觉运动失误（这些失误总数超过24起是因为一些事故中包含多种失误）。在同一时间，美国空军有169起重大事故，这些事故有的是飞机毁坏，或超过100万美金的财产损失，或意外死亡。在169起事故中，113起包含一些类型的机组人员失误，包括了32起程序失误、110起感知觉运动失误以及157起决策失误。这些类型的失误分别被称为"疏漏""笨拙"和"错误"（Diehl，1989）。

表8.4比较了三类失误在三个航空部门中的发生率。有趣的是，即使三个部门从各个方面看都有很多不同（比如培训、机组组成、飞机类型以及任务类型），但是失误的相对发生率在三个部门中却极为相近。

表8.4　在重大事故中机组人员失误的类别

| 经营类型 | 失误类型 | | |
|---|---|---|---|
| | 程序失误"犯错" | 感知觉运动失误"笨拙" | 决策失误"错误" |
| 民用航空 | 5% | 44% | 52% |
| 航空公司 | 19% | 25% | 56% |
| 军用 | 11% | 37% | 53% |

来源：Adapted from Diehl, A. E. 1991. Paper presented at the 22nd International Seminar of the International Society of Air Safety Investigators. Canberra: November 1991.

到目前为止，我们大都是在最基础的层次上进行的讨论，却没有讨论那些特定的界定良好的解释事故为什么发生的理论。然而，佩罗（Perrow, 1984）从紧密耦合系统中对事故性质的研究和里森（Reason, 1990, 1997）的研究中，发展出了一个理论来解释为什么事故会发生。里森较为全面地表述了这个理论，称该理论为"瑞士奶酪模型"（Swiss-Cheese Model），并建议政府、各类组织以及公众尽量采取措施去阻止事故的发生。比如，在飞行之间确定休息时间，在计划或实施飞行时必须服从检查清单的要求，规定执行飞机降落的程序，一套处理正常或异常情况的标准程序。

每一条措施的设立或要求的行为都是为了预防意外的发生从而保证安全飞行。只要每个措施都被不折不扣地执行和实施，那么与之相关的失误就不会发生。这些措施能起到盾牌的作用，防止事故发生。有人可能认为这些措施的作用是相互累加的。但是，没有任何措施会是完美的。任何一个可能都会有"漏洞"，即某一处的防护特别薄弱或缺失。正如图8.1中瑞士奶酪模型所示。

里森对于事故原因所提出的瑞士奶酪模型，由维格曼和沙普（Wiegman & Shappell, 1997, 2003）将其变得更具可操作性。他们根据里森提出的贯序理论（Sequential Theory），发展出了一个事故分类的系统。维格曼和沙普称这个方法为人因分析和分类系统（the Human Factors Analysis and Classifcation System,

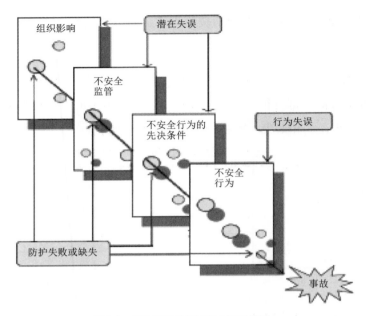

图8.1   事故因果关系的瑞士奶酪模型

HCS），这是一种分析事故中人因的分类学方法。这个系统分为四级，最高级是组织影响，其次是不安全监管方面，紧接着是不安全行为的先决条件，最后是操作者的不安全行为。这个分级与图8.1中事故措施相一致。这个分级还可以进一步分解为以下因素（Shappell & Wiegmann, 2000）：

1. 组织影响。

（1）资源管理。

（2）组织气氛。

（3）组织过程。

2. 不安全监管。

（1）监管不充分。

（2）计划不当操作。

（3）纠正错误失败。

（4）违规监管行为。

3. 不安全行为的先决行为。

（1）操作者的不合格情况；

不良的精神状况；

不良的生理状况；

生理和心理上的限制。

（2）操作者的不合理操作：

机组资源管理；

个人准备。

（3）操作者的不安全行为：

失误：基于技能；知觉；决策。

违规：常规；习惯性偏离监管者制定的规定；特例；偏离监管者没

有限制的规定。

HFACS已经被用于很多部门，包括美国军事部门的事故分析以及美国的航空公司和民用航空的事故分析（Shappell & Wiegmann, 2002, 2003；Shappell et al., 2006）。同时也有除美国以外的其他国家的部门在使用（Gaur, 2005; Li & Harris, 2005; Markou et al., 2006）。

在一项由澳大利亚运输安全局（the Australian Transport Safety Bureau, ATSB）进行的研究中，英格利斯、萨顿和麦克兰德尔（Inglis, Sutton & McRandle, 2007）用HFACS对美国和澳大利亚的事故原因做了分析对比。其分析结果如表8.5所示。

表8.5 与HFACS中不安全行为有关的事故

| 不安全行为 | 澳大利亚 | | 美国 | |
|---|---|---|---|---|
| | 频数 | 百分比 | 频数 | 百分比 |
| 基本技能失误 | 1180 | 84% | 10589 | 77.3% |
| 决策失误 | 464 | 33% | 3996 | 29.2% |
| 知觉失误 | 85 | 6.1% | 899 | 6.6% |
| 违规行为 | 108 | 7.7% | 1767 | 12.9% |
| 样本量 | 1404 | 100.0% | 13700 | 100.0% |

来源：Inglis, M., Sutton, J. & McRandle, B. 2007. Human factors analysis of Australian aviation accidents & comparison with the United States (aviation research and analysis report—B2004/0321). Canberra: Australia Transport Safety Bureau.

作者总结：涉及不安全行为的事故比例是相似的。澳大利亚的2025起事故中，1404起（69%）的事故涉及不安全行为，而美国则有13700起（72%）。并且，美国和澳大利亚事故结果模型惊人的相似。两个国家的不安全行为分类的等级排序也几乎是一样的。在这个排序中，基于技能失误是最为常见的，之后依次是决策失误、违规行为和知觉失误。

虽然HFACS已经取得了广泛的应用，但它并不是没有局限性。例如，需要注意的是HFACS是间接地分析事故过程，也就是说它并不是处理第一手数据。相反，它处理的数据是通过事故调查员收集来的，在一定程度上远离了一些事故的真相。与此相反，如果一个植物学家对一种新叶子分类，植物学家会观察它的形状、叶脉、着色，甚至叶子的化学组成。但是，植物学家不会去参考别人对这种叶子的描述性说明。然而这恰恰是HFACS的情况，分析员使用HFACS就是用事故调查员的相关报告作为数据。尽管研究（Shappell et al., 2006; Wiegmann & Shappell, 2001）表明，这些分析员们的判断具有较高信度，但结果仍然缺乏效度。并且，这些分析被限定在那些最初调查者认为与事故有关的或负责监督机构所要求的证据上。

更进一步来说，在事实发生之后用"空洞的证据"（Dekker, 2001）的术语来解释一个复杂的事件可能是徒劳的。只有在事后，我们才能将当时的判断或行为认定为决策失误或错误行为。在当时的情境下，根据他们所掌握的知识，这些决策和行动可能是完全适当和正确的。并且，事故分类的效用并不完全清楚。我们知道一个事故的类别并不意味着知道事故为什么发生。知道一个事故是由于"基于技能的失误"，并不能告诉我们为什么在事后将其标注为错误。标注与理解不是一回事，标注并不能帮助我们预防事故的发生，但是或许可以促进理解。

尽管对事故分类存在批评，但是如果需要对事故进行分类，如一些保险精算或政治原因，那么HFACS仍是一个选择。但是，也有一些HFACS的替代方法，有兴趣的读者可以查阅博宾和贝克（Beaubien & Baker, 2002）关于最近应用于航空事故分类学方法的精彩、全面的综述和比较分析。

## 8.5 事故研究中的特殊问题

探究事故原因的研究会存在一些问题。主要问题可能是事故量不足。在读者含着眼泪撕烂这本书，并将他们的愤怒写信给当地报纸，投诉谴责残忍的航空研究人员之前，我们声明一点，我们并不希望有更多的事故发生。相反，从统计角度来说，由于事故量不足造成的一些特殊困难，其中的细节超出了本书的范围。但有一些困难可以用一个简单的例子来说明。

假设我们希望通过美国民用飞行员来预测致命事故发生的概率。在美国大约有30万民用飞行员并且每年大约有300起致命事故发生（为了方便，我们可用近似准确的整数）。因此，如果事故是完全随机的，那么每名飞行员发生致命事故的概率是千分之一。试想一下，假设我们试图评估是否有胡须的飞行员比没有胡须的飞行员更容易发生致命事故。我们可以从一月份开始我们的研究，将100名飞行员分为一半有胡须和一半没胡须的。到十二月份，我们可以看有多少飞行员还活着。对于飞行员来说，最幸运的情况是所有飞行员在年底都会活着，然而这对于我们的研究却是不幸的，因此我们并不知道胡须对于事故发生是否有影响。困难在于，如果一年内一名飞行员发生事故的概率仅为0.001，那么我们可以预期到我们实验组100名飞行员发生事故的概率更低。除非有（或者没有）胡须对安全性的影响是巨大的，不然我们几乎不可能得到任何感兴趣的结果。

在统计上，我们缺少标准化（事故发生）的变异（或变异性）。如果没有变异，那么观测值就不会包含任何信息。就像我们试图通过让所有学生做一份测验来找出最聪明的学生一样。如果测验太简单，那么所有学生都会获得满分，我们就没有办法通过分数来找到谁是最聪明的学生（Nunnally, 1978）。

这种局限性导致我们要使用非参数统计（例如卡方检验）。非参数统计不需要服从正态分布（例如负二项式回归），有时也需要大样本。这也促使我们用事故发生之外的测量值作为研究的标准。

### 8.5.1　侥幸脱险是否几乎等同于事故

有人认为，事故仅仅是冰山一角。也许事故相对较少，但是有许多没有造成事故的意外和危险事件。有时事件和事故之间的差别非常微小，也许是在起飞时离树木只有几英尺的距离。因此，只要情况略有不同（可能是天气更热一点，或者仅仅是飞机上多了一点燃料，或者轮胎少了几磅空气），这些事件将可能会变成事故。

　　亨特（Hunter, 1995）曾经建议，可以用意外和危险事件，来代替实际真正感兴趣的测量——事故卷入。我们可以在一些感兴趣的变量（例如，一些人格特质）和过去一年中发生的危险事件之间发现显著相关，这预示着这种测量应该与事故发生有关。本章后面的许多研究中已经采用这个方法。

　　意外和危险事件的普遍性已经在美国（Hunter, 1995）和新西兰（O' Hare & Chalmers, 1999）得到验证。亨特（Hunter）对全美的飞行员进行了一次调查，使用了一套被他命名为"危险事件比例"（Hazardous Events Scale，HES）的问卷。HES要求受访者报告他们涉及的潜在危险事件数量。具体问题以及私人或商业飞行员的回答如表8.6所示。在同一组的受访者中，大约9%的私人飞行员和17%的商业飞行员报告他们的职业危险事件。当然，这些事件都不是致命事故，但是这个数量大概是致命事故的5到6倍（例如2005年大约有2000起事故，其中有300起致命事故）。

表8.6　全美飞行员对危险事故的报告

| | 私人 | | 商业 | |
|---|---|---|---|---|
| | 数量* | 近似百分比 | 数量* | 近似百分比 |
| 缺少燃料事件 | 0 | 80% | 0 | 66% |
| | 1 | 16% | 1 | 24% |
| | 2 | 3% | 2 | 7% |
| | 3 | 1% | 3 | 2% |
| | ≥4 | 0% | ≥4 | 2% |
| 机场内预警或迫降 | 0 | 54% | 0 | 41% |
| | 1 | 23% | 1 | 21% |
| | 2 | 11% | 2 | 15% |
| | 3 | 4% | 3 | 7% |
| | ≥4 | 8% | ≥4 | 17% |
| 机场外预警或迫降 | 0 | 93% | 0 | 82% |
| | 1 | 5% | 1 | 10% |
| | 2 | 1% | 2 | 3% |
| | 3 | 0% | 3 | 2% |
| | ≥4 | 0% | ≥4 | 3% |
| 不可逆失速 | 0 | 94% | 0 | 90% |
| | 1 | 5% | 1 | 6% |
| | 2 | 1% | 2 | 2% |
| | 3 | 0% | 3 | 0% |
| | ≥4 | 0% | ≥4 | 1% |

续表

| | 私人 | | 商业 | |
|---|---|---|---|---|
| | 数量* | 近似百分比 | 数量* | 近似百分比 |
| 失去方向感（迷失） | 0 | 83% | 0 | 83% |
| | 1 | 14% | 1 | 13% |
| | 2 | 2% | 2 | 3% |
| | 3 | 0% | 3 | 1% |
| | ≥4 | 0% | ≥4 | 0% |
| 机械故障 | 0 | 55% | 0 | 33% |
| | 1 | 27% | 1 | 26% |
| | 2 | 10% | 2 | 17% |
| | 3 | 4% | 3 | 9% |
| | ≥4 | 4% | ≥4 | 16% |
| 由于燃料不足导致的引擎故障 | 0 | 93% | 0 | 84% |
| | 1 | 6% | 1 | 12% |
| | 2 | 1% | 2 | 3% |
| | 3 | 0% | 3 | 1% |
| | ≥4 | 0% | ≥4 | 1% |
| 由目视飞行规则转为仪表气象条件 | 0 | 77% | 0 | 78% |
| | 1 | 15% | 1 | 14% |
| | 2 | 6% | 2 | 5% |
| | 3 | 1% | 3 | 2% |
| | ≥4 | 2% | ≥4 | 2% |
| 在仪表气象条件下迷失方向 | 0 | 95% | 0 | 91% |
| | 1 | 4% | 1 | 7% |
| | 2 | 1% | 2 | 2% |
| | 3 | 0% | 3 | 0% |
| | ≥4 | 0% | ≥4 | 0% |
| 由于天气返航 | 0 | 29% | 0 | 23% |
| | 1 | 21% | 1 | 16% |
| | 2 | 19% | 2 | 18% |
| | 3 | 13% | 3 | 11% |
| | ≥4 | 22% | ≥4 | 32% |

来源：From Hunter, D. R. 1995. Airman research questionnaire: Methodology and overall results (technical report no. DOT/FAA/AM-95/27)，Table 21. Washington, D.C.: Federal Aviation Administration.

*职业飞行生涯中遇到这类事件的次数

在一项对新西兰飞行员的调查中，奥黑尔和查尔莫斯（O'Hare & Chalmers, 1999）发现遭遇潜在危险事件是非常普遍的。此外，新西兰飞行员的经验报告与美国飞行员非常相似。例如，在两个样本中，遇到仪表气象条件（IMC）的比例（稍低于25%）和不可逆失速的比例（大约10%）基本是一样的。有趣的是，在考虑到美国和新西兰之间的地理差异后，两国飞行员的报告也基本一致，这样的结果我们会在之后详细分析。

这些发现激励着研究者进一步考虑在事故研究中这种测量方法的有效性。因为比起致命事故，还有更多的危险事件（可能多2到3个量级）。因此在研究中用危险事件替代事故，可以在一定程度上减轻因缺乏事故样本所导致的问题。然而，这些仅仅是对真实标准测量的替代，因此这些结果仅仅暗示着可能的关系。

191

## 8.5.2　走出航空环境进入实验室

由于很难开展自然条件下的研究，即在真实飞行情境下对飞行员进行研究，因此一些研究人员选择进行实验室研究。通常，这些研究利用飞行模拟器变换不同的仿真度和飞行条件来揭示该条件下飞行员的状态。实验室研究可以严格控制实验刺激（例如，飞机的性能、天气条件）。但是，由于这些条件没有显现出受伤和死亡的风险，因此很难保证由实验室推广到真实飞行情况的普遍性。无论是自然研究还是实验室研究，都有其优缺点，而研究者的责任在于合理利用它们的特性并且明确实验的局限性。

## 8.6　为什么有些飞行员比别的飞行员更安全

飞行事故研究的问题已在前文有所论述，接下来我们将对为什么有些飞行员比另一些飞行员更容易遇到事故展开讨论。为了讨论方便，我们先要抛开一些因素，例如是不是有些飞机比其他的飞机更安全（是的），是不是有些培训可以使飞行更安全（是的），或者是不是有一些其他的环境因素如地理变量、空中管制、维修会对飞行安全有影响（它们全部会）。取而代之，我们在此仅仅考虑飞行员的心理特质，即他们的态度、人格、决策策略，这些因素如何影响事故发生的可能性。

## 8.7 事故决策的组成部分

在之前讨论将各种事故原因分类的方法时，延森和贝内尔（Jensen & Benel, 1977）的研究被视为开创性的研究。他们提出决策是影响飞行事故的重要因素。这项研究激发了大量关于飞行员的决策如何使他们陷入飞行事故，以及如何提高他们的决策正确性的研究。第一份着眼于决策的研究报告来自柏林等研究者（Berlin et al., 1982a），他们设计了一个训练计划，其目的在于确定延森和贝内尔研究中提出的决策问题。

在FAA的资助下，在安伯瑞德航天航空大学（Embry–Riddle Aeronautical University）工作的柏林等研究者（Berlin et al., 1982a）设计了一套训练课程和学员手册，内容如下：

1. 三大主题。

（1）飞行员——飞行员的健康状况、在特定条件下的胜任力、疲劳程度，以及其他影响飞行绩效的因素。

（2）飞机——适合飞行的条件、动力装置，以及如质量和平衡的性能标准。

（3）环境——天气、飞机场海拔和温度，以及天气简报或航空交通管制指令等外部条件。

192

2. 六大行动方式。

（1）做了／没做。

做了——飞行员做了不该做的行动；

没做——飞行员应该采取的行动却没有做。

（2）做不够／做过度。

做不够——飞行员应该做的动作，更多的时候没有做到位；

做过度——飞行员应该少做动作的时候过度动作。

（3）提前做／推迟做。

提前做——飞行员应该随后做的行动却提前做了；

推迟做——飞行员应该提早做的行动却推迟做了。

3. 错误判断行为链。

（1）一个错误的判断会提高下一个错误判断的可能性。

（2）连续做出的错误判断越多，紧接着其他错误决策发生的可能性越大。

（3）随着错误决策链的发展，飞行安全的可能性降低。

（4）随着错误决策链发展的时间越长，发生事故的可能性增大。

4. 安全飞行的三大心理过程。

（1）自动反应。

（2）问题解决。

（3）反复检查。

5. 五大危险的思维模式（有一种或多种这些思维模式的飞行员会处于高事故发生率的风险中）。

（1）反权威。

（2）冲动性。

（3）固执。

（4）刚愎自用。

（5）外部控制（顺从）。

这项报告（Berlin et al., 1982b）的第二卷继续对前述的因素进行了相应的详细描述和训练。其中包含了一个飞行员可以用来对自己的危险思维模式做自我评估的工具。最初，对培训手册的小范围施测仍然继续用瑞德航天航空大学的三组学生做被试。其中一组接受新的培训课程，其他两组作为控制组。在此次评估中，实验组在书写测验和一次可观察飞行中的表现均显著优于控制组。基于这些发现，研究者认为培训手册对被试的决策有积极作用。

## 8.8 航空决策

基于积极的初步成果，美国联邦航空管理局印发了一系列使用柏林（Berlin）等人的材料的出版物，即训练手册。每一本手册都是量身定做的，以符合某一特定飞行员群体的需求和经验。这些出版物包括：

1.《直升机飞行员的航空决策》（*Aeronautical Decision Making for Helicopter Pilots*）（Adams & Thompson, 1987）。

2.《教练飞行员的航空决策》（*Aeronautical Decision Making for Instructor*

*Pilots*）（Buch, Lawton & Livack, 1987）。

3.《学员和私人飞行员的航空决策》（*Aeronautical Decision Making for Student Private Pilots*）（Diehl et al., 1987）。

4.《仪表飞行员的航空决策》（*Aeronautical Decision Making for Instrument Pilots*）（Jensen, Adrion & Lawton, 1987）。

5.《商用飞机驾驶员的航空决策》（*Aeronautical Decision Making for Commercial Pilots*）（Jensen & Adrion, 1988）。

6.《空中救护直升机操作员的风险管理》（*Risk Mangement for Air Ambulance Helicopter Operators*）（Adams, 1989）。

此外，除了致力于仅培训特定飞行员群体具体技能的出版物之外，贾森（Jensen, 1995）已经开发了一个包含所有出版物共同元素的测试。本书也包含了对机组资源管理的考虑，因为机组资源管理这个概念或多或少是与飞行员的决策有关的。然而，尽管决策的工作通常是面向通用航空飞行员。在航空公司团体事故复核的工作中，机组资源管理有关的工作会逐渐增多。

接下来是柏林等人的航空决策（aeronautical decision-making, ADM）训练手册（Berlin et al., 1982a, 1982b）和对在美国训练有效性的最初评估，其他的地方也进行了相似的研究。加拿大进行了一项评估飞行学员的研究，测试了学员飞行时执行不安全操作时的判断力。接受ADM训练的飞行员在测试环境中做出83%的正确决策，相比之下，没有接受这种训练的飞行员只有43%做出正确决策（Buch & Diehl, 1983, 1984）。另一项在加拿大飞行员学校的研究，也揭示出ADM训练产生重要的影响（Lester et al., 1986）。在这项研究中，接受ADM训练的实验组在可观察的飞行中选择的正确率为70%，而控制组飞行员只有60%的正确率。

在澳大利亚开展的一项对新南威尔士州的5所航空学校学员的研究，得到相似的结果（Telfer & Ashman, 1986；Telfer, 1987, 1989）。即使使用的样本非常小（一共只有20名被试，分为三组），但研究结果仍然可以发现ADM训练组相较其他组有明显的优势。

迪尔（Diehl, 1990）对来自ADM培训或其他训练的结果（Diehl & Lester, 1987；Connolly & Blackwell, 1987）进行综述，总结了那些发现飞行员失误减少

194

的研究。结果如表8.7。

表 8.7 ADM培训评价结果

| 研究者 | 环境 | 实验组（$n$） | 控制组（$n$） | 减小误差 |
|---|---|---|---|---|
| Berlin et al. (1982) | 航空学校 | 26 | 24 | 17% |
| Buch and Diehl (1983) | 飞行学院 | 25 | 25 | 40% |
| Buch and Diehl (1983) | 大学 | 17 | 62 | 9% |
| Telfer and Ashman (1986) | 航空俱乐部 | 8 | 6 | 8% |
| Telfer and Ashman (1986) | 普通航空机场运营商 | 20 | 25 | 10% |
| Connolly and Blackwell (1987) | 航空大学 | 16 | 16 | 46% |

来源：Diehl, A. E. 1990. In Proceedings of the 34th Meeting of the Human Factors Society, 1367-1371, Table 1. Santa Monica, CA: Human Factors Society.

注意：所有的结果都是显著的，$p < 0.05$

这些研究都显示了显著性的结果，即飞行员的ADM训练减少了失误，这说明训练似乎明确地对飞行员的行为产生影响。然而，这些研究没有解决一些重要问题。第一，培训后的效果持续多长时间？因为所有的评估都是在飞行员训练结束完成后立即或者是不久之后就进行，不能确定训练效果的衰退率。这非常重要，因为如果效果只能维持短暂的时间，那么必须经常地进行训练以维持效果。

第二，培训的哪些部分有效果？回忆一下，在本章之前呈现的ADM培训目录涵盖了相当广泛的主题，从启发式决策策略（DECIDE model）到人格特质（"五种危险态度"）。因为这些都是同时包含在ADM培训中，不可能从现有的数据中确定它们是否都能提高行为表现。

最后，仔细观察表8.7中的数据就会发现，培训实施的地点可能影响训练效果。有趣的是，效果差的研究是在最不严格的训练环境中（航空俱乐部和固定运营基地）进行的，而效果好的研究是在航空大学和飞行学校环境中进行的。

将来需要研究者更全面地思考和研究所有这些重要的问题。事实上，这种方法发展出来的干预没有基础理论原理和坚实的实证基础，这使得ADM训练受到一些批评（O'Hare & Roscoe, 1990; Wiggins & O'Hare, 1993）。这些批评主要是ADM培训的主要成分之一：五种危险想法，有时也被称为"五种危险态度"。

## 8.9 危险态度

所有的ADM训练手册，包括前面列出的美国联邦航空局出版物，已经包含了危险态度的自我评估工具。虽然手册的内容会随着接受训练的飞行员群体不同而有所变化，但所有的工具包含了对航空环境情境的描述（典型的是编号为10的场景）。给飞行员提供在所有场景中所采取行动的五个备选项，然后让他们选择他或她认为最好的一个以完成本次测量。下面的样例来自美国联邦航空局专门针对学生和私人飞行员的手册（Diehl et al., 1987）：

你刚刚在一个无交通管制机场的14号跑道上完成了四边着陆（base leg for a landing）。当你转向五边（final）时，你发现风向已经发生了约90度的变化。你做了两个急转弯然后降落在8号跑道上。你为什么这么做？

a. 你确信自己是一个可以安全应对突发情况的好飞行员。

b. 当飞行教练坚持认为飞行员在最后进场时必须绕飞而不是做出航道突然改变时，你认为他过于谨慎。

c. 你知道急转弯不会有什么危险，因为你一直这样做。

d. 你知道顺风着陆最好，所以你尽快采取行动避免侧风着陆。

e. 意外的风向改变是很糟糕的，但是你觉得你可以预测风向的变化，所以你就这么做了。

这五个选项中每一项都是五种危险态度。在这个例子中，危险态度是（a）刚愎自用，（b）反权威，（c）固执，（d）冲动，（e）顺从（因此，认为a选项是这个情境中对飞行员该行为做出最佳解释的人，可能是刚愎自用态度的拥护者）。使用培训手册中的计分键，飞行员可以计算每一种危险态度的分数，并可以得到危险态度的剖面图。从该剖面图中，飞行员可以识别出哪一种危险态度占主导。培训手册的正文部分提供了一些应对每一种危险态度的指导意见，并对每一种态度提出了简短好记的"解药"。比如，刚愎自用态度的解药是"冒险是愚蠢的"（Diehl et al., 1987）。

有三项研究（Lester & Bombaci, 1984; Lester & Connolly, 1987; Lubner & Markowitz, 1991）将危险态度量表和其他人格测量进行了比较，包括罗特的内外控倾向量表和卡特尔的16PF量表。这些研究发现，个体危险态度之间的得分是高度相关的。这些危险态度也与人格测量和外在标准（如发生未遂事故）存在中等或较低的相关。然而，对这些研究结果的解释存在问题。

亨特（Hunter, 2004）批评了各类联邦航空局出版物中使用的自我评估工具。因为这种工具采用自比测评形式。正如阿纳斯塔西（Anastasi, 1968）所指出，自比量表就是"表达每个需求的强度，不是按绝对值计算，而是与个体的其他需求相比的强度……个体通过表达对一个而不是另外一个项目的偏好来进行回答"。在这种类型的量表中，在一个分量表中得到高分就会使其他分量表的得分变低。因为这个限制，自比量表存在心理测量的较大局限性。这些局限使得传统统计分析方法（比如相关）在许多情况下被不恰当地使用。因此，那些试图将自我评估工具得到的危险态度得分和其他标准（比如其他心理学研究工具的得分）进行关联的研究存在严重的缺陷，它们在很大程度上都不能提供有用可靠的信息（与自比评分方法有关的讨论见Bartram, 1996; Saville & Wilson, 1991）。

为了解决这个问题，亨特（Hunter, 2004）建议研究人员使用基于李克特等级项目的量表。这种类型的项目在心理学的研究中广泛使用，通常包含了一个陈述句（例如，"我喜欢糖果"），被调查者通过选择一个或者几个选项（比如"十分同意""同意""不同意""十分同意"）来表达同意的程度。

亨特和其他研究者（Holt et al., 1991）已经开发了使用李克特等级项目来评估危险态度的测量工具。在一项对包含在联邦航空局培训教材中的传统工具与李克特式工具（Hunter, 2004）的比较研究中，李克特量表在信度上的优势和与外部标准（卷入危险事件）的相关性已经得到明确证实。使用这些测量工具可以在实证上证明飞行员的态度会影响他们的事故发生概率。

危险态度可能只是影响事故发生概率的几个心理构念中的一种。除此之外，还包括内外控倾向、风险知觉、风险容忍和情境意识等。

## 8.10　内外控倾向

内外控倾向（locus of control, LOC）指的是个体相信在其身上发生的事，是由个人控制（内控型）或者是由外部的个体不能控制因素的作用结果（例如，运气、其他人的行动）。这个概念由罗特尔（Rotter, 1966）第一次提出，此后得到广泛应用（Stewart, 2006）。威克曼和巴尔（Wichman & Ball, 1983）对200名通用航空飞行员样本进行内外控倾向研究，发现飞行员比罗特尔的原始样本还更加倾向内控。他们也发现，那些内控倾向得分更高的飞行员，更有可能去安全诊所就诊，这可能表明与外控型飞行员相比，这组内控飞行员有更多的安全倾向。

内外控倾向量表的几种修正版基于罗特尔的理论，应用在特殊的领域中以测量内外控知觉。这些包含专门针对于驾驶（Montag & Comrey, 1987）和医疗问题（Wallston et al., 1976）的内外控倾向量表。这些量表的开发工作是基于蒙塔格和康姆里（Montag & Comrey, 1987）的信念，即"当对这一构念的测量是针对更加特定的目标行为（例如，喝酒、健康、归属）时，进行调整而不是使用更一般的内外控量表，这种把内在性—外在性和外部标准联系起来的尝试会更成功"。

沿着这个思路，琼斯和夫克（Jones & Wuebker, 1985）开发和验证了一个安全内外控量表，用以预测工业环境中员工发生的事故和伤害。他们发现，在安全内外控量表上，低事故风险组的参与者比高事故风险组的参与者有更高的内控。在随后开展的关于医院工作者安全的研究中，琼斯和夫克（Jones & Wuebker, 1993）发现与安全态度更加外控的雇员相比，持有更内控安全态度的工作者更不可能发生职业性意外事故。

基于这些研究结果，亨特（Hunter, 2002）修订琼斯和夫克（Jones & Wuebker, 1985）的量表，将所有的量表项目置于航空背景中并开发出一个航空安全内外控倾向量表（AS-LOC）。下面，列举两个航空安全内外控倾向量表（AS-LOC）中分别测量内控和外控的题项：

1. 因为飞行员没有足够关注安全而导致事故和伤害发生。
2. 避免事故问题的关键是运气。

在一项对176名飞行员在网络上完成航空安全内外控倾向量表（AS-LOC）的评估研究中，亨特（Hunter, 2002）发现内控型与发生危险事件（具体说来，是前面描述的危险事件量表）有显著的负相关（$r = -0.205$；$p < 0.007$）。相反，外控型与危险事件量表得分不存在显著相关（$r = 0.077$）。与以前的研究相一致，与外部导向相比，飞行员在新量表中表现出更高的内部导向。

约瑟夫和甘尼许（Joseph & Ganesh, 2006）也报告了相似的研究结果，他们使用航空安全内外控倾向量表（AS-LOC）测量了101名印度飞行员。与先前的研究一致，印度飞行员的内控分数也显著高于外控分数。这个研究中，一个有趣的发现是，民用飞行员比军事飞行员有更高的内控得分。此外，运输飞行员比其他任何组飞行员的内控得分都要高；其次是战斗机飞行员和直升机飞行员。由于这些群组之间事故发生率存在差异，航空安全内外控倾向量表（AS-LOC）得分的差异在多大程度取决于培训、正式选拔过程或者某种自我选择的过程，这个问题值得研究。

## 8.11 风险知觉和风险容忍

风险评估和管理构成了飞行员决策过程的一部分。如前所述，飞行员糟糕的决策已经被认为是导致通用航空致命事故的主导因素（Jensen & Benel, 1977），并且糟糕的风险评估显然也导致糟糕的决策。为了研究飞行员的风险感知问题，奥黑尔（O' Hare, 1990）开发了一份航空风险判断问卷，用来评估飞行员对通用航空的知觉风险和危害。评估风险意识时通过让飞行员：

1. 估计六大类引起事故原因的百分比。

2. 对飞行阶段的风险水平排序。

3. 将具体的致命事故的原因进行排序（例如，空间定向障碍、误用襟翼）。

奥黑尔发现，与其他活动相比，飞行员在很大程度上低估了通用航空飞行的风险，并相应地低估了发生事故的可能性。基于这些结果，他得出结论认为"导致飞行员在恶劣天气前提下依然继续前进的因素，可能是对风险的不切实际的低估"（O' Hare, 1990）。

这些结论得到研究者的支持（O' Hare & Smitheram, 1995; Goh & Wiegmann,

2001），说明那些在恶劣天气条件下继续飞行的飞行员有很差的风险知觉。有趣的是，相似的结果也出现在对年轻司机的研究中（Trankle, Gelau, Metker, 1990）。相比更年长、驾驶更安全的司机，那些有着较差危险知觉的年轻司机更有可能涉及危险驾驶。

风险知觉和风险容忍是密切相关却经常被混淆的构念。亨特把风险知觉定义为"对某一环境中固有风险的识别"（Hunter, 2002）。这意味着风险知觉可能受到环境的特点和处于该环境中的飞行员特点的调节。因此，对于某个人来说高风险等级的情境，对于其他人来说却是低等级的风险。比如，云层覆盖和低可见度对于一位只能在目视飞行气象条件（visual meteorological conditions，VMC）下飞行的飞行员来说是高风险的，但是同样的气象条件对于一位有经验并有资格驾驶装有飞行气象仪表（instrument meteorological conditions, IMC）飞机的飞行员来说是低风险的。

因此飞行员不仅要准确地觉知外部环境，而且也要准确地觉知其个人的能力。低估外部环境和高估个人能力都会导致错误的风险知觉，并经常被认为是导致飞机失事的因素。因此风险知觉首先被构想成包含对内外部状态进行准确评估的认知活动。

相比之下，亨特把风险容忍定义为"个体在追求目标过程中对风险的可接受程度"（Hunter, 2002）。风险容忍会受到个体风险规避的一般倾向，和在某种特殊情境下个人目标的重要性的影响。在飞行中，这就像每天的生活，总有一些目标会比其他目标更重要；而且目标越重要，个体越有可能接受更多的风险。

值得注意的是，以前的研究一般对飞行员估计的主要类型（比如，飞行员、天气等）进行整体风险水平评估，并且研究结论建立在大量驾驶研究的基础上。亨特（Hunter, 2002, 2006）提出有必要对风险知觉和风险容忍进行更具体的测量。这些新的测量方法与先前使用的宏观层面的测量相反，采取的是涉及特定航空环境的具体细节层面的测量。使用该方法，亨特开发了两种风险知觉测量和三种风险容忍测量工具。

风险知觉测量包括一种测量（风险知觉——他人）是向飞行员询问其他飞行员在特定的情境中经历的风险。另一种测量（风险知觉——自我），它要求飞行员回答在特定环境中他们亲历的风险。这两类测量的例子如下：

1. 风险知觉——他人。

（1）低云层使得山顶很朦胧，但是飞行员认为他可以看到山另一边晴朗的天空。飞行员从宽敞的山谷开始飞行，而这个山谷是逐渐变窄的。当他接近并将要通过山谷时，他注意到他有时看不到另一边的蓝天。他越来越靠近公路向下飞行，并向前推进。云层持续下降后，他突然发现自己在云层里。他保持航向和海拔并希望一切顺利。

（2）飞行员匆忙地出发，却没有仔细检查他的座椅、安全带和肩带。当他旋转的时候，他的座椅沿着轨道向后滑。当座椅滑到后面时，飞行员将控制杆往回拉，使飞机机头向上。当飞机空速开始下降时，他将控制杆拉到空挡位置。

（3）刚刚起飞后，飞行员听到飞机上乘客所在的位置有巨大的噪声。他检查乘客席然后发现他不能找到安全带的另一端。他将飞机改平，解除控制，并设法打开门去找安全带。

2. 风险知觉——自我。

（1）在晚上，你在一个维护良好的飞机上，从本地机场飞到150英里（约241402米）以外的另一个机场，当时天气处于临界目视飞行规则［3英里（约4828米）可见和2000英尺（约610米）阴云］。

（2）在与两场雷阵雨天气的天空相距25英里（约40234米）处，以6500英尺（约1981米）高度在晴朗天气中飞行。

（3）做一个起落航线，以45°倾斜角度进行四转弯（转向五边）结束飞行。

在这个风险觉知——他人量表的例子中，要求飞行员使用从1（极低风险）到100（极高风险）的等级，在短时间内评估第三方通用航空飞行员的风险。风险知觉——自我量表中，要求飞行员评估他们明天亲自执行这些行为时的风险（也采用1—100的等级量表）。

为了测量风险容忍度，亨特（Hunter, 2002, 2006）创造了在航空情境中三种不同的风险博弈情境。其中一种情境涉及飞机可能反复多次出现的机械故障，其他两个情境包含通过不同距离的暴风雨天气和飞过天气恶劣的山区。这三种情境都是结构化了的，即被试接受风险和飞行将获得积分奖励（和潜在的奖励），然而，如果他们未能完成飞行（例如坠机），将会被扣分。这些操纵试图激励被试完成飞行，与此同时也鼓励一定程度的谨慎，因为坠机可能会失去实际的奖励。

在互联网上对大样本的飞行员进行这些测量及其他几项测量。总之，研究发现了飞行员发生危险航空事件与风险知觉量表的相关，从而说明了风险知觉量表的可靠性。与那些经历较少危险事件的飞行员相比，那些经历更多危险事件的飞行员更倾向于认为情境是不危险的。然而，风险容忍与危险航空事件并没有显著相关。这让亨特得出结论，相比风险容忍，糟糕的风险知觉是危险航空事件，甚至是航空事故的重要预测因素。

## 8.12　情境意识

在通用术语中，情境意识（situation awareness，SA）是指知道自己周围正在发生着什么。而对于飞行员来说，情境意识指对飞机与邻近其他飞机、地面重要物体（如跑道、山峰、高广播塔）以及诸如云、雨、乱流等天气要素之间的相对位置的知觉。此外，情境意识还指时刻都清楚飞机的外部（如转向、下降）和内部（如燃料量、油压值）工作状况。另外，情境意识包含现在和未来成分。因此，拥有良好的情境意识，意味着飞行员清楚此时此刻周围正在发生的事情，并且可以准确地预判在未来几分钟或者几小时以后会发生的事情。恩兹利（Endsley）把情境意识定义为"对一定时空范围内环境元素的知觉，对这些元素意义的理解和短期预测"（Endsley, 1988），该定义体现了这种差异。

克莱因（Klein）的识别优先决策模型（recognition-primed decision model, RPD）尤其强调情境意识的重要性（Kaempf et al., 1996; Klein, 1993）。克莱因的识别优先决策模型表明，实际上飞行员几乎不需要解决实际问题，他们的主要工作只是识别情境，然后在以往成功使用过的有限解决方案中选择一个即可。显然，在这样的模型中，意识到情境是非常重要的，因为觉察环境中的变化可能是认知加工的一部分。

在识别优先决策模型理论框架中，经验至关重要，因为经验让飞行员可以准确分辨出重要线索并且正确诊断情境。根据克莱因的论述（Klein,

201

2000），不良决策最大的原因是缺乏经验。识别典型情境需要丰富的经验。诊断问题和想象动作过程需要丰富的经验。把线索按优先排序以减轻过高工作负荷需要丰富的经验。在特定情境中采取合理期望和辨析可行的目标需要丰富的经验。

尽管情境意识是一个有趣的构念，但是可以说它是一个包含了其他基本概念的简单元构念，而这些基本概念已在前面讨论过。例如，从恩兹利的定义（Endsley, 1988）来看，情境意识包含了前文讨论过的风险知觉元素，因为在情境意识的定义中，对例如恶劣天气线索的觉察和评估可能会出错。在对内部状态如态度的自我觉察中也存在同样的争论。因此，真正的问题在于情境意识是否仅仅是各部分构成元素的简单相加。情境意识仅仅是另一个不深入探究行为和事故发生的原因就把它们纳入其外延的概念吗？正如先前所提到的，描述与解释不同。作者认为后者的描述更准确，有兴趣的读者可以参看原文（Endsley & Garland, 2000）。

## 8.13　遭遇航空气象

多年来，遭遇恶劣天气一直是造成空难最主要的原因之一。特别有趣的是，在这些恶劣天气状况中，飞行员继续从依靠视觉到仪器指示来操作飞机，随后导致飞机在摆脱恶劣天气过程中失去控制或者撞向地面。一些研究者已经从很多角度研究了这些事故。其中一个观点将此类事件视为计划继续错误（plan continuation error）（Orasanu, Martin & Davison, 2001）。该观点认为，飞行员在遭遇那些使得原计划难以正常执行的意外情况时，无法相应地改变原计划。这种失败可以归因于亨特（Hunter, 2006）所说的风险知觉与风险容忍构念。

这可以用沉没成本（sunk costs）这个术语来解释（O'Hare & Smitheram, 1995）。沉没成本将计划继续错误解释为，飞行员有一种不愿意浪费先前努力的内在欲望。这意味着，一旦开始飞行，每一分钟的飞行都代表了资源（时间和金钱）的消耗，如果被迫返航，那么之前付出的所有资源都将白费。在一次飞行的早期，这种可能的损失相对较小，但是随着飞行时间的增加，这种可能的损失也在增加。这种可能的损失（即"沉没成本"）就表现为即使在临界条件下也会继续飞行的动机。

奥黑尔和欧文（O'Hare & Owen, 1999）对该概念进行了研究，飞行员在模拟越野飞行中的早期或者晚期遭遇恶劣天气。沉没成本概念对实验结果的预测是：那些在航行的晚期遭遇恶劣天气的飞行员更可能继续前进以抵达目的地。然而，在这个实验中，实验结果没能支持该预测：在两种条件下大多数飞行员都返航了。因此，用沉没成本的概念来解释恶劣天气条件下飞行员行为的信度值得怀疑。

在另外一个理解有关天气的飞行员行为的方法中，亨特、马丁努森和维金斯（Hunter Martinussen & Wiggins, 2003）利用数学建模技术，考察了飞行员整合能见度、云底高①、冰雹和地形等信息，来做出有关飞行安全判断时的行为。在该研究中，来自美国、挪威和澳大利亚的飞行员们分别拿到三张他们国家的飞行图。三张飞行图分别描述了在平坦地区、山区和水面的飞行路线。

在一个情境判断任务中，326名美国飞行员、104名挪威飞行员和51名澳大利亚飞行员，要在三张飞行图描述的情境下判断27种天气情况的安全等级。这27种天气情况由不同等级的能见度、云底高和冰雹的信息共同组成。每一位飞行员给出的安全等级判断将被用来建立个体回归方程（关于回归方程的讨论参见第二章统计部分）。飞行员的回归方程描述了其判断安全等级的信息整合过程。

该研究有两个有趣的结果。第一，三个国家的飞行员对这27种天气情况的安全等级评定非常相似。第二，每个国家的飞行员都偏好信息使用的补偿模型而不是非补偿模型。使用补偿模型意味着飞行员在高云底高（安全情况）但能见度低（不安全情况）的情况下认为天气状况是适合飞行的，因为在总体情境评估中高云底高补偿了低能见度。

相反，在典型的非补偿模型（如多重障碍模型）中，都要将情境的每一个方面与标准进行单独比较和检查。只有当每一个因素都符合其标准之后，飞行

① 云底高（clouding ceiling）：航空术语，又称云幂高，在运行中一般是指云量为多云（BKN）或满天云（OVC）的最低云层的云底距机场标高的垂直距离。——译者注

员才会做出起飞的决策。在这个模型当中，某一高值变量并不能补偿另一个低值变量。亨特等研究者认为，使用补偿决策模型会让缺乏经验的飞行员面临更高的事故风险。

戈赫和维格曼（Goh & Wiegmann, 2001）研究了飞行员的过度自信（Overconfdence）。发现那些在模拟飞行中选择继续航行的飞行员报告了更高水平的驾驶能力自信，即使他们在训练和经验方面与那些选择返航的飞行员相差无几。但和选择返航的飞行员相比，这些过度自信的飞行员认为天气和飞行员错误不太可能威胁飞行安全，并且认为自己不太可能犯错。

## 8.14　其他提高安全性的措施

在20世纪90年代早期，联邦航空局资助了俄亥俄州立大学开展的一项研究，通过发现通用航空飞行员出现事故的原因，来找到一种可以提高安全性的干预措施。该研究方法倾向于关注相对缺乏经验的飞行员的专业知识发展，而非评估危险思想或为决策提供启发（Kochan et al., 1997）。这项工作为解决飞行员决策的问题开发了三种训练产品：（1）起飞前的过程规划，（2）飞行中的决策，（3）有关天气的决策。

这三个产品的首要任务都是训练飞行员意识到在飞行中出现的危险，并且建立一系列的最低操作标准（术语称"个人极限"），为抵御危险创造缓冲的时间（Kirkbride et al., 1996）。例如，在美国，虽然在4英里（约6437米）的能见度和2000英尺（约610米）极限下的夜间飞行是合法的，但是在缺乏测量工具的情况下，谨慎的飞行员还是会选择能见度超过8英里（约12875米），极限超过5000英尺（约1524米）的时候进行夜间飞行。这些较严格的标准就成了飞行员的个人极限，并且记录在飞行员每次飞行之前务必查看的个人列表中。尽管没有对诸如危险事件或事故的卷入等外部准则影响的评估，但对飞行员接受这项新训练进行评估却是值得肯定的（Jensen, Guilkey & Hunter, 1998）。

有尝试将个人最低限度即危险思想训练融合进程序标准化中，而这两种训练出现了几本联邦航空局的出版物中，相比这种尝试，有人提出了基于技能的方法，而这种方法专注于帮助飞行员提高识别和处理危险情况的技能。奥黑尔和他的同事（O' Hare et al., 1998）应用认知任务分析技术（CTA）和关键决策方法（CDM）形式的CTA去评估在恶劣天气中经验丰富的通用航空飞行员的决策过程（Klein, Calderwood & MacGregor, 1989）。通过使用这种技术，他们可以去识别专家级飞行员在做有关天气决策时的信息线索和过程。维金斯和奥黑尔（Wiggins & O' Hare, 1993, 2003a）与联邦航空局签订协议，使用这些数据构建了一个称作"WeatherWise"的训练程序。

WeatherWise是基于计算机的训练程序，旨在为飞行员提供必备的技能，以识别并回应在飞行期间与天气恶化有关的线索（Wiggins & O' Hare, 2003b）。这个程序包含以下四个阶段：

阶段1。评估：评估是用静态图片显示飞行中的天气状况，来描述视觉飞行条件下做决策的难度。

阶段2。介绍：介绍先前研究中专家用来做天气决策的天气线索。

这些线索有：

1. 云底。

2. 能见度。

3. 云的颜色。

4. 云密度。

5. 离地高度。

6. 雨。

7. 地平线。

8. 云型。

9. 风向。

10. 风速。

阶段3。图片：呈现大量的飞行中天气状况的图片以供飞行员辨认出天气发生明显恶化的转折点。在这一阶段，最被推崇的是经验法，即当在三个及以上的线索中反复出现了同一个天气恶化的信号时，飞行员就应做出天气相关的决策，如转向等。

阶段4。此外，还会有更多的训练来处理明显的天气线索。在这一阶段，被试观看一系列的飞行中的视频文件，并识别出在视觉飞行要求之下天气恶化的

204

转折点。

　　为了评估这个训练程序，主试选取了66名澳大利亚私人飞行员，他们当中没有一个人的飞行时间累计达到150个小时。实验组的飞行员完成了WeatherWise的训练，显示完全可以在天气转折的最佳点或该点之前做出转向决定。而未接受训练的控制组被试倾向于进入不利的天气之中继续飞行（Wiggins & O'Hare, 2003b）。

　　除了美国联邦航空管理局，其他的民用航空主管部门也已经意识到提高通用航空安全的必要性，并且已经将之前提到的训练系统纳入国家安全工作的一部分。澳大利亚和新西兰的民航局采用了个人最低限度和WeatherWise训练系统来训练其通用航空飞行员。

　　认识到对事故卷入做出决策的重要性后，美国联邦航空管理局与航空工业组织联盟合作，成立了联合安全分析小组（JSAT）。该小组的任务是通过检查并开发程序改进通用航空ADM，以降低因决策不佳导致的事故频发。美国联邦航空管理局与航空工业组织联盟还特许联合安全分析小组，建立人因专家国际小组，以解决决策不佳如何影响事故，以及怎样做才能提高航空安全性的技术问题。JSAT无条件采纳了该小组列举的超过100个具体项目的相关建议，并作为其最终报告的一部分呈现给美国联邦航空管理局（Jensen et al., 2003）。一个实际的问题是如何在通用航空飞行员中普及事故因果关系的通用知识，为此人因专家国际小组的建议涵盖了广泛的可行的干预措施。例如：

　　1. 创建一个天气危险指数，也就是将天气风险整合为图形或数字，让飞行员熟知该指数。

　　2. 重新设计天气简讯的呈现方式，在呈现给飞行员潜在危险条件的相关信息时，将其作为第一项或最后一项。

　　3. 在笔试中增加对情境实例问题的应用。

　　4. 加强对训练认证的飞行教练（CFIs）在风险评估和教学管理操作管理的训练。

　　5. 列出一个明确的个人最低限度清单，以供由认证的飞行教练在教学实践的过程中使用。

　　6. 为较少飞行时间的飞行员建立一个独立的天气简讯和咨询热线。

7. 每当飞机在飞行的时候，必须要求空速管自动加温。

8. 开发一种用来描述关键操作变量的显示器，以代替原始的、未加工的数据。（例如显示剩余距离或耐力，以及剩余油量的燃料指标）

9. 开发并宣传用于明确解决坠毁幸存能力问题的训练程序，包括坠毁技术、减少垂直加载、坠落计划（包括水、手机等），即使是在平坦的地形。

10. 模拟角色扮演，这里使飞行员在其中可以观察并练习抵抗社会压力的模式化的方法。

不幸的是，尽管这些干预措施被行业和政府监管机构接受，但仍然尚未实施。这个问题可能反映了在既定的官僚主义和注重成本的行业里，即使是一个备受好评的改变也是困难重重的。对于研究者而言，找到一个更好的保证飞行员安全的办法还不够，必须找到可以让成果应用到实践中的途径，而后一项则更艰难一些。

但是一些程序正应用于训练之中，飞行员也因此更加具备安全意识。从2006年开始，AOPA的航空安全基金开始对所有新评级私人和仪器飞行员免费发送有关决策的DVD。DVD上包括的情境主要是将仪表条件下的VFR以及IFR决策——因为航空安全基金发现这两个领域的问题尤为突出。

## 8.15 小结

本章我们从航空心理学的角度分析了安全问题。虽然大型商务航空公司的飞行是相当安全的，但是对通用航空公司而言情况不容乐观。在某种程度上，通用航空公司卷入致命航空事件的风险略高于致命的机动车事故。在飞行安全研讨会上提及该话题时，我们感到很多通用航空飞行员的反馈很有趣。很多证据表明，通用航空飞行员在很大程度上没有意识到这两种风险的差别，而且他们普遍认为驾驶飞机比驾驶汽车更安全。因此，在提升安全意识的训练中免不了口舌相劝，因为飞行员并没有觉得他们处于危险之中。

科学研究已经证实了几个将飞行员置于更高事故卷入风险的因素。在这些飞行员中，有的认为在面对危险时不会受到伤害，有的则认为自己是外部力量的受害者（受轨迹的控制），这些问题都与对飞行固有风险的认知有关。研究

206

通过已经开发的程序让飞行员认识到这些危险因素，训练他们识别高风险迹象的线索并立即做出反应。

　　以前只在航空运输公司中应用先进的技术，而现在正进军通用航空。这项技术让一些任务变得更加简单（如航行），而它本身也有一系列问题需要飞行员做出合理判断，关于什么时候、什么地点、怎样以及是否应该飞行。在接受和使用信息的时候，即使在未来的飞行中，飞行员受个性和技能的影响仍然很大。安全性需要一种积极的方式，去评估和管理所有影响飞行结果的因素，包括最重要的因素——执行飞行的人。

## 推荐阅读

Dekker, S. 2006. The field guide to understanding human error. Aldershot, England: Ashgate.

Perrow, C. 1984. Normal accidents: Living with high-risk technologies. New York: Basic Books.

Reason, J. 1990. Human error. Cambridge: Cambridge University Press.

———. 1997. Managing the risks of organizational accidents. Aldershot, England: Ashgate.

## 参考文献

Adams, R. J. 1989. Risk management for air ambulance helicopter operators (technical report DOT/FAA/DS-88/7). Washington, D.C.: Federal Aviation Administration.

Adams, R. J., and Thompson, J. L. 1987. Aeronautical decision making for helicopter pilots (technical report DOT/FAA/PM-86/45). Washington, D.C.: Federal Aviation Administration.

Anastasi, A. 1968. Psychological testing. New York: Macmillan.

AOPA (Aircraft Owners and Pilots Association). 2006. The Nall report. Frederick, MD: Author.

ATSB (Australian Transport Safety Bureau). 2007. Data and statistics. http://www.atsb. gov. au/aviation/statistics.aspx (accessed June 7, 2007).

Bartram, D. 1996. The relationship between ipsatized and normative measures of personality. Journal of Occupational and Organizational Psychology 69:25–39.

Beaubien, J. M., and Baker, D. P. 2002. A review of selected aviation human factors tax-onomies, accident/incident reporting systems, and data reporting tools. International Journal of Applied Aviation Studies 2:11–36.

Berlin, J. I., Gruber, E. V., Holmes, C. W., Jensen, R. K., Lau, J. R., and Mills, J. W. 1982a. Pilot judgment training and evaluation, vol. I (technical report DOT/FAA/CT-81/56-I). Washington, D.C.: Federal Aviation Administration.

———. 1982b. Pilot judgment training and evaluation, vol. II (technical report DOT/FAA/ CT-81/56-II). Washington, D.C.: Federal Aviation Administration.

Buch, G. D., and Diehl, A. E. 1983. Pilot judgment training manual validation. Unpublished Transport Canada report. Ontario.

———. 1984. An investigation of the effectiveness of pilot judgment training. Human Factors 26:557–564.

Buch, G., Lawton, R. S., and Livack, G. S. 1987. Aeronautical decision making for instructor pilots (technical report DOT/FAA/PM-86/44). Washington, D.C.: Federal Aviation Administration.

Connolly, T. J., and Blackwell, B. B. 1987. A simulator-based approach to training in aero-nautical decision making. In Proceedings of the Fourth International Symposium of Aviation Psychology. Columbus: Ohio State University.

Dekker, S. W. A. 2001. The disembodiment of data in the analysis of human factors accidents. Human Factors and Aerospace Safety 1:39–57.

Diehl, A. E. 1989. Human performance aspects of aircraft accidents. In Aviation psychology, ed. R. S. Jensen, 378–403. Brookfield, VT: Gower Technical.

———. 1990. The effectiveness of aeronautical decision making training. In Proceedings of the 34th Meeting of the Human Factors Society, 1367–1371. Santa Monica, CA: Human Factors Society.

———. 1991. Does cockpit management training reduce aircrew error? Paper presented at the 22nd International Seminar of the International Society of Air Safety Investigators. Canberra: November 1991.

Diehl, A. E., and Lester, L. F. 1987. Private pilot judgment training in flight school settings (technical report DOT/FAA/AM-87/6). Washington, D.C.: Federal Aviation Administration.

Diehl, A. E., Hwoschinsky, P. V., Lawton, R. S., and Livack, G. S. 1987. Aeronautical decision making for student and private pilots (technical report DOT/FAA/PM-86/41). Washington, D.C.: Federal Aviation Administration.

Endsley, M. R. 1988. Design and evaluation for situation awareness enhancement. In

207

Proceedings of the Human Factors Society 32nd Annual Meeting 1:97–101. Santa Monica, CA: Human Factors Society.

Endsley, M. R., and Garland, D. J. 2000. Situation awareness analysis and measurement. Mahwah, NJ: Lawrence Erlbaum Associates.

Federal Aviation Administration. 1991. Aeronautical decision making (advisory circular 60-22). Washington, D.C.: FAA.

———. 2007. Administrator's fact book. http://www.faa.gov/about/office_org/ headquarters_offices/aba/admin_factbook/ (accessed May 15, 2007).

Gaur, D. 2005. Human factors analysis and classification system applied to civil aircraft accidents in India. Aviation, Space and Environmental Medicine 76:501–505.

Goh, J., and Wiegmann, D. A. 2001. Visual flight rules flight into instrument meteorological conditions: An empirical investigation of the possible causes. International Journal of Aviation Psychology 11:359–379.

Holt, R. W., Boehm-Davis, D. A., Fitzgerald, K. A., Matyuf, M. M., Baughman, W. A., and Littman, D. C. 1991. Behavioral validation of a hazardous thought pattern instrument. In Proceedings of the Human Factors Society 35th Annual Meeting, 77–81. Santa Monica, CA: Human Factors Society.

Hunter, D. R. 1995. Airman research questionnaire: Methodology and overall results (technical report no. DOT/FAA/AM-95/27). Washington, D.C.: Federal Aviation Administration.

———. 2002. Development of an aviation safety locus of control scale. Aviation, Space, and Environmental Medicine 73:1184–1188.

———. 2004. Measurement of hazardous attitudes among pilots. International Journal of Aviation Psychology 15:23–43.

———. 2006. Risk perception among general aviation pilots. International Journal of Aviation Psychology 16:135–144.

Hunter, D. R., Martinussen, M., and Wiggins, M. 2003. Understanding how pilots make weather-related decisions. International Journal of Aviation Psychology 13:73–87.

Inglis, M., Sutton, J., and McRandle, B. 2007. Human factors analysis of Australian aviation accidents and comparison with the United States (aviation research and analysis report—B2004/0321). Canberra: Australia Transport Safety Bureau.

Jensen, R. S. 1995. Pilot judgment and crew resource management. Brookfield, VT: Ashgate.

Jensen, R. S., and Adrion, J. 1988. Aeronautical decision making for commercial pilots (technical report DOT/FAA/PM-86/42). Washington, D.C.: Federal Aviation Administration.

Jensen, R.S., Adrion,J., and Lawton, R.S. 1987. Aeronautical decision making for instrument pilots (technical report DOT/FAA/PM-86/43). Washington, D.C.: Federal Aviation Administration.

Jensen, R. S., and Benel, R. A. 1977. Judgment evaluation and instruction in civil pilot training (technical report FAA-RD-78-24). Washington, D.C.: Federal Aviation Administration.

Jensen, R. S., Guilkey, J. E., and Hunter, D. R. 1998. An evaluation of pilot acceptance of the personal minimums training program for risk management (technical report DOT/FAA/ AM-98/7). Washington, D.C.: Federal Aviation Administration.

Jensen, R. S., Wiggins, M., Martinussen, M., O'Hare, D., Hunter, D. R., Mauro, R., and Wiegmann, D. 2003. Identifying ADM safety initiatives: Report of the human factors expert panel. In Proceedings of the 12th International Symposium on Aviation Psychology, ed. R. S. Jensen, 613–618. Dayton: Ohio State University Press.

Jones, J. W., and Wuebker, L. 1985. Development and validation of the safety locus of control scale. Perceptual and Motor Skills 61:151–161.

———. 1993. Safety locus of control and employees' accidents. Journal of Business and Psychology 7:449–457.

Joseph, C., and Ganesh, A. 2006. Aviation safety locus of control in Indian aviators. Indian Journal of Aerospace Medicine 50:14–21.

Kaempf, G., Klein, G., Thordsen, M., and Wolf, S. 1996. Decision making in complex naval command-and-control environments. Human Factors 38:220–231.

Kirkbride, L. A., Jensen, R. S., Chubb, G. P., and Hunter, D. R. 1996. Developing the personal minimums tool for managing risk during preflight go/no-go decisions (technical report DOT/FAA/AM-96/19). Washington, D.C.: Federal Aviation Administration.

Klein, G. 2000. Sources of power: How people make decisions. Cambridge, MA: MIT Press.

———. 1993. A recognition-primed decision (RPD) model of rapid decision making. In Decision making in action: Models and methods, ed. G. Klein, J. Orasanu, R. Calderwood, and C. Zsambok, 138–147. Norwood, NJ: Ablex.

Klein, G., Calderwood, R., and MacGregor, D. 1989. Critical decision method for eliciting knowledge. IEEE Transactions on Systems, Man, and Cybernetics 19:462–472.

Kochan, J. A., Jensen, R. S., Chubb, G. P., and Hunter, D. R. 1997. A new approach to aeronautical decision-making: The expertise method (technical report DOT/FAA/AM-97/6). Washington, D.C.: Federal Aviation Administration.

Lester, L. F., and Bombaci, D. H. 1984. The relationship between personality and irrational judgment in civil pilots. Human Factors 26:565–572.

Lester, L. F., and Connolly, T. J. 1987. The measurement of hazardous thought patterns and their relationship to pilot personality. In Proceedings of the Fourth International Symposium on Aviation Psychology, ed. R. S. Jensen, 286–292. Columbus: Ohio State University.

Lester, L. F., Diehl. A., Harvey, D. P., Buch, G., and Lawton, R. S. 1986. Improving risk assessment and decision making in general aviation pilots. Paper presented at the 57th Annual Meeting of the Eastern Psychological Association. Atlantic City, NJ.

Li, W.-C., and Harris, D. 2005. HFACS analysis of ROC air force aviation accidents: Reliability analysis and cross-cultural comparison. International Journal of Applied Aviation Studies 5:65–81.

Lubner, M. E., and Markowitz, J. S. 1991. Rates and risk factors for accidents and incidents versus violations for U.S. airmen. International Journal of Aviation Psychology 1:231–243.

Markou, I., Papadopoulos, I., Pouliezos, N., and Poulimenakos, S. 2006. Air accidents–inci- dents human factors analysis: The Greek experience 1983–2003. Paper presented at the 18th Annual European Aviation Safety Seminar. Athens, Greece.

Montag, I., and Comrey, A. L. 1987. Internality and externality as correlates of involvement in fatal driving accidents. Journal of Applied Psychology 72:339–343.

Nunnally, J. C. 1978. Psychometric theory. New York: McGraw–Hill.

O'Hare, D. 1990. Pilots' perception of risks and hazards in general aviation. Aviation, Space, and Environmental Medicine 61:599–603.

O'Hare, D., and Chalmers, D. 1999. The incidence of incidents: A nationwide study of flight experience and exposure to accidents and incidents. International Journal of Aviation Psychology 9:1–18.

O'Hare, D., and Owen, D. 1999. Continued VFR into IMC: An empirical investigation of the possible causes. Final report on preliminary study. Unpublished manuscript, University of Otago, Dunedin, New Zealand.

O'Hare, D., and Roscoe, S. 1990. Flightdeck performance: The human factor. Ames: Iowa State University Press.

O'Hare, D., and Smitheram, T. 1995. "Pressing on" into deteriorating conditions: An application of behavioral decision theory to pilot decision making. International Journal of Aviation Psychology 5:351–370.

O'Hare, D., Wiggins, M., Williams, A., and Wong, W. 1998. Cognitive task analyses for decision centered design and training. Ergonomics 41:1698–1718.

Orasanu, J., Martin, L., and Davison, J. 2001. Cognitive and contextual factors in aviation accidents. In Linking expertise and naturalistic decision making, ed. E. Salas and G. Klein, 209–226. Mahwah, NJ: Lawrence Erlbaum Associates.

Perrow, C. 1984. Normal accidents: Living with high-risk technologies. New York: Basic Books.

Reason, J. 1990. Human error. New York: Cambridge University Press.

———. 1997. Managing the risks of organizational accidents. Aldershot, England: Ashgate.

Rotter, J. B. 1966. Generalized expectancies for internal versus external control of reinforcement. Psychological Monographs 80 (609): entire issue.

Saville, P., and Wilson, E. 1991. The reliability and validity of normative and ipsative approaches in the measurement of personality. Journal of Occupational Psychology 64:219–238.

Shappell, S. A., and Wiegmann, D. A. 2000. The human factors analysis and classification system-HFACS (technical report DOT/FAA/AM-00/7). Washington, D.C.: Federal Aviation Administration.

———. 2002. HFACS analysis of general aviation data 1990–98: Implications for training and safety. Aviation, Space, and Environmental Medicine 73:297.

———. 2003. A human error analysis of general aviation controlled flight into terrain (CFIT) accidents occurring between 1990 and 1998 (technical report DOT/FAA/AM-03/4). Washington, D.C.: Federal Aviation Administration.

Shappell, S. A., Detwiler, C. A., Holcomb, K. A., Hackworth, C. A., Boquet, A. J., and Wiegmann, D. A. 2006. Human error and commercial aviation accidents: A comprehensive fine-grained analysis using HFACS (technical report DOT/FAA/AM-06/18). Washington, D.C.: Federal Aviation Administration.

Stewart, J. E. 2006. Locus of control, attribution theory, and the "five deadly sins" of aviation. (technical report 1182). Fort Rucker, AL: U.S. Army Research Institute for the Behavioral and Social Sciences.

Telfer, R. 1987. Pilot judgment training: The Australian study. In Proceedings of the Fourth International Symposium on Aviation Psychology, ed. R. S. Jensen, 265–273. Columbus: Ohio State University.

———. 1989. Pilot decision making and judgment. In Aviation psychology, ed. R. S. Jensen, 154–175. Brookfield, VT: Gower Technical.

Telfer, R., and Ashman, A. F. 1986. Pilot judgment training: An Australian validation study. Unpublished manuscript. Callaghan, NSW, Australia: University of Newcastle.

Trankle, U., Gelau, C., and Metker, T. 1990. Risk perception and age-specific accidents of young drivers. Accident Analysis and Prevention 22:119–125.

Wallston, B. S., Wallston, K. A., Kaplan, G. D., and Maides, S. A. 1976. Development and validation of the health locus of control (HLC) scale. Journal of Consulting and Clinical Psychology 44:580–585.

210

Wichman H., and Ball, J. 1983. Locus of control, self-serving biases, and attitudes towards safety in general aviation pilots. Aviation Space and Environmental Medicine 54:507–510.

Wiegmann, D. A., and Shappell, S. A. 1997. Human factors analysis of postaccident data. International Journal of Aviation Psychology 7:67–82.

———. 2001. A human error analysis of commercial aviation accidents using the human factors analysis and classification system (HFACS) (technical report DOT/FAA/AM-01/3). Washington, D.C.: Federal Aviation Administration.

———. 2003. A human error approach to aviation accident analysis: The human factors analysis and classification system. Burlington, VT: Ashgate.

Wiggins, M., and O'Hare, D. 1993. A skills-based approach to training aeronautical decisionmaking. In Aviation instruction and training, ed. R. A. Telfer. Brookfield, VT: Ashgate.

———. 2003a. Expert and novice pilot perceptions of static in-flight images of weather. International Journal of Aviation Psychology 13:173–187.

———. 2003b. Weatherwise: Evaluation of a cue-based training approach for the recognition of deteriorating weather conditions during flight. Human Factors 45:337–345.

# 第九章

## 结束语

每个人都想着改变世界，却没有人想到去改变自己。

——列夫·托尔斯泰

## 9.1　引言

尽管有托尔斯泰的这句名言，但是人们并不容易做出改变。我们希望读者读完这本书后能认识到在航空系统所有的部分中，通常人是最经常被要求改变的那部分。幸运的是，人类最典型的特征之一便是他们的适应性——改变自身行为去适应环境要求。当飞机已经失速并且机头向下时猛地拉回控制器，这是人的本能。没有哪种现象比这更能体现出人类的这种适应性。

然而，人类的适应性并不是无限的。关于飞行员选拔的研究，证实了有些人比其他人更适合当飞行员。对事故发生的研究也表明，一些人比其他人更有可能发生事故——也许是因为他们不能成功地调整自己的行为，以适应新环境的需要。我们希望读者能更清楚地意识到，人类如何与航空系统交互，以及逐渐认识到人类能力和适应性的极限。

就性质而言，本书只是涉及航空心理学的皮毛。每一章节所涵盖的题目是许多书籍和期刊文章的主题。每一章节中提供的参考文献和推荐阅读，希望能够引领感兴趣的读者获取关于该主题更深入的信息。我们希望通过本书提供的术语、概念、工具和心理学调查方法的基本知识，为读者更深入地阅读做准备。在这个基础上，读者应该能够更好地评价那些宣称新的干预训练有良好效果的报告，或能评价那些认为对仪表设计和布局做出相当微妙变化会影响机组成员绩效的报告。

虽然我们关注航空这个行业，但本书涵盖的内容也同样适用于其他情境。比如，飞行员与司机、核电站操作员和外科医生的任务有很多共同之处。设计不良的工作站和控制装置，会导致驾驶事故和核反应堆熔化，同样也容易导致飞机坠毁。因此，需要满足操作者的能力和特点的设计原则，以及要求执行的任务是不变的，只是具体的环境发生变化而已。

同样地，我们在这本书中一直关注飞行员。然而，我们认识到飞行员仅仅只是大批团队中的一部分。关于飞行员的讨论也适用于驾驶舱之外的人，包括维修人员、航空管制员、调度员和航空组织的管理人员。因此，读者从本书中所学到的也可能同样适用于其他环境。

心理学关注的是个体之间如何相似又如何不同。认识由个体的倾向性带来的优势和不足，以及个人绩效的局限性，能够帮助个体避免需求超过响应能力的情况。

在下文的表格中，我们提供了大量的航空组织、政府部门管理机构、研究中心和其他与航空心理学或者航空安全有关信息的资源链接。这些网站提供了广泛的适用于飞行员的资源——从新手到最高级的机长。我们鼓励读者访问这些网站，以拓宽知识面并获得新技能。我们衷心地希望读者利用这些网站和本书提供的信息，更好地应用所学，成为更安全、更具自我意识、更出色的飞行员。

## 9.2 向飞行员提供的互联网资源

下面的表格包括主要航空监管机构、军队、高校和其他与航空、航空安全和航空心理学相关实体的链接。包括联邦航空局（FAA）、飞行员协会（AOPA）、天文学高级研究中心（CASA）和加拿大交通部等组织，其页面比我们这里列出的更有趣。从表中列出的地址开始查找，读者应该能够找到几乎所有相关的材料。

| 民用航空主管部门 | | |
|---|---|---|
| 机构 | 页面 | 链接地址 |
| 国际民用航空组织 | 主页 | http://www.icao.int/ |
| 国际民用航空组织 | 短讯服务培训 | http://www.icao.int/anb/safetymanagement/training/ training.html |
| 美国联邦航空管理局 | 主页 | http://www.faa.gov |
| | 航空说明书和手册 | http://www.faa.gov/library/manuals/ |
| | 航空新闻 | http://www.faa.gov/news/aviation_news/ |
| | 航空安全团队 | http://faasafety.gov/ |
| 美国联邦航空管理局 | 工作平台人的作业 | http://www.hf.faa.gov/portal/default.aspx |
| 美国联邦航空管理局 | 航空维护中人的作业 | http://www.hf.faa.gov/hfmaint/Default.aspx?tabid=275 |
| 加拿大交通部 | 主页 | http://www.tc.gc.ca |
| | 安全管理系统 | http://www.tc.gc.ca/CivilAviation/SMS/menu.htm |
| 澳大利亚民用航空安全局 | 主页 | http://www.casa.gov.au |
| 新西兰民用航空管理局 | 主页 | http://www.caa.govt.nz |
| 英国民用航空管理局 | 主页 | http://www.caa.co.uk |

213

| 事故调查委员会 | | |
|---|---|---|
| 国家 | 组织 | 链接地址 |
| 澳大利亚 | 运输安全管理局 | http://www.atsb.gov.au |
| 加拿大 | 运输安全局 | http://www.tsb.gc.ca/ |
| 丹麦 | 航空事故调查委员会 | http://www.hcl.dk/sw593.asp |
| 法国 | 意外事故调查局 | http://www.bea-fr.org/anglaise/index.htm |
| 德国 | 调查局—事故 | http://www.bfu-web.de/ |
| 爱尔兰 | 航空事故调查部 | http://www.aaiu.ie/ |
| 挪威 | 航空事故调查委员会 | http://www.aibn.no/default.asp?V_ITEM_ID=29 |
| 瑞典 | 事故调查委员会 | http://www.havkom.se/index-eng.html |
| 瑞士 | 飞机事故调查局 | http://www.bfu.admin.ch/en/index.htm |
| 荷兰 | 交通安全委员会 | http://www.onderzoeksraad.nl/en/ |
| 英国 | 航空事故调查分部 | http://www.aaib.gov.uk/home/index.cfm |
| 美国 | 国家运输安全委员会 | http://www.ntsb.gov |

| 其他文职政府机构 | | |
|---|---|---|
| 美国组织 | 主页 | 链接地址 |
| 美国国家航空航天局 | 航空安全报告系统 | http://asrs.arc.nasa.gov/ |
| | 小型飞机运输系统 | http://www.nasa.gov/centers/langley/news/factsheets/SATS.html |
| 美国国家航空航天局 | 飞机结冰培训 | http://aircrafticing.grc.nasa.gov/courses.html |
| 美国国家海洋和大气局 | 航空气象中心 | http://aviationweather.gov/ |

214

续表

| 其他文职政府机构 | | |
|---|---|---|
| 美国组织 | 主页 | 链接地址 |
| 美国运输部 | 沃尔普研究中心 | http://www.volpe.dot.gov/hf/aviation/index.html |
| | 交通安全研究所 | http://www.tsi.dot.gov/ |

| 军事组织 | | |
|---|---|---|
| 组织 | 主页 | 链接地址 |
| 美国海军 | 航空安全学院 | https://www.netc.navy.mil/nascweb/sas/index.htm |
| | 海军打击与航空战术训练中心 | http://nawctsd.navair.navy.mil/ |
| 美国陆军 | 战备中心（安全） | https://safety.army.mil/ |
| | 军事研究院 | http://www.hqda.army.mil/ari |
| | 人类研究和工程理事会 | http://www.arl.army.mil/www/default.cfm?Action=31&Page=31 |
| 美国国防部 | 人的作业与功效技术咨询小组 | http://hfetag.com/ |
| | 综合人为因素的防卫技术中心 | http://www.hfidtc.com/HFI_DTC_Events.htm |
| 美国空军 | 人的有效性理事会 | http://www.wpafb.af.mil/afrl/he/ |
| | 科学研究办公室 | http://www.afosr.af.mil/ |

| 大学研究中心 | | |
|---|---|---|
| 组织 | 主页 | 链接地址 |
| 安柏瑞德航天航空大学，佛罗里达 | 普莱斯考特飞行中心网页链接 | http://flight.pr.erau.edu/links.html |
| 北达科他州立大学 | 资源 | http://www.avit.und.edu/f40_Resources/f2_Podcasts/index.php |
| 克兰菲尔德大学 | 宇航研究，包括心理学 | http://www.cranfield.ac.uk/aerospace/index.jsp |
| 俄亥俄州立大学 | 认知工程学研究中心 | http://www.cerici.com/ |
| 德克萨斯大学 | 人为的因素研究项目 | http://homepage.psy.utexas.edu/homepage/group/HelmreichLAB/ |
| 特罗姆瑟大学，挪威 | 大学研究中心 | http://www2.uit.no/www/inenglish |
| 乔治梅森大学，弗吉尼亚 | 航空运输系统研究 | http://catsr.ite.gmu.edu/ |
| 奥塔戈大学，新西兰 | 认知工效学和人类决策实验室 | http://psy.otago.ac.nz/cogerg/ |
| 三一学院，都柏林 | 航空航天心理学研究团队 | http://www.psychology.tcd.ie/aprg/home.html |
| 伊利诺伊大学厄巴纳-香槟分校 | 航空研究所 | http://www.aviation.uiuc.edu/aviweb/ |
| NLR国家航天实验室，荷兰 | NLR主页 | http://www.nlr.nl/ |
| 马斯特里赫特大学，荷兰 | 大学研究中心 | http://www.unimaas.nl/ |

续表

| 大学研究中心 | | |
|---|---|---|
| 组织 | 主页 | 链接地址 |
| 莫纳什大学，澳大利亚 | 事故研究中心 | http://www.monash.edu.au/muarc/ |
| 格拉茨大学 | 航空心理学暑期国际学校 | http://www.uni-graz.at/isap9/ |

| 组织 | | |
|---|---|---|
| 组织 | 页面 | 链接地址 |
| 世界飞行员协会 | 主页 | http://www.aopa.org/asf/ |
| | 飞行员训练 | http://www.aopa.org/asf/online_courses/#new |
| AOPA航空安全基金会 | 天气训练 | http://www.aopa.org/asf/publications/inst_reports2.cfm?article=5180 |
| 飞行安全基金会 | 航空安全网 | http://aviation-safety.net/index.php |
| | 链接 | http://www.flightsafety.org/related/default.cfm |
| 试飞协会 | 主页 | http://eaa.org/ |
| 国家飞行教练协会 | 主页 | http://www.nafinet.org |
| 航空安全连接 | 主页 | http://aviation.org/ |
| 奥地利航空心理学协会 | 主页 | http://www.aviation-psychology.at/index.php |
| 欧洲航空心理学协会 | 主页 | http://www.raes-hfg.com/ |
| 英国皇家航空协会 | 主页 | http://www.eaap.net/ |
| 美国心理学会第19分部军事心理学 | 主页 | http://www.apa.org/divisions/div19/ |
| 美国心理学会第21分部实验心理学 | 主页 | http://www.apa.org/divisions/div21/ |
| 澳大利亚航空心理学协会 | 主页 | http://www.aavpa.org/home.htm |
| 国际测验委员会 | 标准的心理学测验 | http://www.intestcom.org/ |
| 航空心理学协会 | 主页 | http://www.avpsych.org/ |

216

| 其他 | | |
|---|---|---|
| 组织 | 页面 | 链接地址 |
| 美国飞行器 | 提供联邦航空局的视频 | http://www.americanflyers.net/Resources/faa_videos.asp |
| 航空心理学国际研讨会 | 致力于航空心理学的每两年举行一次的讨论会 | http://www.wright.edu/isap/ |
| 美国陆军研究实验室 | 直升机上的头盔显示器 | http://www.usaarl.army.mil/hmd/cp_0002_contents.htm |
| 国际军事测试协会 | 主页 | http://www.internationalmta.org/ |

| 其他 | | |
|---|---|---|
| 组织 | 页面 | 链接地址 |
| 美国心理学会 | 测试的信息和测试开发标准 | http://www.apa.org/science/testing.html |
| 挪威航空医学研究所 | 航空医学研究 | http://flymed.no |
| 美国联邦航空管理局航空航天医学办公室 | 美国联邦航空局关于航空心理学的报告 | http://www.faa.gov/library/reports/medical/oamtechreports/ |
| 美国民间空中巡逻 | 安全 | http://level2.cap.gov/index.cfm?nodeID=5182 |
| 尼尔·克雷 | 机组资源管理开发者页面 | http://s92270093.onlinehome.us/CRM-Devel/resources/crmtopic.htm |
| 航空气象 | 航空气象地图 | http://maps.avnwx.com/ |
| 美国国家气象协会 | 气象课程 | http://www.nwas.org/committees/avnwxcourse/index.htm |
| 国际航空应用杂志 | 关于航空心理学的科技论文 | http://www.faa.gov/about/office_org/headquarters_offices/arc/programs/academy/journal/ |
| 大气研究的大学公司 | 气象教育和培训 | http://www.meted.ucar.edu/ |
| 匡提科飞行俱乐部 | 天气培训 | https://www.metocwx.quantico.usmc.mil/weather_for_aviators/pilot_trng.htm |
| 航空人因学[①] | 主页 | http://www.avhf.com |
| 智能驾驶舱 | 大型飞机的安全问题 | http://www.smartcockpit.com/ |
| 空中客车 | 安全库 | http://www.airbus.com/en/corporate/ethics/safety_lib/ |
| 美国国防部 | 人类系统信息集成分析中心 | http://iac.dtic.mil/ |
| ① 本着公开、透明的精神，需要提醒的是该网站是由其中一位作者维护的。 | | |

217

| 链接的网站 | | |
|---|---|---|
| 组织 | 页面 | 链接地址 |
| 飞行安全基金会 | 航空网站的链接 | http://www.flightsafety.org/related/default.cfm |
| 登录网页 | 航空安全链接 | http://www.landings.com/_landings/pages/safety.html |
| 诺德工厂 | 链接到其他网站 | http://dir.nodeworks.com/Science/Technology/Aerospace/Aeronautics/Safety_of_Aviation/ |
| Spider人类绩效中心 | 链接到其他网站 | http://spider.adlnet.gov/ |

读者需要注意的是，尽管截至2009年2月26日这些链接都是有效的，但是有一些组织（尤其是联邦航空局），会在没有事先通知的情况下，改变其网站的

结构，也不会提供找到迁移材料的方法。如果发生这种情况，读者可以试着搜寻组织机构的名称以找到新站点。

要注意，许多美军网站具备保护系统，与较流行的互联网浏览器不相容。正因为如此，在访问站点时可能会收到一条消息，提示访问的站点涉及安全问题。通常，我们继续操作将会访问该站点。我们需要的只是多一些信任和毅力。

读者会注意到上述的所有站点都是英语网站。当然，事故调查委员也会有类似的本土语言网站，就像NLR一样。毫无疑问，我们也可以找到一些其他非英语网站。由于种种原因，大多数的航空研究和出版物都使用英语——因此，英语网站占绝大多数。